现代生物质能源技术丛书

生物质生化转化技术

陈洪章 王 岚 著

U0342289

北 京
冶金工业出版社
2012

内 容 提 要

　　本书围绕生物质生化转化技术，从生物学和化学工程的角度阐述生物质生化转化过程，解析生物质生化转化过程中的各个单元操作，论述各个单元操作对应的技术平台，深入分析各个技术平台中的技术优势、限制因素及突破点，为生物质生化转化技术的进一步研究提供参考，最后提出以生物质生化转化可再生能源为核心的多联产模式，为生物质生化转化技术的工业化发展提供了技术依据。

　　本书可供生物质生化转化应用领域的工程师、管理者、技术研究人员以及对本领域研究感兴趣的相关人员参阅。

图书在版编目(CIP)数据

生物质生化转化技术/陈洪章，王岚著 . —北京:冶金工业
出版社,2012.10
（现代生物质能源技术丛书）
ISBN 978-7-5024-6030-3

Ⅰ.①生… Ⅱ.①陈… ②王… Ⅲ.①生物能源—转化
Ⅳ.①TK6

中国版本图书馆 CIP 数据核字(2012) 第 195750 号

出 版 人　曹胜利
地　　　址　北京北河沿大街嵩祝院北巷 39 号，邮编 100009
电　　　话　(010)64027926　电子信箱　yjcbs@ cnmip. com. cn
责任编辑　谢冠伦　美术编辑　彭子赫　版式设计　孙跃红
责任校对　石　静　责任印制　张祺鑫
ISBN 978-7-5024-6030-3
北京慧美印刷有限公司印刷；冶金工业出版社出版发行；各地新华书店经销
2012 年 10 月第 1 版，2012 年 10 月第 1 次印刷
169mm×239mm；15.25 印张；298 千字；233 页
49.00 元

冶金工业出版社投稿电话：(010)64027932　投稿信箱：tougao@cnmip. com. cn
冶金工业出版社发行部　电话：(010)64044283　传真：(010)64027893
冶金书店　地址：北京东四西大街 46 号(100010)　电话：(010)65289081(兼传真)
　　　　　(本书如有印装质量问题，本社发行部负责退换)

前　言

人类从征服自然的工业文明走向善待自然的生态文明，要想实现可持续发展，首先要保护地球，寻找可以替代石油资源的有形工业通用原料。生物质是太阳能的有效储存器，现已成为清洁可再生资源研究和应用的核心。

生物质生化转化技术与物理、化学转化技术相比，具有清洁、高效、温和的特点，其在研究和应用领域中备受关注。作者经过对生物质生化转化技术二十多年的研究和产业开发，逐渐形成了汽爆集成前处理技术平台、固相酶解发酵分离耦合技术平台、规模固相纯种培养技术平台，实现了各个平台技术在不同领域的产业化应用，并得到同行和企业的认可。在研究和应用中，我们提出了生物质生化转化技术平台的理念，通过构建相关的技术平台，在实现生物质生化转化的同时，为相关学科的发展作出了应有的学术贡献。

生物质生化转化方面的著作随着研究的深入而逐渐问世，但这些著作主要是关于生物质定向转化的特殊技术，而没有关于生物质生化转化过程所需技术的系统论述。为了弥补这一空白，作者总结归纳了生物质生化转化中相关平台技术的研究思路和成果，以从长远和系统工程的角度推动生物质生化转化技术的发展，促进生物质的资源化开发和应用。

本书前两章概述了生物质生化转化及相关单元操作；第3章到第8章论述了生物质生化转化技术的前处理平台、酶平台、细胞炼制平台、糖平台、发酵平台、后处理平台；第9章、第10章论述了生物质生化转化多联产模式和新型平台化合物。

作者在生物质生化转化方面的研究得到了国家重点基础研究计划

（973 计划）（2004CB719700 和 2011CB707400）、"十二五"国家科技支撑计划（2011BAD22B02）、中国科学院知识创新工程重要方向项目（KGCX2-YW-328）和中国科学院知识创新工程重大项目（KSCX1-YW-11A1）的资助。另外，我的二十几位研究生的研究工作是本书得以出版的重要前提，其中赵军英博士参与了第 1 章、第 3 章的撰写，张玉针硕士参与了第 2 章的撰写，李冠华博士参与了第 3 章的撰写，段颖异硕士参与了第 4 章的撰写，马力通博士参与了第 5 章、第 10 章的撰写，张志国博士参与了第 6 章的撰写，贺芹博士参与了第 7 章的撰写，王宁博士参与了第 8 章的撰写，王冠华硕士参与了第 9 章的撰写，最后王岚博士参与了总体修改汇总。此外，在本书写作过程中，参考了大量国内外前辈和同行们撰写的书籍和期刊论文资料，在此一并表示衷心的感谢。

　　书中如有不足之处，诚请广大读者批评指正。

陈洪章

中国科学院过程工程研究所生化工程国家重点实验室

2012 年 4 月

目　　录

1 概　　述

1.1　生物质的概念

生物质是人类自诞生以来都在使用的太阳能资源，太阳能通过植物的光合作用以化学态能的形式转存下来，有了呼吸的氧气、饮食的动植物、建房取火的木材、遮羞保暖的衣物。然而，正如其他的自然存在物一样，生物质被人类真正地定义才不过 50 年的时间。

英文中 "biomass" 一词，最早使用于 1934 年（在韦伯词典中指生物量）。从外文回溯数据库中看，1971 年，美国《植物与土壤》杂志[1] 中，首次将 "biomass" 一词定义为生物质；1972 年石油危机后，1976 年，一篇介绍生化过程工程的文章[2] 中提出可将废弃生物质作为一种原料使用；1979 年，"Nature"的一篇文章[3] 中指出生物质燃烧产生了污染环境的气体；而 1980 年，荷兰农业大学过程工程系真正提出将生物质作为能源材料[4]；1981 年，美国橡树岭国家实验室开始对生物质能源技术进行安全性评估[5]。自此之后，关于生物质能源的研究报道陆续展开[6~12]。

如果将 1980 年作为生物质能源化利用研究的起点，那么至今已过去了 30 年，也就是一个孩子从出生到他开始回报家庭社会的时间，在此期间生物质生化转化技术已经有了迅猛的发展，正如那个已经成熟的孩子可以开始回报家庭社会一样，生物质生化转化的研究也开始了工业化应用，为人类带来福祉。

美国能源部对于生物质的定义是：生物质是指任何动植物有机体。他们特别指出其国内的生物质包括农业和林业废弃物、城市固体垃圾、工业废弃物和专用于能源的陆生和水生作物。

中国可再生能源协会对于生物质的定义是：生物质是指通过光合作用而形成的各种有机体，包括所有的动植物和微生物。

在动植物和微生物有机体中，植物是自养生物（生产者），动物是异养生物（消费者），人类生存过程中选择种养可以服务于自身的植物和动物，其中动物多被利用，而对于植物，人类主要利用了淀粉、蛋白、油脂、维生素含量较高的果实，因为没有迫切的需要，所以没有寻找转化利用其他部位的方式，便将用汗水浇灌的大部分植物体遗弃。本书中所论述的生物质是指植物生物质中除了人类食用、药用等之外的木质纤维素废弃物。

1.2　生物质转化方式

　　木质纤维素原料收获储存一定时期后，主要由死细胞遗留的细胞壁组成。细胞壁的成分主要是纤维素、木质素和半纤维素，胞间层主要是果胶物质。细胞壁中的三种主要组分中，半纤维素和木质素主要通过化学键相连接，木质素、半纤维素与纤维素主要通过氢键连接，形成了以纤维的多级结构为骨架的紧密细胞壁。因此，要充分利用木质纤维素原料，无论是应用其中何种成分，首要的就是破坏已有的细胞壁结构。

　　人类利用生物质的技术是多样的，可以归结为三种：物理转化技术、化学转化技术和生化转化技术。

1.2.1　生物质物理转化技术

　　生物质物理转化是指通过物理方法对生物质进行改性和加工，生产高附加值的产品，从而实现木质纤维素的高值化应用。在人类利用木质纤维素的过程中，物理转化方法的应用领域主要包括：板材、建筑材料以及木质纤维素复合材料。

　　生物质人造板材的制备工艺流程一般包括：原料制备→搅拌混合→模压成型→后处理，对于不同的生物质原料和不同用途的板材，工艺的主要区别在于原料的粉碎程度、添加剂的种类和数量、模压的条件以及不同的后处理方式[13]。适用于生物质人造板的非木材类木质纤维素主要包括甘蔗渣、麦草、稻草、玉米秸秆、棉秆、亚麻屑。生物质人造板，尤其是非木材类木质纤维素人造板对于减少森林资源的消费以及环保都有积极的意义。生物质建筑材料主要是指生物质墙体材料[14]，其中以秸秆镁质水泥轻质跳板[15]和稻草板[16]为主，其他还有玉米秸秆保温材料[17]。墙体材料的加工过程与木质纤维素板材的加工过程相似。所得到的墙体材料具有质轻、隔声、保温、抗震、抗腐蚀等性能。人造板和墙体材料是木质纤维素原料的一种初级利用形式，现在多数是将木质纤维素直接粉碎后加工，将其中的纤维素提取后制备人造板的工艺目前应用较少。

　　而木质生物质多用于制备生物质复合材料[18]。木质材料自身复合或与其他材料复合的形态一般分为三种类型：层积复合、混合复合和渗透复合。层积复合是指由一定形状的板材、涂胶层积、加压胶合而成的，具有层状结构和一定规格、形状的结构材料。混合复合是指以木材或木质材料为基质与其他物质如无机质、矿物质等相混合或木质纤维素材料之间相混合，加压成板。渗透复合是指将某种物质（无机物、有机物、金属元素等）渗注入木材或木质材料中，并发生沉积或化学作用，从而改良木材性质或赋予木材某种功能。

　　由上可见，植物生物质的物理转化主要是利用其紧密的物理结构，将其转化为材料，用于生产生活中。物理转化难以将生物质转化为可替代石油基产品的可再生产品，因此难以满足现在对清洁能源和化学品的需求。

1.2.2 生物质化学转化技术

生物质化学转化在传统的领域中主要应用在制浆造纸行业，随着能源、环境问题的出现，生物质的研究和应用受到极大重视，生物质的化学转化方式也呈现出多种方式，目前主要包括燃烧、碳化、气化、热分解以及水热液化技术等。

传统的造纸行业主要采用酸碱化学预处理方式得到生物质其中的纤维素，以制备纸浆。由于产品纸目前还具有不可替代性，因此本书不作论述。

生物质燃烧转化技术：它是直接利用生物质剧烈氧化过程中释放的热能或将其转化为电能形式的技术。300℃以下时，半纤维素即可剧烈分解，300～350℃时，纤维素可以完成分解过程，而只有温度达到500℃以上时木质素才开始分解。该技术历史悠久，成本较低，大规模利用时可实现无害化，但该法的产值较低，并会产生大量 SO_2 等温室气体。

生物质碳化转化技术：它是在隔绝或限制空气的条件下将生物质加热得到气体、液体和固体等产物的技术，是较古老的生物质转化技术。其中机制炭[19]又称人造炭、成型炭，它是在高温高压下成型，再经热解炭化而得到的固型炭制品。热解过程中产生的气体混合物经冷凝、回收、加工，得到副产品——焦油和粗醋液，焦油中含有大量的酚类物质和多种有机物，是提炼芳香类物质的原料，焦油也可与渣油调和生产200号重油，或与煤混合作燃煤锅炉燃料；粗醋液是化工原料，也是无公害药剂，可制作防霉剂、防虫剂、抗菌剂、农药助剂，和农药一起使用可增效并降解农药残留。

生物质气化转化技术[20]：由于生物质具有挥发组分高、炭活性高、硫和灰的含量低等特性，可以利用空气中的氧气或含氧化物作气化剂，在高温条件下将生物质中的可燃部分转化为可燃气（主要是氢气、一氧化碳和甲烷）的热化学反应。该技术最早由 Ghaly 用于生产生物质低密度燃料气体。根据用途的不同，气化通常分为常压气化和加压气化，二者原理相同，但加压气化对装置、操作、维护等要求都较高。

热分解技术：它是指生物质在高温下分解成两个成分以上的低分子化过程。快速热分解是指原料热分解时提高加热速度，在几百度高温下瞬间热分解或通过快速升温进行热分解。热分解生物质可以得到热分解液、木醋、快速碳化物、脱水糖。其中，热分解液和快速碳化物可以作为燃料；木醋可以作为熏制液、害虫驱除剂、农药替代品；脱水糖可以作为生物可降解塑料等的高分子原料。

水热液化技术：它是将生物质在高温高压的水中进行分解的技术，当得到的产物为气体时称水解气化；当得到液体产物为液体时称水解化。与热分解技术相同，水热液化生成气体、液体和固体三种物质。液相中的轻质成分（热分解时的木醋成分）溶解于水，重质成分处于与固体相混合的状态，即所得的是气相、水相和油相（油和木炭的混合物）三种。产品用途与热分解产物相似。

上述表明，生物质化学转化方式中，需要较为剧烈的条件，除直接用于发电外，所得产品的纯度较低，难以作为精细化学品替代石油产品，也不能作为工业的通用原料，满足现在能源、环境问题的需求。

1.2.3　生物质生化转化技术

生物质生化转化技术是指生物质经一定的物理、化学、生物预处理后，由生物法转化为相应的产品。生物质生化转化前期的预处理过程是为达到理想的生物转化效果而进行的，不是要达到最终的产品，这是生物质生化转化中各种预处理方式区别于前述生物质物理、化学转化方式的本质所在，也正是由于这一本质，使得生物质生化转化前的预处理技术较 1.2.1 节和 1.2.2 节中的生物质化学、物理转化方式要温和。

生物质在生化转化过程中，通过选用不同微生物，可以将其转化为不同的产品[21]：氢气、沼气、乙醇、丙酮、丁醇、有机酸（丙酮酸、乳酸、草酸、乙酰丙酸、柠檬酸）、2,3-丁二醇、1,4-丁二醇、异丁醇、木糖醇、甘露醇、黄原胶等。各种产品，一方面可以经过进一步的化学合成替代石油基产品；另一方面，也可以替代粮食作为原料生产的产品，比如乙醇等。

生物质生化转化技术相对于其他转化技术而言具有操作条件温和、产品纯度高、清洁、高效、转化率高等优点，并且可以通过筛选不同的酶或微生物而将生物质转化为多种中间产物，从而为多种可再生材料、燃料和化学品的转化提供平台物质，成为石油基产品的替代物，因此，生物转化技术在研究和应用领域受到关注。

1.3　生物质生化转化技术的作用与地位

从上述比较可以看出，植物生物质生化转化技术可通过温和的方式得到石油基产品的替代品，是以工业化的方式发展生态农业，实现循环经济发展的新模式，将在能源、环境、三农问题的解决中发挥重要作用。因此，生物质生化转化技术对人类的长远发展以及社会的稳定起着重要的作用，具体来说，生物质生化转化技术的作用和地位体现在以下几个方面：

（1）生物质生化转化技术是人类赖以生存的技术基础。自石油被发现并开采利用以来，石油基产品在人类生产和生活的各个领域中都担当着重要的角色，尤其是生产过程中的能源角色。然而，据 BP 世界能源统计 2010 显示，世界石油探明储量为 186.634Gt，以 2009 年的开采速度计算，石油可以开采 45.7 年，天然气可以开采 62.8 年，煤可以开采 119 年。BP 世界能源展望 2030 表明，液体燃料的年消费，由 2010 年的 39.433Gt 增加到 2030 年的 46.711Gt，生物燃料的生产量将由 2010 年的 575Mt 增加到 2030 年的 2351Mt。木质纤维素作为制备生物燃料的原料与粮食作物相比，更加廉价丰厚。因此，将木质纤维素生物质，尤其是农林废弃物，转化为通用的、可替代石油的、通用化工原料的技术是目前人类赖以生存的技术基础。

（2）生物质生化转化技术是人与自然和谐相处的重要方式。在长期的工业化发展过程中，人类为了得到快速的经济发展方式，以廉价的石油、煤、天然气等资源为资本，创造了工业文明，而忽略了地球生态的承载能力，因而导致了温室效应以及由环境污染而带来的人类健康问题。要想扭转这种发展方式，尤其是减少已经建立起来的工业体系对于石油的依赖，一个重要的途径就是开发出新的可以替代石油基产品的产业链，以满足相关产业发展的需求。生物质生化转化技术，以可再生的生物质为原料，通过生化转化这种清洁的方式，得到能够替代石油基产品的生物基能源、生物基材料和生物基化学品，其已经开始在工业体系中发挥作用。生物基产品的发展，利用自然界生态转化的过程，将生态循环中的中间产物服务于人类，因此是实现人与自然和谐相处的重要方式。

（3）生物质生化转化技术是转变农业角色、增加农民收入的重要方式。农业在长期的社会进步中，主要扮演着粮食供给者的角色，尽管粮食的价格受到保护，即便粮食产量不受到自然灾害的影响，也越来越难以满足农民生计中教育、医疗、婚丧嫁娶等基本生活的需求。因此，将生物质通过生化转化的方式制备生物基产品，使农产品增加能源、材料的新角色，可以从两个方面增加农民的收入。一方面，以前废弃的农林废弃物可以作为产品销售，得到农业收入；另一方面，由于生物质生化转化新产业的兴起，尤其是依次兴起的民营企业会增加农民就业的机会，从而增加了农民的非农收入。

（4）生物质生化转化技术将开辟新型经济增长点。随着能源价格的上涨以及人类对环境的关注，石油依赖型的经济增长和产业结构将被可再生的生物质经济等清洁发展方式所取代。生物质生化转化技术产品，作为有形的可再生资源将代替石油基产品而具有较大的潜在市场需求。生物质生化转化技术是技术和资金密度高的产业，将促进产业结构的优化和升级，从而成为新型经济增长点。

1.4 生物质生化转化平台技术总论

自然界的植物生物质在进化过程中为了抵御微生物及病虫害的入侵形成了天然的自我保护机制——紧密的结构和复杂的成分。为了通过生化转化的方式充分利用生物质，可以首先将植物生物质转化成可以为多种微生物使用的糖，再通过发酵的方式将通用的糖转化为不同的小分子产物。由于生物质中多糖的复杂性，使得糖的成分多样，发酵后得到多种产品的混合物，因此需要对发酵产物进行后处理，从而得到能够满足生产需求的最终产品。由此可以看出，实现植物生物质的生化转化，需要系统的技术产业链，即需要多个单元操作来完成，生物质的生化转化是一种建立在多学科基础上的集成技术体系。采用集成技术，无疑带来了较高的生产成本，因此，对生化转化过程的经济性提出了挑战。而植物生物质除了多糖以外，还具有木质素等非糖类物质，如果只是通过生化转化的方式利用其中的多糖，而将木质素作为废弃物排放，一方面不符合清洁生产的要求，另一方面也是资源的浪费。所以，在将植物生物质进行生化转化的同时，可以将其中的木质素通过物理、化学和生化的方式转化为相应的产品。此外，由于生物质中多糖具有复杂性，因此，将不同成分的糖转化为一种单一的产品，既会增加转化的成本，也会导致因产品的单一性所带来的市场风险性，且难以满足市场对不同产品的需求。因此，植物生物质中多糖的生化转化也应多向化。

针对植物生物质生化转化中的技术路线，形成不同操作单元的技术平台，然后针对原料和产品的需求将其集成，形成多联产的生化转化方式，是生物质生化转化技术产业化的重要前提。陈洪章课题组在二十多年生物质生化转化技术的基础上，搭建起了从原料到产品所需操作单元的技术平台[22~25]，并在深入研究生物质组成结构不均一性的基础上，提出了分级炼制多联产的思路，形成了生物质生化转化的集成技术体系（见图1-1）。

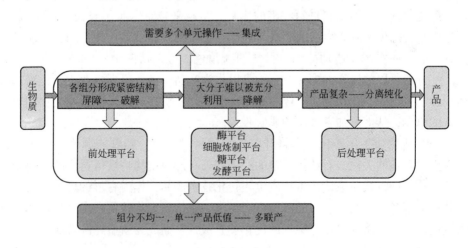

图 1-1　生物质生物转化集成技术体系[12,26~30]

1.5　生物质生化转化产业化前景

生物质生化转化产业是解决能源问题的有效方式，因为可再生能源中，植物生物质是唯一有形的可再生能源。生物质生化转化产业是解决三农问题的有效途径，因为传统的粮食农业将承担能源农业和材料农业的新角色，农林废弃物的资源转化将成为农民收入的一项来源，且有助于农村环境的改善。生物质生化转化产业是保证人与自然和谐相处的重要途径，因为生物质能源将替代石油、减少温室气体的排放。各国在已经制定的可再生能源发展目标的指引下，积极发展可再生能源。欧盟高峰会议于2008年12月以"可再生能源指令"（Renewable Directive）的形式通过了"20-20-20"战略，即到2020年温室气体排放量将在1990年基础上减少20%；可再生能源占总能源消费的比例将在2008年8.2%的基础上提高到20%，其中生物液体燃料在交通能源消费中的比例达到10%。我国已制定2020年可再生能源的消费量占能源消费总量的15%。生物质的生化转化技术将以其温和、清洁、高效、产品单一的优势，在未来的工业化生态农业和循环经济发展中发挥其应有的潜能[31]。

参 考 文 献

[1] Tergas L E, Popenoe H L. Young secondary vegetation and soil interactions in Izabal, Guatemala [J]. Plant and Soil, 1997, 34: 675~690.

[2] Böing J. Progress in biochemical engineering[J]. Naturwissenschaften, 1976, 63: 319~323.

[3] Crutzen P J, Heidt L E, Krasnec J P, et al. Biomass burning as a source of atmospheric gases CO, H_2, N_2O, NO, CH_3Cl and COS[J]. Nature, 1979, 282: 253~256.

[4] Bruin S. Biomass as a source of energy[J]. Biotechnology Letters, 1980, 2: 231~238.

[5] Watson A, Etnier E. Health and safety implications of alternative energy technologies. I. Geothermal and biomass[J]. Environmental Management, 1981, 5: 313~327.

[6] Mes-Hartree M, Saddler J. The nature of inhibitory materials present in pretreated lignocellulosic substrates which inhibit the enzymatic hydrolysis of cellulose[J]. Biotechnology Letters, 1983, 5: 531~536.

[7] Miller I J, Fellows S K. Liquefaction of biomass as a source of fuels or chemicals[J]. Nature, 1981, 289: 398~399.

[8] Schwarzenbach F, Hegetschweiler T. Wood as biomass for rnergy: results of a problem analysis [J]. Biomedical and Life Sciences, 1982, 38: 22~27.

[9] Stout B A. Agricultural biomass for fuel[J]. Cellular and Molecular Life Sciences, 1982, 38: 145~151.

[10] Zadrazil F, Brunnert H. Solid state fermentation of lignocellulose containing plant residues with Sporotrichum pulverulentum Nov. and Dichomitus squalens (Karst.) Reid. Eur [J]. Journal of Applied Microbiology and Biotechnology, 1982, 16: 45~51.

[11] Chen H Z, Li Z H. Study on Ethanol Extraction of Steam Exploded Wheat Straw[J]. Forest Products Chemistry and Industry, 2000, 20: 33~39.

[12] Chen H Z, Qiu W H. Key technologies for bioethanol production from lignocellulose[J]. Biotechnology advances, 2010, 28: 556~562.

[13] 段海燕, 贺小翠, 尚大军, 等. 我国秸秆人造板工业的发展现状及前景展望[J]. 农机化研究, 2009: 18~22.

［14］ 崔玉忠，崔琪，鲍威. 植物秸秆水泥条板及成组立模生产技术（上）［J］. 墙材革新与建筑节能，2006：27～31.

［15］ 张长森，刘学军，荀和生，等. 建筑垃圾-秸秆-镁水泥墙体保温材料的试验研究［J］. 混凝土，2011，1：78～80.

［16］ 朱晓冬，王逢瑚，刘玉，等. 阻燃型稻草板制造工艺研究［J］. 建筑材料学报，2010，13：130～134.

［17］ 丁占来，任德亮，郑凤山. 玉米秸秆制作建筑装饰复合板的研究［J］. 石家庄铁道学院学报，2004，17：47～49.

［18］ 李坚. 生物质复合材料学［M］. 北京：科学出版社，2008.

［19］ 高慧，马友华，沈鹏高，等. 安徽省秸秆原料炭化利用现状与展望［J］. 安徽农业科学，2010：8612～8613.

［20］ 史仲平，华兆哲，日本能源学会. 生物质和生物能源手册［M］. 北京：化学工业出版社，2007.

［21］ 陈洪章. 生物基产品过程工程［M］. 北京：化学工业出版社，2010.

［22］ Xu F J, Chen H Z, Li Z H. Solid-state production of lignin peroxidase (LiP) and manganese peroxidase (MnP) by *Phanerochaete chrysosporium* using steam-exploded straw as substrate［J］. Bioresource Technology, 2001, 80：149～151.

［23］ Sun F B, Chen H Z. Enhanced enzymatic hydrolysis of wheat straw by aqueous glycerol pretreatment［J］. Bioresource Technology, 2008, 99：6156～6161.

［24］ Chen H Z, Liu L Y. Unpolluted fractionation of wheat straw by steam explosion and ethanol extraction［J］. Bioresource Technology, 2007, 98：666～676.

［25］ Chen H Z, Xu F J, Tian Z H, et al. A novel industrial-level reactor with two dynamic changes of air for solid-state fermentation［J］. Journal of bioscience and bioengineering, 2002, 93：211～214.

［26］ 陈洪章，赵军英. 一种基于植物生物质不均一性的分级炼制高值利用方法：中国，201210125090.8［P］. 2012.

［27］ 陈洪章，赵军英. 一种生物质选择性拆分——本征功能利用的多联产炼制方法：中国，201210125101.2［P］. 2012.

［28］ Jin S Y, Chen H Z. Superfine grinding of steam-exploded rice straw and its enzymatic hydrolysis［J］. Biochemical Engineering Journal, 2006, 30：225～230.

［29］ Jin S Y, Chen H Z. Fractionation of fibrous fraction from steam-exploded rice straw［J］. Process Biochemistry, 2007, 42：188～192.

［30］ Chen H Z, Qiu W H. The crucial problems and recent advance on producing fuel alcohol by fermentation of straw［J］. PROGRESS IN CHEMISTRY-BEIJING, 2007, 19：1116.

［31］ Charlton A, Elias R, Fish S, et al. The biorefining opportunities in Wales：Understanding the scope for building a sustainable, biorenewable economy using plant biomass［J］. Chemical Engineering Research and Design, 2009, 87：1147～1161.

2 生物质生化转化单元操作及过程工程总论

2.1 生物质原料的特点

2.1.1 生物质原料的复杂性

生物质原料的复杂性是制约生物质资源利用的关键问题，关于这个问题，陈洪章在《生物基产品过程工程》[1]一书中已经做了详细阐述。

以植物生物质为例，归纳起来主要有四种基本化学结构物质：碳水化合物（糖、淀粉、纤维素和半纤维素），木质素（多聚酚），酯类和蛋白质。但结构性物质的含量和结构却因植物种类而不同。同种植物原料在不同的生长期、不同的生产地和植物体的不同部位也有差别。

除了结构性物质外，还有很多来源于植物基的、具有商业价值的天然产物，包括生物医药材料、营养物、天然产物和工业产品，如中草药有效成分生物碱类、甙类、黄酮类、萜类、有机酸类和多糖类化合物。另外还有许多重要工业产品如大漆，它为一种天然树脂涂料，是割开漆树树皮从韧皮内流出的一种白色黏性乳液，经加工而制成的涂料。松科植物马尾松或其他植物树干中取得的油树脂，经蒸馏除去挥发油后的遗留物——松香（gum resin），松香中主要成分是单萜、倍半萜和双萜类化合物，松香及其深加工改性制品广泛应用于涂料、胶黏剂、油墨、造纸、橡胶、食品添加剂及生物制品等许多领域。天然橡胶也是一种重要的工业原料。

由于植物原料的多样性，因此在产品开发时，不仅要考虑产品本身能满足某种需求的性能，还必须选择相应的植物原料及转化途径，要把产品、原料和生产过程有机地联系在一起。

必须打破原来生产单一产品的传统观念，在生物量全利用、组分分离、逐级利用思想[2]的指导下充分利用各种组分，将其转化为不同的产品。

为了实践上述目标，首先应该在植物资源利用的关键技术上有所突破。生物处理和生态利用技术的结合将进一步提高物质、能量转换效率，提高产品经济和商品价值，降低生产成本；新技术、新工艺，将增大生物质能源在可再生能源结构中所占的比例；完善的生产体系和服务体系，有助于保护环境和国民经济可持续发展。将现代生物技术、信息技术、工程技术结合起来，共同提升现有技术和产品的技术含量。比如发酵工程中微生物的筛选和高效工程菌的构建,高效率的机械设备和生物技术的有机结合,通过工艺和工程技术的升级和设备水平的提高,提高生物质资源无害化、资源化的效率和产品质量。

其次,根据不同地区资源优势和经济发展水平,因地制宜地将现代科学技术与传统农业技术相结合,按照"整体、协调、循环、再生"的原则,运用系统工程方法,将各种技术优化组合,构建植物资源利用标准体系和技术保障体系,实现生态环境与农村经济两个系统的良性循环,达到经济、生态、社会三大效益的统一。

2.1.2 生物质原料复杂性对工艺的要求

植物的主要成分包括纤维素、半纤维素和木质素,它们相互交织的结构决定了任何一类成分的降解必然受到其他成分的制约,如木质素对纤维素酶和半纤维素酶降解秸秆中碳水化合物的空间阻碍作用,致使许多纤维素分解菌不能分解完整的纤维质原料。秸秆的主要结构成分是化学性质很稳定的高分子化合物,不溶于水,也不溶于一般的有机溶剂。在常温下,也不被稀酸和稀碱所水解。秸秆直接进行纤维素酶水解,糖得率很低,在理论得率的20%以下。其中大多数还是易酶解的半纤维素酶解产生的戊糖和己糖。未经处理的原料在纤维素酶过量的条件下,大多酶解率低于10%。不经预处理的秸秆的三大组分纤维素、木质素和半纤维素紧密交联在一起,由于化学结构和性质完全不同,难以直接高价值利用,利用率很低,必须进行适当的预处理,破坏或改变部分结构才能实现秸秆的高值利用。

除了包括多种组分,植物资源还具有复杂的、不均一的多级结构。以秸秆类生物质资源为例,在器官水平上,秸秆分为叶片、叶鞘、节、节间、稻穗、稻茬、根几部分;在组织水平上,秸秆分为维管束组织、薄壁组织、表皮组织和纤维组织带;在细胞水平上,秸秆分为纤维细胞、薄壁细胞、表皮细胞、导管细胞和石细胞。(1)秸秆生物结构的不均一性,而且各部分的化学成分及纤维形态差异很大,某些部位的纤维特征还要优于某些阔叶木纤维,说明秸秆的这些部位具有高值利用的潜力。收获秸秆一般不进行不同器官的分离,因此整株秸秆中含有多种器官和组织。(2)化学成分的差异,秸秆中含有大量半纤维素,灰分含量高(大于1%),有些稻草则可高达10%以上。(3)纤维形态的特征差异,秸秆中细小纤维组分及杂细胞组分含量高,多达40%~50%左右,纤维细胞含量低为40%~70%。

秸秆类生物质的各种器官、组织、细胞的结构特点和成分均不同,因此其转化利用的方法也各异。以玉米秸秆为例,秸秆的皮部分为两部分,最外层为皮层,主要是表皮细胞,内层为皮下纤维层,主要含纤维素,这是禾本科植物原料的造纸纤维的主要来源，同时皮部含有的灰分较少，因此，去除玉米秸秆皮部的外层，势必可以大大提高其纤维含量，为纤维素的应用提供基础。玉米秸秆的芯部主要是大量被薄壁细胞包围的维管束，因此芯部的半纤维素和纤维素及木质素的相对含量均较高，同时因大量薄壁细胞的存在使芯部结构疏松，具有很强的吸水能力，因此该部适宜于作为某些大型真菌的发酵载体，如制取饴糖等。玉米秸秆的叶主要由表皮和叶肉组成，在表皮上分布有大量的硅细胞。因此，叶中的灰分含量最高。在叶肉中有被叶肉细胞包围的维管束，含量相对较少，因此叶中的纤维素含量相对较低。同时叶子能够卷曲和开张，这除了与运动细胞有关外，也与其木质化程度低有关。因此，叶子较之其他部位适口性更好，适宜做家畜饲料。玉米秸秆的节在茎上膨大成一圈，上有叶着生，木质化程度高，因此木质素含量高，这与节部的结构有关。

因此，秸秆的结构组成特点和结构性质使其难以直接高价值利用，不经预处理的秸秆的三大组分纤维素、木质素和半纤维素紧密交联在一起，由于化学结构和性质完全不同，难以直接高价值利用，利用率很低。因此必须进行适当的预处理、分级分离、组分分离，破坏或改变部分结构，才能实现其高值利用[3]。

2.2 生物质生化转化的单元操作

生物质生化转化的过程，关键点是生物催化剂在一定的条件下与底物接触，将其定向转化为产品的过程。此过程的有效实现有三个前提：首先，实现生物催化剂与底物的充分接触，需要提高生物催化剂的传质效率；其次，要创造适合生物转化的条件，则要求反应体系具有高效的传热速率；最后，要实现定向转化，要求底物的单一性和反应过程的可控性。因此，生物质生化转化的过程，是传质、传热、传动量和生物催化反应的过程，需要从提高三传速率的角度提高生物反应的速率。同时，从原料的本征特点出发，以提高生化转化效率为目的，从三传的角度设计各个单元操作。

2.2.1 生物质生化转化前处理单元操作

由于生物质在进化过程中，形成了紧密的结构和抵御外界入侵的保护性屏障，因此，将生物质转化为相应的产品前，首先需要破坏其天然的结构，形成有助于化学和生物处理的结构。

生物质生化转化前处理单元操作的目的是：提高物料中流体的传质系数和底物的可及性。提高物料的传质系数，为后续的组分分离及生化转化过程提供物理结构基础。一方面，传质系数提高可使化学试剂和生物催化剂或微生物在底物中的传递速率增大，从而提高反应速率；另一方面，传质系数提高可以提高产物的扩散速率，减少产物的抑制，从而促进反应向着正反应进行。提高物料的可及性，主要是将生物质中的目的组分选择性分级分离，或者将目的官能团充分暴露，从而使到达底物的化学试剂或生物催化剂能够有效地与底物结合。

生物质生化转化在前处理单元操作中，也会产生一些不利于后续生化转化的物质，即抑制物[4]。因此生物质前处理过程中，应当从抑制物的产生机制角度考虑，建立减少或避免抑制物产生的前处理技术，从而使得前处理平台真正地服务于后续的生化转化过程。

生物质前处理操作平台的构建需以生物质的组成结构为基础，以不同的生物质生化转化目标为指导，根据不同物理化学生物前处理的基本原理，形成具有针对性的前处理操作平台技术体系。

2.2.2 生物质生化转化糖化单元操作

实现从生物质到产品的生化转化主要是指将其中的多糖转化为单体，这一过程传统上称之为糖化。单体可以直接作为产品或者进一步转化为其他的产品。

生物质生化转化糖化单元操作的目的是将生物质中的多糖充分地转化为能够利用的单糖。生物质中的多糖即纤维素和半纤维素。纤维素的组成单体葡萄糖是微生物的主要碳源，目前的研究表明，半纤维素的降解产物也可以作为微生物的碳源被利用[5]。

生物质生化转化单元操作既可以通过酶平台实现，也可以通过细胞炼制工厂实现。通过酶平台实现糖化的过程，由于生物质底物中含有纤维素、木质素和半纤维素，还有角质等多种成分，因此需要多酶体系的共同作用。因此酶平台的搭建，既包括纤维素酶、半纤维素酶等的生产制备过程，也包括酶制剂的筛选过程。细胞炼制工厂可以是单一的糖化过程，也可以是糖化和发酵协同作用的过程。细胞炼制工厂的构建包括生物质降解微生物基因组的解析，并通过基因工程构建人工细胞，分析降解微生物的代谢流，通过调节代谢流使其更好地服务于生物质的生物转化过程。

生物质生化转化糖平台是在微生物代谢流的基础上建立的。单糖的产生既是微生物代谢的产物，更是不同小分子物质产生的重要源头物质。因此，了解微生物的代谢流是建立生物质生化转化糖平台的关键。

生物质生化转化糖平台主要是为后续的发酵应用服务。因此，糖平台的搭建既包括将大分子多糖通过酶或细胞炼制工厂降解为单糖，也包括将前处理过程中产生的发酵抑制物通过物理和化学的方式去除，以提高发酵产物的得率。

2.2.3 生物质生化转化发酵单元操作

生物质生化转化发酵单元操作是将生物质转化为最终产品的最后生化转化过程。发酵单元操作的目的就是就将纤维素和半纤维素降解的单糖，转化为其他的化工产品通用的小分子。

生物质生化转化发酵单元操作过程包括分级水解发酵工艺、同步糖化发酵工艺、同步糖化与共发酵工艺和统合生物工艺。四种不同的转化工艺又可以分为固态发酵和液态发酵两种形式。无论采取怎样的发酵方式，关键就是控制发酵过程中的条件，以满足微生物生长的需要，同时避免发酵抑制物的产生。对于固态发酵来说，在生物质固体物料本征特点的基础上，根据微生物生长代谢的规律，通过一定的方式控制发酵过程中的条件是固态发酵的关键所在。

2.2.4 生物质生化转化后处理单元操作

生物质通过生化转化的方式制备生物基产品后，需要从发酵反应体系中将产物分离且纯化，因此后处理平台也是生物质生化转化过程中必要的过程。

生物质生化转化的后处理平台主要包括分离和纯化两个过程，分离纯化过程中的关键就是在保证产物纯度的同时，提高产物得率。由于发酵产物在发酵体系中的累积，容易对发酵微生物产生抑制作用，因此，在反应过程中实现产物的分离既减少了产物的抑制，也实现了产物的分离。

2.3 生物质生化转化过程工程与集成

前已述及，生物质原料具有复杂性的特点，而同时以生物质为原料生产的产品又极其丰富，因此，必须在组分分离的基础上通过多种技术的有机结合才能实现生物质原料的充分利用，从宏观上看，这种多技术的有机结合实际上就是化工基本理论在生物加工转化上的应用而已。因此，从研究的角度上说，应根据各种转化手段的目的和在转化过程中的地位对各种技术进行研究。

集成是指相对于各自独立的组成部分进行汇总或组合而形成一个整体，以及由此产生的规模效应、群聚效应。李海峰等[6]认为，集成就是两个或者两个以上的要素（单元、子系统）集合成为一个有机系统，这种集合不是要素之间的简单叠加，而是要素之间的有机结合，即按照某一（些）集成规则进行的组合和构造，其目的在于提高有机系统的整体功能。生物质产业所涉及的多技术多过程的结合正是这种有机结合的体现。

生物质利用技术的单元化是指根据处理目的和技术在转化中所处的地位对各种技术进行整合。生物质的利用涉及原料的预处理、酶的制备和配伍、生物质降解、生物转化、产品分离纯化等多个过程。每个过程都包含了诸多方法和技术，可根据工程需要选择，因此生物质转化的整个产业可以归结为几个平台，包括前处理平台、酶平台、糖平台、细胞炼制工厂平台和后处理平台。这些平台本身就是多种技术的集成，而在构建生物质利用产业，特别是形成产业链时，实际上就是这些平台技术的整合集成。因此，在生物质利用上，单元化与过程集成相辅相成，这本身就贯彻了过程工程的基本理念。

参 考 文 献

[1] 陈洪章. 生物基产品过程工程[M]. 北京：化学工业出版社，2010.

[2] 陈洪章，李佐虎. 纤维素原料微生物与生物量全利用[J]. 生物技术通报，2002：25～29.

[3] 陈洪章，邱卫华. 秸秆发酵燃料乙醇关键问题及其进展[J]. 化学进展，2007，19(7/8)：1116～1121.

[4] Palmqvist E，Hahn-Hägerdal B. Fermentation of lignocellulosic hydrolysates. I：inhibition and detoxification[J]. Bioresource Technology ，2000，74：17～24.

[5] Zhang Y，Wang J，Zhang W. Research Progress of Hemicellulose Fermentation to Produce Fuel Alcohol[J]. Liquor Making Science and Technology，2004：72～74.

[6] 李海峰，向左春. 管理集成论[J]. 中国软科学，1999，3：87～89.

3 生物质生化转化前处理平台

生物质，特别是木质纤维素类生物质是多组分复合原料，原料中包含的不同组分在化学和物理性质上有着根本差别。因此这些原料的利用需要建立在对其中不同的组分进行分离的基础上。但是，由于成分和结构上具有高度的复杂性，这些原料往往结构致密难以降解和分离。所以，在进行降解和转化之前，需要通过适当的手段破坏其致密结构，打破其降解屏障，使其呈现出易于转化的状态。只有针对性地根据原料特性、转化过程特点以及产品特性建立起生物质前处理平台，才能为生物质原料的利用奠定原料基础。

3.1 生物质生化转化的抗降解屏障

植物生物质在进化过程中，为抵抗微生物的入侵，并充分吸收阳光，形成了天然紧密的结构以及主要起骨架作用的木质化组织。这种紧密的结构组织，一方面可使木材、竹子、稻草等为人类所用；另一方面，使生化转化难以进行。因此，生物质在生化转化前需要进行必要的前处理，以提高原料的转化率或者综合转化效益。

3.1.1 生物质生化转化抗降解屏障在生产生活中的应用

长久以来，人类在生产生活中，充分利用植物生物质在进化过程中形成的紧密结构组织，使其为人类服务。

人类从穴居到巢居后，便开始使用木材建造房屋，《韩非子·五蠹》中记载："上古之世，人民少而禽兽众，人民不胜禽兽虫蛇，有圣人作，构木为巢，以避群害。"时至今日，木材依然是建筑中不可或缺的材料。在20世纪80年代，很多农家建筑中的屋顶、门窗还多是只用木头制作（见图3-1），不用刷漆，便可以住上十几年甚至几十年。其中，房顶多用芦苇编成的苇笆盖上，然后再用水泥打顶。时间再往前推，20世纪60~70年代农家院的围墙多是用土坯，土坯中一般也要混入一些麦秸（见图3-1）。建筑中使用的主要是木材，由于木材中木质素含量相对于草本要高，因此，可以在长达几十年的使用中，抵抗微生物的降解而服务于人类。

在生产中，人类开始耕作后选择种植的作物，除了可食用部分外，其他部位也在生产中逐渐使用。比如风车、手推车、竹耙、竹竿、稻草围墙、高粱围墙等（见图3-2），这些生产中常见的植物生物质秸秆，尽管在自然环境中与空气、阳

图 3-1 建筑中的植物生物质

图 3-2 生产中的植物生物质

光和水分充分接触,但依然可以长期被人类使用而不发生降解。

日常生活中,室内的床和桌椅板凳,还有扫把以及木雕等(见图3-3),这些植物生物质在使用过程中,尽管处于自然生境中,也难以被微生物降解。

图 3-3 生活中使用的植物生物质

3.1.2 生物质生化转化的抗降解屏障提出

随着人类发展过程中能源、环境、三农问题的出现,可再生资源的清洁转化技术成为应用和学术领域的焦点。植物生物质由于其存在量丰富,且作为农林废弃物价格低廉,因此具有较大的应用潜能。植物生物质中主要含有木质素、纤维素和半纤维素,可以转化为生物基材料、生物基能源和生物基化学品,成为替代石油产品的通用工业原料。

然而,在将植物生物质转化为生物基产品,尤其是采用清洁的生物生化转化方式中发现,植物生物质很难被微生物或酶降解,要达到理想的转化率,就需要较高的接种量或酶制剂,从而使转化的成本不具有经济可行性。为了表征植物生物质难以被生化转化的特性,提出了植物生物质抗生物降解屏障的定义。

关于植物生物质抗降解屏障的专著(Michael E. Himmel 编著的《Biomass Recalcitrance:Deconstructing the Plant Cell Wall for Bioenergy》)在 2008 年出版。recalcitrant 一词起源于 1843 年,原意是 "kicking back",引用在植物中始于 1990 年前后,是指植物的抗性[1,2]。

3.1.3 生物质生化转化的抗降解屏障定义

在微观层面,Michael E. Himmel 对植物生物质抗降解屏障(biomass recalcitrance)的定义如下:植物材料抵抗微生物及酶降解的各种特性[3]。他还归纳出植物体的八种抗降解屏障:

(1)植物体的表皮系统,尤其是表皮的角质和蜡质;

(2)维管束的排列和密度;

（3）厚壁组织细胞的相对含量；

（4）木质化程度；

（5）覆盖次生壁的瘤层；

（6）细胞壁的组成复杂性和结构不均一性，比如微纤维和基质多聚体；

（7）酶在不溶物上的作用阻碍；

（8）细胞壁中含有的或者是转化过程中产生的发酵抑制物。

对于植物生物质抗降解屏障的认知，目前只是一种假设，还没有客观地验证和深入分析。但是从本质上来说，可以把抗降解屏障归结为两个方面：物理屏障和化学屏障。由表皮系统、维管束、厚壁组织、木质化、瘤层、细胞壁组成，本质上是由于角质、蜡质和木质素的存在，而阻碍了纤维素酶与底物的接触，即物理屏障；酶在不溶性底物上的无效吸附以及其他抑制物对酶活的影响，本质上是与纤维素酶之间通过氢键或化学键结合，从而使得酶减弱甚至失去活性，即化学屏障。

对于植物生物质的抗生物降解屏障，一方面需要从定性的角度验证假设的正确性；另一方面需要从定量的角度分析其对于抗降解阻碍的程度。在此基础上，分析各种植物生物质前处理技术对于各个屏障的作用效果，从而确定经济、有效、清洁、可操作的前处理技术或集成技术。

3.1.4 生物质生化转化的抗降解屏障解析

生物质的抗降解屏障是在长期进化过程中，为适应环境变化而逐渐形成的。

在长达30多亿年的前显生宙（pre-phanerozoic），即整个太古宙与元古宙，地球上的生命一直存在于水环境中，也就是说，生物圈包含于水圈之中。陆地生命最早出现于大约四亿年前的中奥陶世至晚奥陶世，并在地球历史的最后十分之一的时间里达到繁荣。陆地生态系统的建立是和维管植物的出现和进化分不开的[4]。

维管植物是地球上最奇特的生物类群之一。就现今的生物圈而言，它占生物总量的97%，约有30万种。维管植物、苔藓植物以及陆生和淡水藻类及蓝菌等一起作为初级生产者支持着庞大的陆地生态系统。

维管植物（tracheophyta）是指具有木质化维管系统的陆地光合自养生物，它和不具维管组织的苔藓植物都具有较复杂的个体发育过程，因而合称为有胚植物（embryophyta）。

木质化就是植物的骨骼化。动物与植物的第一次骨骼化发生在元古宙末至寒武纪初，即大约5亿5千万年前。这一次骨骼化以植物中钙藻化石的最早出现为标志，实际上是外骨骼的产生。植物的第二次骨骼化也发生于中-晚奥陶世，以木质化维管系统的起源为标志。

由叶状体植物向维管植物的进化是植物由水环境向陆地干旱环境适应改变的过程，这一过程包含着植物内部结构与生理机能的一系列革新。这一系列进化革新使植物具备了以下新的适应特征：

（1）植物具备了调节和控制体内外水平衡的能力，从而能够适应陆地干旱环境；

（2）植物具备了相当坚强的机械支撑力，不需要水介质的支持而能直立于陆地上；

（3）植物具备了有效运输水分和营养物质的特殊系统，因而能有效利用陆地土壤中的水分与营养物质；

（4）植物具备了抗紫外线辐射损伤的能力，因而能暴露于强日光照射之下。

维管植物达到了主动地适应和"利用"陆地特殊环境条件的程度。

体表角质层的产生是维管植物减少体内水分丢失的重要结构特征。包裹在植物表层细胞外的角质层是醇与酸的聚合物，它有效地防止了体内水分通过体表蒸发丢失。但角质层（有时角质层外还有蜡质层）也同时阻碍了 CO_2 向植物组织内扩散吸收。

与角质层相关的适应进化是气孔结构的产生。气孔上的半月形或肾形的门卫细胞通过改变其膨胀度来调节气孔的开闭，因而能够对水分蒸发和 CO_2 扩散进行有效的调控。

对光照的竞争和生殖细胞有效的散布促使植物体向高大的方向演变。随着植物体的增高，水分与营养的运输困难也增大了，而且高大的植物体需要更强的机械支撑。这些因素所构成的选择压力推动了维管系统的进化。最初是有局部增厚的木质化、圆柱形的输导细胞（管胞）和有利于营养物质输送的筛胞产生，然后是有运输和支持两重功能的维管系统出现。

角质层、气孔、维管系统、木质化、植物体增大，这些都是陆地维管植物进化过程中相关的进化改变。这一系列相关的进化改变造就了适应陆地环境的维管植物。同时，角质层、维管系统和木质化也成为维管植物抵抗微生物降解的坚固屏障。

按照 Sachs（1875）[5] 提出的分类方法，将植物体内的成熟组织分为皮组织系统（dermal tissue system）、维管组织系统（vascular tissue system）、基础组织系统（ground tissue system）。其中，皮组织系统可分为表皮（epidermis）、周皮（periderm）；维管组织系统可分为木质部（xylem）、韧皮部（phloem）；基础组织系统可分为薄壁组织（parenchyma，包括分泌组织）、厚角组织（collenchyma，单子叶植物甚少发现[6]）、厚壁组织（sclerenchyma）。

3.1.4.1　皮组织系统

皮组织系统包括周皮和表皮，其中周皮主要存在于木本植物中，本节主要描述表皮。表皮由一层表皮细胞构成，覆盖在植物体初生构造的外表面，但是根冠和顶端分生组织的外表面没有表皮。表皮细胞一般是活的薄壁组织细胞[6]，细胞具有各种各样的形状，但通常多为长方形或不规则形状的扁平体。这种长方形或者不规则形状扁平体细胞是表皮的主要组成，此外表皮中还含有半月形的保卫细胞、毛状的表皮细胞等。

表皮细胞的外壁常加厚并经过角质化，在外壁的外面覆盖着一层角质层。角质层是表皮细胞的外壁外层加厚经角质化形成的[6]。角质层（cuticle）是植物与环境中空气相接触的外表面上覆盖着的一层透明的膜状物，所以称为角质膜（cuticular membrane）。角质层主要由角质（cutin）和蜡（wax）组成。早在 1847 年，von Mohl 就提出了角质膜的结构模型[7]。

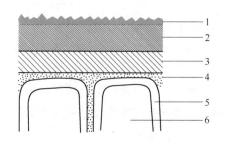

图 3-4　植物细胞壁角质层[7]

1—角质层表面蜡；2—沉浸在蜡中的角质；
3—角质、蜡和多糖的混合层；4—中层；
5—初生和次生细胞壁；6—表皮细胞

角质层的结构模型研究较多，其中一种将角质层分为三层（见图 3-4），第一层（最外层）是角质层的表面蜡（epicuticular wax），第二层是沉浸在蜡中的角质，第三层则是角质、蜡和多糖的混合层[7]。

表皮细胞虽然紧密地排列成连续的一层，但在很多处的表皮细胞之间形成了一些缝隙，缝隙两面有一对较表皮细胞小的半月形细胞围绕着（见图 3-5），这种半月形的细胞称为保卫细胞（guard cell）[6]。保卫细胞和保卫细胞所围绕着的缝隙合在一起称为气孔（stoma）（见图 3-6）。气孔面积为角质层面积的百万分之六[7]，气孔直径的上限为 0.9nm，非电解质小分子以及水合离子都能通过。当角质层用氯仿处理，并去除脂溶性物质后，水的透过性增加 2 到 3 个数量级，说明 100 到 1000 倍数量的气孔由于除去脂溶性物质而暴露出来。

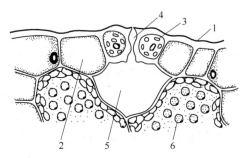

图 3-5　植物细胞壁[6]

1—角质层；2—表皮细胞；3—保卫细胞；4—气孔缝隙；5—气室；6—叶绿体

图 3-6　表皮细胞及气孔

各种器官表皮细胞的外面时常生有毛状附属物，称为表皮毛（epidermal hair，见图 3-7）。表皮毛可能是活着的[6]，也可能是死的。有的表皮毛的柄细胞或基细胞的壁完全经过了角质化，堵塞叶内水分通过表皮毛的壁向外蒸发的途径。

表皮系统表层的角质层仅与一层表皮细胞相连，在木质纤维素原料预处理过程中，即使粉碎，也难以到达细胞层面，更何况粉碎是高耗能的过

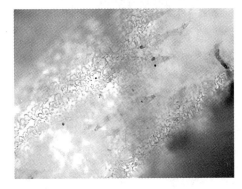

图 3-7　表皮毛

程。而用化学法和生物法时，角质层降低了各组分的可及度，尤其是纤维素的可及度。由此可见，在木质纤维素原料资源化应用中，尤其是通过酶解发酵转化为生物基燃料时，表皮系统中的角质层是首要解除的屏障。屏障可通过两种方式解除：去除和降解。

3.1.4.2　维管组织系统

由于维管组织系统从组成和结构上相对复杂，概念较多，因此，下面从概念解释的角度阐述维管组织系统。

禾本科植物茎的维管束通常有两种分布样式：一种是维管束排列成里外两圈，外面的一圈维管束较小，里面的一圈维管束较大，如小麦、大麦、水稻等；另一种是维管束分散地分布在茎中，不排列成圈形，如玉米、高粱、甘蔗等。维管束排列成两圈的种类构造（见图 3-8）是：茎的最外一层为表皮，表皮层之内为厚壁组织（纤维）层。厚壁组织层之内为薄壁组织层，薄壁组织层之内为一

大空腔（空心的秆能以较少量的物质材料发挥最大的机械效能）。在厚壁组织内层分布着一圈较小的维管束和一圈绿色组织束（即含有叶绿体的薄壁组织束）。绿色组织束直接与表皮层相邻接并与较小的维管束互相间隔地排列着。在薄壁组织内分布着一圈较大的维管束。有些水生种类（水稻）在薄壁组织层内还分布着一圈气腔（通气组织），气腔位于两圈维管束之间。维管束分散地分布在茎中的种类构造（见图3-9）是：茎的表皮层之内为数层厚壁的薄壁组织（即硬化薄壁组织），硬化薄壁组织之内为薄壁组织，薄壁组织之内分布着分散排列的维管束。维管束有大小两种，小的分布在茎的外周，排列较紧密，大的分布在茎的中心，排列较疏松。

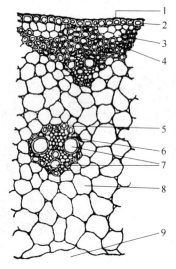

图3-8　一部分小麦茎横切[6]示构图

1—角质层；2—表皮；3—绿色组织束；4—纤维；
5—束鞘；6—初生韧皮部；7—初生木质部；
8—薄壁组织；9—大空腔

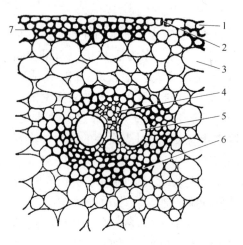

图3-9　一部分玉米茎横切示构图

1—表皮；2—气孔；3—薄壁组织；4—初生
韧皮部；5—初生木质部；6—厚壁组织
鞘（束鞘）；7—硬化薄壁组织

硬化是指细胞壁加厚和木质化。

维管系统[6]：在植物体或植物器官内，韧皮部和木质部结合在一起，二者形成具有一定的排列方式、连续贯穿在整个植物体或植物器官内的组织系统。

维管束[6]（见图3-10）：在植物的茎、叶、花和果实中，木质部和韧皮部结合在一起形成的束状构造。

木质部（xylem）[6]：在植物体内，导管、管胞与薄壁组织和纤维排列在一

图3-10　维管束及周围的束鞘纵切（100倍）

起所形成的一种构造，主要的组成成分是导管和管胞。

原生木质部（protoxylem）[6]：由原形成层最早发展出的木质部。原生木质部中含有细而有相当伸长能力的导管和管胞，Y 形的下半部。

后生木质部（metaxylem）[6]：由原形成层后期发展成的木质部。后生木质部中含有粗而无伸长能力的导管和管胞，Y 形的上半部。

初生木质部（primary xylem）[6]：原生木质部和后生木质部都是由顶端分生组织所产生的成熟组织，这种初生组织总称为初生木质部，在横切面上排列成 Y 形。

导管（vessel，见图 3-11）[6]：由许多死细胞连接成的空管子。组成导管的每个细胞称为导管分子。导管形成过程中，侧壁以不同形式进行次生加厚和木质化，然后细胞间的细胞壁被消化酶溶解消失，而形成空管子。导管壁次生加厚的形式有五种不同的

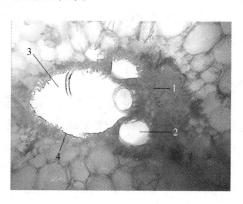

图 3-11　维管束及周围的束鞘横切（100 倍）
1—筛管；2—导管；3—气腔；4—束鞘

类型，因而形成了五种不同的导管：环纹导管（annular vessel）、螺纹导管（spiral vessel）、梯纹导管（scalariform vessel）、网纹导管（reticulated vessel）和孔纹导管（pitted vessel）。

管胞（tracheid，见图 3-12）[6]：长棱柱形，每一个管胞自成一个导水单位，上下相连接的管胞端部上下重叠衔接，水流通过重叠处壁上的纹孔运送。被子植物体内含量较少。

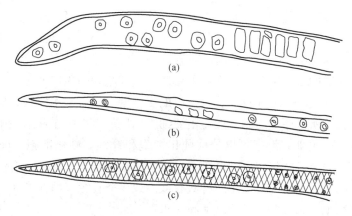

图 3-12　管胞[8]
（a）早材管胞；（b）晚材管胞；（c）螺纹加厚

导管和管胞：运输水分和无机盐。

韧皮部（phloem）[6]：植物体或植物器官内，筛管、伴细胞与薄壁组织和纤维排列在一起所形成的构造，其主要的组成成分是筛管。

原生韧皮部（protophloem）[6]：由原形成层最早发育成的韧皮部，被挤压，在初生韧皮部的外侧，紧挨束鞘。

后生韧皮部（metaphloem）[6]：由原形成层后期发展成的韧皮部，在初生韧皮部的内侧，紧挨后生木质部。

初生韧皮部（primary phloem）[6]：原生韧皮部和后生韧皮部都是初生组织，总称为初生韧皮部。

筛管（sieve tube）[6]：由上下相互连接着的长棱柱体形或者长圆筒形的活细胞组成。组成筛管的每个细胞称为筛管分子。筛管分子具有未经木质化的纤维素壁。

伴细胞（companion cell）[6]：筛管分子旁边一个或数个小型的薄壁组织细胞，其为细长棱柱体形，较筛管细胞细小得多。

筛管和筛细胞（sieve cell）[6]：运输有机物质（光合产物、激素等）。

孔腔（cavity）[3]：原生木质部导管中含有，是原生木质部最早形成时占据的位置。

由上述概念可见，维管组织系统中木质部的导管次生壁经过加厚和木质化，尽管韧皮部筛管分子是纤维细胞壁，但其与木质部相连，因此，木质部（在禾本科植物中即是导管）构成了木质纤维素原料生物降解的又一道屏障。

3.1.4.3　基础组织系统

在草本植物中，基础组织系统主要由薄壁组织和厚壁组织构成。

薄壁组织（parenchyma）[6]：多数与营养有关，少量如分泌细胞、传递细胞、伴细胞等与营养无关。细胞多具有纤维素薄壁，但也有的具有木质化的厚壁，例如分布在木质部的薄壁细胞。玉米秸秆髓芯薄壁细胞如图3-13所示。

厚壁组织（sclerenchyma）[6]：具有厚的次生壁，壁通常木质化，成熟后原生质体多半死亡，所以厚壁组织一般是由死细胞构成的组织。厚壁组织中的细胞形态各式各样，按照细胞形态可以分为硬化细胞和纤维。硬化细胞（sclereid）体型较短，长度为宽度数倍以下；纤维（fiber）体型较长，长度为宽度数倍以上。

硬化细胞的形状多样，其中一种具有或多或少等直径多面体形状的硬化细胞称为短硬化细胞，又称为石细胞（stone cell）。

硬化细胞具有木质化的厚壁，壁上具有很多表面观为圆形的单纹孔。硬化细胞通常由薄壁组织细胞经过硬化作用转化而来，也可以直接由分生组织细胞产

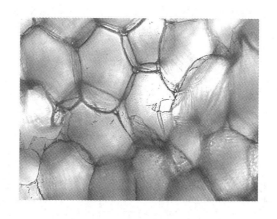

图 3-13　玉米秸秆髓芯薄壁细胞（100 倍）

生。所以硬化作用（sclerification）是指薄壁组织细胞产生厚的次生壁的过程。

纤维[6]：厚壁组织（属于机械组织）中，长度为宽度数倍以上的细胞称为纤维，在木质部和韧皮部含有纤维。

木纤维[6]：分布在木质部中的纤维。木纤维壁上的纹孔为具缘纹孔或单纹孔。纹孔的表面观常为向一侧倾斜的透镜形或缝隙状。

木质部外纤维[6]：分布在木质部以外的纤维，如分布在韧皮部、维管束周围（束鞘）、皮层、叶脉上下两方或者一方、单子叶植物中。木质部外纤维的壁通常较厚，有的经过了木质化，有的没有，壁上纹孔为单纹孔，纹孔表面观也是向一侧倾斜的缝隙状。

纤维表面观为纺锤形，两端尖锐。纤维的壁特别加厚，常木质化。纤维很少单独存在，通常聚集成束。

束鞘（见图 3-11）[6]：玉米茎的维管束周围包被的厚壁组织，即纤维细胞。

纤维属于厚壁组织，细胞壁常加厚且木质化，因此，木质纤维素中的纤维利用，首先需要减少其中木质素的含量，从而提高纤维素的可及度。而薄壁组织中多数细胞壁只含有纤维素，因此适合于酶解转化为生物基燃料。

3.1.5　生物质生化转化抗降解屏障的研究进展

除了植物生物质形成天然的抗降解屏障外，在人类利用植物生物质的过程中，为了不同层面的屏障，需要进行相应的物理、化学、生物的预处理，在处理的过程中，植物生物质发生了组成结构的变化，并形成新的物质，研究发现，新的物质对于生化转化过程也产生了一定的抑制作用。为将预处理过程中产生的抗降解屏障与植物生物质的天然抗降解屏障相区别，提出了二次抗降解屏障概念。

二次抗降解屏障是指在植物生物质前处理过程中，形成的抵抗微生物及酶降解的各种特性，包括酶解后的发酵抑制物。二次抗降解屏障的形成路径如图 3-14 所示。

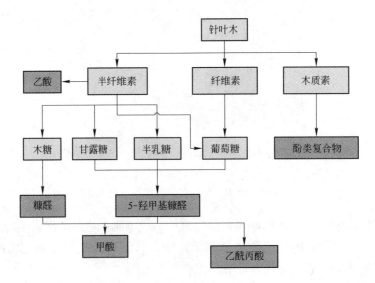

图 3-14 二次抗降解屏障的形成路径[9]

二次抗降解屏障的发现是随着对植物生物质各种预处理方式进行对比评价的过程中发现的。目前报道的二次抗降解屏障抑制物[9~12]主要包括：甲酸、乙酸、乙酰丙酸、糠醛、羟甲基糠醛、香草醛等木质素降解物（包括酚酸）。此外，研究表明，植物生物质在预处理过程中，木质素与木质素、木质素与糖形成的大分子物质，对于后续的发酵也有一定的抑制作用。

因此，对于植物生物质的预处理，一方面要提高糖得率，另一方面，要根据糖的利用途径，确定是否需减少二次抗降解屏障的产生。

3.2 生物质生化转化的前处理平台概述

3.2.1 生物质的自然生化转化过程

3.2.1.1 自然生化转化的生物质资源

自然界中，人类选择性耕作的植物，除了可利用部分外，其他被遗弃的部位凡影响到正常耕作的，多数通过焚烧去除（比如大量的玉米秸秆），而通过自然生化转化过程降解的主要是人工林或者原始林中的枯枝败叶。

枯枝败叶主要有三个来源，第一是森林中自然整枝过程产生。自然整枝是指幼林郁闭后，处于树冠基部的枝条因光照不足逐渐枯落的现象。第二是由于森林病虫害产生的枯枝落叶。第三是由于恶劣的天气造成的残枝落叶。

自然生化转化的生物质资源，对于土壤和森林生物圈的发展是必要的，而所需生物质的数量需要从不同的角度分析，尤其是土壤营养学的角度。研究表明，枯枝落叶层对于森林的天然更新有阻碍作用[13]，因此在保证土壤条件的基础上，将其他的生物质自然降解过程，转变为人工加速的转化过程，在完成自然生态一个步骤的同时，满足人类发展的需要。

　　自然转化的过程，完成了碳循环中的一个步骤，也为植物生物质的人工转化提供了参考。尤其是自然生境中的微生物，成为筛选菌株的重要来源。生物质的自然死亡过程及生化转化过程，也成为人工利用植物生物质的方式和方法的智慧之源。

3.2.1.2　生物质自然死亡过程

　　对于根植于土壤的植物，细胞死亡是许多真核生物生长和发育中必不可少的。由于生物体自身控制着细胞死亡的启动和执行过程，这种类型的细胞死亡过程称为程序性死亡（programmed cell death，PCD）。PCD 的两个例子是衰老和超敏反应。管状分子的形成是植物发育性 PCD 的例子。

　　成熟植物细胞中，导管、纤维、硬化细胞、木栓层细胞是死细胞[6]；表皮细胞、薄壁组织细胞、筛管、伴细胞是活细胞。所以，植物生物质收获以后，在不同储存周期，因活细胞中有细胞质和细胞器，且其中的酶具有活性，导致在储存过程中随着含水量的变化以及酶的自催化作用，导致其组成和结构发生变化，从而影响其化学转化性能。

　　秸秆在储存过程中，不同的储存阶段和储存方式会导致其中的水分变化比较明显，从而引起自然生长的微生物群落的变化[14]。研究秸秆在不同储藏方式过程中组成结构的变化及其对抗降解屏障的影响，将会对秸秆的人工利用提供参考，并有助于木质纤维素原料产业化应用过程中采用有效的储存方式。

3.2.1.3　生物质自然生化转化过程及其对人工生化转化过程的启示

　　生物质的自然分解是一个物理和化学、生物等的联合作用过程，可简单归纳为：天然预处理、自然固态发酵两个阶段。天然预处理作用涉及物理、化学、生物反应过程，对于某一作用过程常常无法简单地归为某一处理作用。

　　生物在自然界的长期进化中形成了抵抗其他生物分解的天然屏障结构，因此，生物质的分解首先需要经过天然预处理作用，以改变植物生物质物理结构、化学组成等使其更易于被微生物作用分解。天然预处理作用包括可溶性化合物的溶解过程（水的淋溶作用）；不可溶化合物的机械性粉碎过程（土壤动物对植物生物质的咀嚼、土壤干湿交替、冻融以及由风引起的研磨）；微生物生长代谢所产生的破坏作用等。天然预处理作用是影响微生物从生物质获取碳源和能量的重要因素，通过预处理作用改变生物质的可及性，如生物质所含颗粒的比表面积、多孔性等；此外，不溶性营养物质发生可溶性转化，如解聚、水解等反应。以土壤动物为例，土壤动物对生物质进行机械性碎裂，将一些完整的、较大体积的生物质裂解成较小的碎片，增加了生物质的有效利用面积，同时土壤动物又产生了可被微生物利用的蛋白质和生长因子，促进微生物生长。

自然固态发酵实质是一个混菌发酵过程，真菌之间、真菌与细菌乃至放线菌之间相互促进、相互抑制，共同完成生物质的分解代谢。在整个分解过程中具有不同生态习性的微生物菌由寄生到腐生交互演替，顺序出现。微生物菌群以有机物为营养基质，相互依存、相互抑制构成一条腐生食物链，群落组成和数量呈现显著的动态变化。

植物生物质自然条件下的生化转化过程，对于人类对生物质的利用，有以下几点启示：

（1）植物生物质的自然储藏过程中，需避免水的淋溶作用，并尽量保持植株的完整，以避免微生物的入侵。

（2）在不同的降解阶段，需要不同的微生物和酶系，因此，对于不同的生物质生化转化目的，应选育相应的微生物或选用适宜的酶系。

（3）在不同的生境中，植物生物质降解过程和降解剩余物不同，因此，植物生物质的抗降解屏障是相对的定义。

（4）植物生物质的前处理过程，是其自然降解过程的浓缩，因此，可借鉴不同生境下的物理化学生物过程。

3.2.2　生物质的人工降解发展历程

木质纤维素起初被利用主要是为了解决由于人口增长所带来的粮食和燃料问题，特别是后者。因此，木质纤维素的预处理技术以纤维素组分的转化利用为主要研究内容。从时间上看，1990年以前，以单一产品为目标的单一预处理技术为主，1990年以后，以单一产品为目标的集成预处理方式出现，进入21世纪后，随着环境、能源与三农问题的日益突出，在寻找石油基产品替代品的催逼下，为了真正推动木质纤维素产业的工业化发展，以多产品为目标的集成预处理研究才初露端倪。当然，早在1987年，巴西COALBRA公司便开始利用木质纤维素同时生产乙醇和木炭，因此各个阶段的划分不是严格的，只是不同阶段研究的侧重点不同。

3.2.2.1　单一产品为目标的单一预处理技术

围绕纤维素转化为乙醇的单一产品的单一预处理技术研究出现在1990年以前，主要包括化学法、物理法和生物法。

化学法包括酸碱处理[15]、臭氧处理[16]、氯化锌处理[17]、离子液体，稀酸主要有稀硫酸、稀盐酸、次氯酸[18]、过乙酸[19]以及二氧化硫[20]，现在依然在沿用单一预处理方式，比如反丁烯二酸[21]和离子液体[22]。这些预处理方式都是以纤维素的酶解发酵为最终目的，也有用磷酸处理木质纤维素原料，这是为了提高其对于动物的可食用性[23]。

物理法包括机械粉碎、蒸汽爆破[24]、热水蒸煮[25]、γ射线处理[16]、微波处理[26]、有机溶剂处理[27]、氨冷冻汽爆[28]。其中热处理中，为了避免半纤维素降解产物糠醛的影响，出现了两阶段高温降解半纤维素法，即140℃处理使得易降解的半纤维素先降解，然后再用170℃，使得剩下的半纤维素降解，最后只有2%的半纤维素降解为糠醛，通过同步糖化发酵，乙醇的得率为理论值的94%[29]。

生物法主要是微生物处理降解其中的木质素[30]，以减少纤维素酶的无效吸附，提高纤维素的酶解率[31]，其次是微生物处理生产单细胞蛋白[32]。

以单一产品为目标的单一预处理方式的工业化应用报道较少，只是早在1913年[33]，在环境保护意识淡薄，且原料价格较低的情况下，美国的卡罗莱纳州首次将2%稀硫酸（170℃蒸汽加热）处理工艺进行商业化应用，以松树废弃物为原料，达到日产乙醇18925L。接下来在路易斯安那州又建立另一个同样的工厂，但两个工厂直到1920年后才真正获利。由此可见，在环境意识普遍增强，原料价格相对较高的现代，以单一产品为目标的单一预处理方式难以实现工业化推广。

3.2.2.2 单一产品为目标的集成预处理技术

1990年后出现的以单一产品（主要是乙醇）为目标的集成预处理方式主要是指汽爆集成预处理。早在1986年，各种预处理方式的比较证明汽爆技术是最节能、最高效的预处理方式之一[15]。与汽爆结合的预处理技术主要包括：甲醇、过氧化氢、氢氧化钠、氨气、二氧化硫等。此外为提高厌氧消化产气量，使用氢氧化钠和绿氧、氢氧化钠和1,4-二羟基蒽醌集成预处理玉米秸秆[34]，粉碎和氢氧化钙集成预处理稻草[35]。以杨树木为材料，通过化学和超声集成预处理得到5～10nm的纤维，其中化学处理包括次氯酸钠脱除木质素和氢氧化钠去除半纤维素和胶质两个过程[36]。作者课题组将汽爆-水洗集成预处理技术用于大麻脱胶，制备纺织原料，已在安徽六安实现工业化。

以单一产品为目标的集成预处理技术中，若以纤维等材料为产品，其工业化应用有一些报道。尽管目前石油产品的价格不断上升，环保意识也日益增强，然而以乙醇或沼气等生物基燃料为产品的技术路线，由于其难以突破经济关而未能实现工业化生产。

3.2.2.3 多产品导向集成预处理的必然性

木质纤维素工业化应用的历史曾经证明多产品导向集成预处理的必然性。在第二次世界大战后的40年内，唯有前苏联的一家生物质燃料商业化生产公司存在并大规模发展，这主要是因为这家公司将木质纤维素原料看做多功能材料，而不仅仅将其转化为乙醇，同时还生产酵母和糠醛，并把剩余的木质素作为燃料。截止到1986年，这家公司已有40家工厂，每个工厂每天处理1000t木材原料，同时生产1.5Mt酵母、$1.95 \times 10^5 m^3$ 乙醇，还有糠醛产品。

早在1986年[33]，多产品导向的集成预处理技术就被证明是有效的利用木质纤维素生产还原糖的方式。而在1993年[37]，通过经济模型分析证明多产品可以降低生产的成本，但是没有具体地提出采用什么预处理技术。

生物基燃料必将取代石油基燃料，关于木质纤维素预处理的研究已有100多年的历史，然而尽管石油的价格日益增长，生物基燃料仍难以实现大规模的工业化生产，主要是难以突破经济关。石油产品减少后，木质纤维素承担的角色除生物基燃料外，还有生物基材料和生物基化学品。由于研究和应用领域将目光紧紧锁定在燃料领域，而忽略了生物基材料和化学品的研究应用，但其作用不容忽视。一方面，生物基材料和生物基化学品可以替代石油基产品，从而减少石油的使用；另一方面，即使生物基产品不能代替石油基产品，从木质纤维素产业化发展的角度来说，多产品的生产工艺路线，可以提高经济效益，分摊生产成本，从而突破产业化的经济关。

3.3 生物质生化转化的前处理技术机制及应用

实现木质纤维素原料多联产生物基燃料、生物基材料和生物基化学品的多联产模式，形成以生物质生化转化为主线的多联产工艺，必要的前提就是根据原料组成结构的特点，通过前处理平台，将原料转化为相应的中间产物，通过清洁、高效、经济的工艺实现原料生物量全利用，并为生物质的生化转化提供可降解的底物。

要将原料中的多种组分分级分离转化为相应的中间产物，如生物质的人工降解发展中所讨论的，采用单一的前处理方式难以实现，因此需要将不同的前处理方式有机结合。所以，首先需要了解植物生物质的前处理方式的种类、处理机制及其产生的效果，以根据不同的原料和产物集成不同的组合前处理技术。

目前，按照前处理的原理及各种前处理的方式，可以将前处理分为化学、物理和生物三种方式，下面从处理机制和效果上分析现有的各种技术，为各种前处理方式的有机结合提供基础。

3.3.1 生物质生化转化前化学处理机制

植物生物质的化学酸碱处理，在制浆造纸行业中研究和应用得比较成熟，与制浆相似，植物生物质生化转化前，主要需要脱除其中的木质素，但同时也伴随着半纤维素的脱除。本节借鉴制浆造纸行业中的酸碱处理机制进行阐述。

3.3.1.1 化学物质传递过程

植物生物质的化学酸碱处理中，影响处理效果的一个主要因素是酸碱液的传递速率。对于不同的植物生物质原料，由于其组织结构不同，内部的孔道结构存在差异，因此酸碱液的传递路径就明显不同。表3-1列出了草本、阔叶木和针叶木三种原料中药液的传递过程[38,39]。

表3-1　药液在不同植物生物质中的传递过程

原料	草本	阔叶木	针叶木
结构	导管、筛管、薄壁细胞	导管、管胞（纤维）、木射线细胞	管胞（纤维）、木射线细胞
药液传递过程	导管→薄壁细胞（或筛管）；与木材相比，草类原料组织疏松，渗透阻力小、浸透较快	边材：导管→管壁纹孔→木纤维，其他种类细胞的断口也可进入；心材：由于导管内具有侵填体而渗透变慢，可以提高温度，渗透通道没有改变，渗透程度增强了	管胞末端断口→胞腔→胞壁纹孔→临近管胞→交叉场纹孔→木射线细胞→管胞
		药液通常是由胞腔向外渗透，先是 S_3，最后达到 S_1 和角隅。早材管胞上的纹孔比晚材上的纹孔要多很多	
主要影响因素	药液的组成和pH值、温度、压力差、原料种类和料片规格		

3.3.1.2 酸碱处理木质素降解机制与脱除顺序

A　碱法处理过程中脱木素的反应

碱法蒸煮过程中，脱木素的特点是木素大分子必须碎解为小分子才能从原料中溶解出来。因此，酸碱处理过程中脱木素反应实际上就是木素大分子的机构单元间各种连接键发生断裂反应，同时，断裂的木质素分子不再缩合成大分子。

木质素大分子中，结构单元间的链接主要是各种醚键，还有碳—碳键链接，在草类原料中还有酯键链接。不同化学键在碱预处理中，表现出不同的反应性能。

a　酚型 α-芳基醚键和 α-烷基醚键连接的碱化断裂

此类连接最容易断裂，由于碱（OH^-）与酚羟基（酸性）发生化学反应，生成的酚盐结构重排，促进醚键中的氧与苯丙烷中的 α-碳断裂。α-芳基醚键和 α-烷基醚键断裂后木素分子是否变小，取决于具体结构的类型，如苯基香豆满结构和松脂醇结构的 α-芳基醚键和 α-烷基醚键断裂后，木素大分子并未变小。

非酚型的 α-芳基醚键，则非常稳定。

b   酚型 β-芳基醚键的碱化断裂

酚型 β-芳基醚键在碱法处理时，其主反应是 β-质子消除反应和 β-甲醛消除反应，因此多数不能断裂，只有少量这种键在通过氢氧根对 α-碳原子的亲核攻击形成环氧化合物时才有断裂（碱化断裂）。在制浆领域，采用硫酸盐法蒸煮时，由于 HS^-（或 S^{2-}）的电负性较 OH^- 强，其亲核攻击能力也强，所以能顺利迅速形成环硫化合物而使 β-芳基醚键断裂（硫化断裂）。

c   非酚型 β-芳基醚键的碱化断裂

β-芳基醚键是非常稳定的，只有在以下特定条件下才能断裂：（1）α-羟基的非酚型 β-芳基醚键，由于 α-羟基在碱液中容易电离，形成的氧离子能攻击 β 位置的碳原子而形成环氧化合物，促使 β-芳基醚键断裂；（2）具有 α-羰基的非酚型 β-芳基醚键，因为 α-羰基能促使环硫化合物形成，从而使 β-芳基醚键断裂。

d   芳基-烷基和烷基-烷基间 C—C 键的断裂

芳基和芳基之间的 C—C 键很稳定，上述 C—C 键在某些条件下有可能断裂，其结果是木素大分子有可能变小，也可能变化不大。碱法处理时，这种反应很少发生。

e   芳基-烷基醚键的断裂

甲氧基中甲基的脱除，对木素分子的变小，无关紧要，但它是碱法高温处理中形成甲醇或甲硫醇的主要反应，生成的甲硫醇会造成空气污染。

f   碱法高温处理过程中的缩合反应

影响木素溶出的主要是 C_α-A_γ 的缩合反应。

这种缩合反应和从亚甲基醌结构开始，当有足够的氢氧化钠时，进行的是脱木素反应；如碱不够，则产生缩合反应。断裂的木素经缩合变成分子更大的木素，更加难以溶解。

其余的缩合反应如 C_β-C_γ 的缩合反应和酚型结构单元或断裂产物与甲醛的缩合反应，多数均在黑液中进行，对木素溶出影响不大。

B   酸法处理过程中脱木素的反应

在酸性亚硫酸盐蒸煮处理时，木素的反应主要由氢离子和水化的二氧化硫进行，磺化的部位主要在 C_α，偶尔也能在 C_γ，从而增加了木素的可溶性。

总的看来，β-芳基醚键和甲基-芳基醚键无论是酚型还是非酚型，在酸性亚硫酸盐法蒸煮时是很稳定的，一般不会断裂。但开始的裂解反应产生在酚型或非

酚型的 C_α 原子上，然后受水化二氧化硫的作用，加成磺酸基。这在酸性亚硫酸盐制浆中是很值得注意的木素碎片化作用。虽然在针叶木木素中 α-芳基醚键只占 6%～8%，但它的裂开会引起可观的碎片化作用。

但在酸性亚硫酸盐蒸煮时，往往有磺化反应和缩合反应竞争的问题，因为这两个反应都在同一个 C_α 位置上进行，因此需要加速磺化，才能避免缩合。

碱性和酸性亚硫酸盐法蒸煮时木素发色基团主要是形成二芳基苯（缩合反应）；由于甲氧基的脱落得邻苯二酚，氧化成邻苯二醌或与金属离子形成深色复合物；形成芪（反二苯代乙烯）的结构。

C 酸碱处理过程中脱木素的顺序

一般认为，不同部位木素的脱除顺序为：S_3—S_2—S_1—P—ML。因为处理液体通过纹孔首先进入胞腔，所以首先是 S_3，待次生壁中的半纤维素和木质素逐渐降解后，形成更加疏松的结构，此时胞间层中的木质素才开始逐渐降解脱除。在降解的最后，木材剩余的一般是次生壁中的木质素，而草类中的剩余木素在胞间层和次生壁中都有，究其原因，一方面以麦草为例，其胞间层中的木质素含量是次生壁中的 2.45 倍；另一方面，在酸碱处理过程中，由于单体的结构不同以及药液的传递路径不同，导致不同部位木质素的降解速率不同[38]。

3.3.1.3 酸碱处理碳水化合物的降解机制

A 碱法处理过程中碳水化合物的降解

在碱性条件下，纤维素和半纤维素会发生降解反应。

a 纤维素的反应

剥皮反应：即还原性葡萄糖末端基逐个剥落的反应。在碱性条件下，还原性末端基对碱不稳定，通过 β-烷氧基消除反应而从纤维素分子链上剥落下来，产生的新还原端又重复上述反应。

终止反应：对碱不稳定的还原性末端基，可以变为对碱稳定的 α-偏变糖酸基纤维素或 β-偏变糖酸基纤维素，从而终止剥皮反应。

纤维素的碱性水解：在高温强碱作用下，纤维素大分子会水解而断裂，变成两个甚至多个断链分子，由一个还原性末端基变成两个或多个还原性末端基，因而又会促进剥皮反应。

b 半纤维素的反应

乙酰基脱落：在高温碱的条件下，脱乙酰反应是速率最快和反应程度最完全的。

半纤维素总的反应：在高温碱的条件下，半纤维素的活性比纤维素的活性高很多，容易溶解并迅速分解。处理后的半纤维素结构发生了变化。半纤维素中聚木糖比聚葡萄糖甘露糖在碱性溶液中稳定，所以其降解速率低。

聚木糖的反应和保留：聚木糖中的4-O-甲基葡萄糖醛酸侧链会部分或全部脱除，从而使得聚木糖的聚合度降低。但如果聚木糖带有支链，则支链能够阻滞聚木糖分子传送到纤维细胞壁外。

己烯糖醛酸（HexA）：在碱法处理过程中，半纤维素中聚木糖的侧链基团4-O-甲基葡萄糖醛酸，在高温强碱的作用下，通过β-甲醇消除反应，主要转变为4-脱氧-己烯-[4]-糖醛酸（己烯糖醛酸，Hexenuronic acid，简写 HexA）。随着用碱量的增加，HexA 的含量降低。

c 碱法处理过程中，碳水化合物的降解历程

碳水化合物的剥皮反应在升温到 100℃时就开始了，在低于 150℃时，以剥皮反应为主，而在 150~160℃时，以水解反应为主。碱法处理过程中，各种组分的降解速率是不同的，100℃前，糖醛酸和甘露糖溶出较快；100~150℃时，除糖醛酸和甘露糖继续溶出外，半乳糖和阿拉伯糖也开始大量溶出。而木糖组分在160℃以后才大量溶出。

B 酸法处理过程中碳水化合物的降解

在酸性处理中，碳水化合物的降解主要是酸性水解，纤维素和半纤维素的聚合度大大下降。

a 纤维素和半纤维素的反应

酸性水解反应：酸性水解反应主要是(1-4)-β-苷键或其他苷键的水解断裂，首先形成低聚糖，然后再降解为单糖。酸浓度越大、温度越高，则酸性水解反应就越剧烈。

酸性氧化分解反应：半纤维素和纤维素的醛基末端，在使用具有氧化性的亚硫酸盐进行酸性处理时，容易被氧化成糖酸末端。而生成的单糖，可以发生分解反应，己糖可以分解产生有机酸，戊糖分解为糠醛，糠醛酸也会脱羧分解。

b 半纤维素和纤维素的反应历程

半纤维素的反应历程：半纤维素的酸性水解与其组成的糖基种类和结构类型有关，也与半纤维素聚合度及支链数量和长度有关。半纤维素中的乙酰基和呋喃式阿拉伯糖在酸性条件下，从以木糖基为主链的半纤维素中脱出，而聚4-O-甲基葡萄糖醛基木糖则保留。在同样的条件下，半纤维素的溶出速率比木素高。在100℃以下，糖很少水解，而在 100~200℃，糖水解很快，而在120℃以上，可能由于糖的分解速率大于产率，所以糖的含量增加不大。在分解过程中，半纤维素并不直接水解为单糖，而是在不断降解之后，先转移到溶液中，然后在足够的 H^+ 存在时转化为单糖，这种分级只有在聚糖浓度较高的情况下发生。

纤维素的反应历程：在酸性高温情况下，纤维素的溶解虽然很少，但是，其中的配糖键也会断裂，从而使得纤维素的聚合度降低。

3.3.1.4 液态热水法处理机制

液相热水预处理又称为水压热解、非催化溶剂的水溶解[40]。木质纤维类生物质经过 200 ~ 230℃ 的高压水处理 15min 左右，被溶解 40% ~ 60%。几乎脱除了所有的半纤维素和 35% ~ 60% 木质素，但 4% ~ 22% 纤维素也常发生降解[41]。

热水使得生物质中的半缩醛键断裂并生成酸，水在高温下也显酸性[42]，在酸性条件下，多聚糖特别是半纤维素，可以被水解生成单糖，并使部分单糖进一步水解为醛，主要是戊糖中的糠醛以及六碳糖中的 5-羟甲基糠醛，它们对微生物的发酵都有抑止作用[9]。因此，采用碱（如 KOH）来保持热水 pH 值在 5 ~ 7 之间，使得生物质尽可能不要水解为单糖，并且控制预处理过程中的化学反应。木质纤维素颗粒在热水预处理的时候得到分离，所以不需要再减小生物质颗粒的粒径[43]。热水法处理分离的纤维素具有很高的可酶解性[42]。

该方法目前有三种形式的反应器：顺流式（co-current）、逆流式（counter-current）和溢流式（flow-through）。在顺流式反应器中，物料和水以相同的方向流动；逆流式反应器中二者则以相反的方向流动；在溢流式反应器里，热水经过一个装有木质纤维素的静态床，将木质纤维素溶解，然后流出反应器。

3.3.1.5 有机溶剂处理机制

纤维素溶剂可分为有机溶剂（如 Cadoxen，CMCS）和无机溶剂[44]（如高浓度的硫酸、盐酸、磷酸）两类。溶剂处理主要是根据相似相溶原理，使得木质纤维素中的一种或者多种组分在溶剂中溶解，而达到分离的目的。溶剂处理引起纤维素晶体结构变化，因而使水解速度及水解程度都大大提高。

有机溶剂应用于木质纤维类生物质组分分离主要是指制浆造纸工业的有机溶剂制浆，在 19 世纪末就有人提出利用乙醇提取植物原料中的木质素来生产纸浆，而对有机溶剂法提取木质素制浆的深入研究则是 20 世纪 80 年代以后才兴起的。由于小分子的低沸点有机溶剂具有价格较便宜且便于回收等[45,46]优点，因而引起了广泛的关注。可使用的有机溶剂非常广泛，如乙醇、甲醇和乙二醇等醇类；丙酮等酮类；乙酸甲酯、乙酸乙酯等脂类；甲酸、乙酸和丙酸等酸类[47]。有机溶剂制浆按是否添加催化剂及添加催化剂的类型，可分为自催化有机溶剂制浆、酸催化有机溶剂制浆、碱催化有机溶剂制浆和 NAEM-有机溶剂制浆（用 $CaCl_2$、$MgCl_2$ 等中性碱土金属盐作催化剂）。尽管催化溶剂制浆有成浆质量好、得率高、强度性能好等优点，但由于引入了无机化学药品，在废液处理和回收方面也存在着与传统化学制浆同样的问题，与此相比较，自催化有机溶剂制浆不添加任何化学药品作催化剂，依赖制浆过程中半纤维素及原料中酸性组分水解释放的酸性物质（如乙酸、糠醛类、阿魏酸等）提供所需酸度催化制浆反应过程，更具有发展潜力和研究价值[48]。

从国内外研究情况来看，美国、加拿大、德国、瑞典、芬兰、日本等国在这方面进行了深入的研究，作了不少工作，也取得了很大的成就。1985 年，Lora 和 Aziz[49] 提出了在间歇蒸煮中应用有机溶剂的制浆技术，这种方法的改进促进了 ALCELL（alcohol cellulose）工艺的产生和发展[45]。这项工艺适用于槭木、杨木和桦木等阔叶木的制浆。在荷兰、意大利、加拿大等国，先后有中间试验研究厂投入生产。加拿大 Repap 公司的 ALCELL 法是乙醇制浆的一个中试厂，在加拿大已成功运行了多年[50]。我国对有机溶剂法制浆技术的研究起步较晚，但发展很快。2001 年，张美云等[51] 研究了龙须草自催化乙醇制浆的最佳工艺条件和反应历程，结果表明，木质素的脱出分为两个阶段：大量脱出阶段和残余脱出阶段。最佳工艺条件为：乙醇浓度 55%，蒸煮温度 180℃，固液比 1∶10，保温时间 120min，细浆得率 53.18%，kappa 值 38.13，残余木质素 4.64%。这为国内的自催化乙醇法制浆技术的工业化生产提供了理论依据。罗学刚等[52] 利用乙酸乙酯和乙酸的复合溶剂降解原料中的木质素，在 150~170℃ 蒸煮 2h，得到的纸浆纤维不仅很好地脱除了木质素，而且易于漂白。可见，低沸点有机溶剂法是充分利用有机溶剂（或在少量催化剂共同作用下）良好的水解和溶解性，通过和木质素发生化学反应而脱除其中的木质素；充分利用良好的挥发性，处理过程中使木质素与纤维素充分、高效分离。废液可以通过蒸馏法来回收，反复循环利用，整个过程处于一个封闭的循环系统，无废水或少量废水排放，能够真正从源头上防治制浆造纸行业对环境的废水污染，是实现无污染或低污染"绿色环保"组分分离的有效技术途径；也是提取木质素、纯化木质素的有效技术途径，为木质素资源在工业上的大量开发利用开辟了一条新的途径。该组分分离技术充分考虑了环境保护和天然可再生资源充分利用的需要，有着良好的经济效益和社会效益。该方法有以下优势[53]：

（1）对各种木质纤维适用性强；

（2）消耗水电和化学药品少；

（3）经济成本低、投资少；

（4）环境污染小、几乎可实现零排放；

（5）溶剂便于回收和循环利用；

（6）处理效果好；

（7）副产物易于提取，便于综合利用；

（8）制浆白度高，易漂白；

（9）制浆产量高且木质素含量低；

（10）打浆性能好。

然而，目前的低沸点有机溶剂法存在以下瓶颈性问题，阻碍了其工业化进程：

（1）由于有机溶剂是低沸点的小分子，它们易挥发、易燃、易爆甚至有毒，因而对生产设备要求严格，要求设备密封性相当好，不允许有任何逸漏。

（2）由于溶剂沸点低，达到目标温度（160～220℃）常需要在高压下运行，于是带来高压操作风险。

（3）对于预处理后纤维的洗涤不能采用传统的洗涤方式，因为传统的水洗涤方式容易使溶解的木质素重新沉淀和吸附在纤维上，所以需要较复杂的洗涤工艺和设备。

上述不足给实际的生产工艺、设备和操作带来了很大挑战。

陈洪章等研究比较了几种不同沸点的有机溶剂，比较了汽爆-甘油组合预处理和甘油自催化处理对于秸秆组分及其酶解性能的影响，相关内容将在3.4.4节中详细介绍。

最近，又出现了纤维素的一类新型溶剂——离子液体（ionic liquids），据报道其中的氯-1-丁基-甲基咪唑和1-烯丙基-3-甲基咪唑能够溶解未经处理的纤维素[54,55]，但是对溶解后再生纤维素的酶解情况的研究还未见报道。陈洪章等自制离子液体，并将其用于木质纤维素原料的预处理，研究了汽爆-离子液体组合预处理对木质纤维素原料中组分的影响，相关内容将在3.4.4节中详细介绍。

3.3.1.6 臭氧处理机制

臭氧可以用来分解木质纤维原料中的木质素和半纤维素[56]。该方法中木质素受到很大程度的降解，半纤维素只是受到轻微攻击，而纤维素几乎不受影响。此法的优点是：可以有效地除去木质素，不产生对进一步反应起抑制作用的物质，反应在常温常压下即可进行。但由于需要的臭氧量较大，整个过程成本较高。

3.3.1.7 湿氧化法处理

湿氧化法是20世纪80年代提出的。在加温加压条件下，水和氧气共同参加反应。在水和氧存在的情况下，木质素可被过氧化物酶催化降解，处理后的物料可增强对酶水解的敏感度。匈牙利的Eniko等[57]采用湿氧化法（反应条件为：195℃、15min、1.2MPa，2g/L Na$_2$CO$_3$）对60g/L玉米秸秆进行预处理，其中60%半纤维素、30%木质纤维被溶解，90%纤维素呈固态分离出来，纤维素酶解转化率达85%左右。

3.3.2 生物质生化转化前物理处理机制

3.3.2.1 机械粉碎处理

植物组织中包括多种细胞类型，其化学组成和物理特性也存在很大差异[58]。

细胞的韧性是由细胞壁中纤维素、半纤维素和木质素的量决定的[59]。Choong[60]发现 *Castanopsis fissa* 叶的韧性（toughness）可以通过构成组织的细胞壁体积分数和中性洗涤纤维（NDF）含量来预测。Drapala 等[61]和 Pigden[62]认为经机械粉碎后的植物颗粒大小和形状能够反映木质素的分布和浓度。纤维素是一种高结晶性的聚合物，在粉碎研磨过程中能有效地吸收机械能而引起其形态和微纫结构的改变，使结晶度下降、可及度明显提高。常用的粉碎设备有球磨、压缩球磨、双滚压碎机、流态动量研磨机、湿胶体磨和冷冻粉碎等。冷冻粉碎法是利用液化气在 $-100℃$ 下进行粉碎的方法，粉碎后木质素仍然保留，但木质素和半纤维素的结合层被破坏，这样就增加了酶对纤维素的亲和性。机械粉碎的缺点是能耗大、研磨成本高。

3.3.2.2　超细粉碎

超细粉碎技术是 20 世纪 70 年代以来，为适应现代高新技术的发展而产生的一种物料加工新技术，它可将物料由粒度为 0.5～5.0mm 颗粒粉碎成 10～25μm 以下的超细粉末。物料经超细粉碎后，原有化学性质不变，颗粒粒度及结晶结构能有效改善，具有一般颗粒所不具有的理化性质：如粒度细微均匀，比表面积增大，孔隙率增加，良好的分散性、吸附性、溶解性、化学反应活性等。气流超细粉碎机是目前应用最广泛的超细粉碎设备，气流粉碎超细粉碎速度快，时间短，无伴随热量产生，不发生任何化学反应，可最大限度地保留粉体的生物活性成分并保持物质的原有化学性质，因而更适用于低熔点和热敏性物质的粉碎[63~66]。近年来，超细粉碎技术在食品、医药、日用化工、造纸、中药等领域的应用备受重视[67,68]。纤维素是结晶度高的聚合物，在粉碎研磨过程中能有效地吸收机械能而引起其形态和微细结构的改变，使结晶度下降、可及性明显提高，从而提高酶解转化率。机械粉碎的缺点是能耗大、成本高。粉碎的动能消耗取决于粉碎粒度的大小与材料本身的性质[63,64]。

3.3.2.3　高能辐射处理

γ 辐射（电离辐射）常用于破坏秸秆等农业废弃物的细胞壁组成[69]或降低纤维的聚合度、木质素的脱除[70]。电离辐射的作用，一方面是使纤维素解聚，即聚合度降低，相对分子质量的分布特性改变，使其相对分子质量分布比普通纤维素更集中[71]；另一方面是使纤维素的结构松散，并影响到纤维素的晶体结构，从而使纤维素的活性增加，可及度提高。因此，在粘胶纤维的生产中，对溶解用浆粕进行辐射处理，可提高纤维素生成粘胶的反应能力。例如，Fischer 等[72] 1990 年采用一台 1MeV 的电子加速器，利用产生的高能电子对山毛榉亚硫酸盐浆粕进行辐射处理。结果表明，用高能电子束处理浆粕，可提高纤维素与二硫化碳之间的反应能力和反应均匀性。用 ^{60}Co 产生的 γ 射线对浆粕进行辐射处理，有与高能加速电子相似的作用[71,73]。

采用高辐射剂量处理秸秆能降低其细胞壁中中性洗涤纤维素（NDF）、酸性洗涤纤维（ADF）、酸不溶木素（ADL）和还原糖的含量，从而提高秸秆的消化率[74~77]。低辐射剂量则可用于农业副产物的杀菌消毒，Kume 等[78] 报道 15kGy 以上的剂量能够杀死果壳上的所有需氧菌，5～6kGy 可以使压缩纤维中的真菌降低到检测水平以下。Malek 等[79] 报道杀死稻草中的需氧菌需要 30kGy 的 γ 射线，而其中真菌的巴斯德消毒则只需要 10kGy。Kim 等[80] 也发现 5～10kGy 的 γ 辐射剂量能够有效降低药草中的微生物污染。

采用辐射（或电子束）与化学法联合处理秸秆等农业废弃物能使其中纤维素、半纤维素、木质素降解量比采用其中一种方法单独处理时降解量增加。无论是采用高辐射剂量（最高到 500kGy）和低浓度化学试剂（最高 5%），还是采用低辐射剂量和高浓度化学试剂来处理农业废弃物都得到了相同的结论。Al-Masri 和 Guenther[81] 采用 200kGy 的高剂量 γ 射线对事先用 5% 尿素处理后的农业废弃物进行处理，纤维素含量明显低于采用单一方法处理。Rahayu 等[82] 发现 500kGy 的电子辐射使经 2% NaOH 处理后的玉米秸秆的葡萄糖产量从 20% 提高到 43%。Xin 和 Kumakura[83] 采用 100～300kGy 的 γ 射线辐射经 2%～4% NaOH 处理后的稻草，发现葡萄糖产量随着辐射剂量的增加而增。Banchorndhevakul[84] 采用低辐射剂量 10kGy 和高浓度化学试剂（20% 尿素）对稻草和玉米秸秆进行处理，也发现纤维素、木质素、半纤维素和角质等的降解量高于单独用尿素或 γ 辐射。由于高能辐射的成本太高，这种方法在实际应用上受到了一定限制。

3.3.2.4 微波处理

微波是频率在 300MHz 到 300GHz 之间的电磁波（波长 1m～1mm）。微波处理能使纤维素的分子间氢键发生变化，处理后的粉末纤维素类物质没有润涨性，能提高纤维素的可及性和反应活性，可以提高基质浓度，得到较高浓度的糖化液，处理时间短，操作简单。微波处理的效果明显优于常规加热处理效果，Zhu 等[85~88] 采用微波/碱、微波/酸/碱和微波/酸/碱/H_2O_2 三种方式处理稻草，以提高稻草的酶解率，并从处理液中提取木糖。实验结果发现经微波/酸/碱/H_2O_2 处理的稻草失重率和纤维含量最高，酶解率也最高。木糖回收试验表明，采用微波/碱处理液中的木糖不能回收，而微波/酸/碱和微波/酸/碱/H_2O_2 处理液可以得到木糖晶体，但是由于其处理费用较高而难以得到工业化应用。

3.3.2.5 超临界处理

超临界处理有以下几种：

（1）超临界 CO_2 处理。超临界二氧化碳（SC-CO_2）具有经济、清洁、环境友好以及容易回收等优点，近年来常被用作萃取溶剂。Ritter 和 Campbell[89] 采用 SC-CO_2 处理松木，没有发现松木微观形态的改变，他们认为 SC-CO_2 不是预处理木质纤维素原料的有效手段。然而也有报道称 SC-CO_2 处理能够提高道格拉斯杉木的渗透性能[90]，同时发现经 SC-CO_2 爆破处理的纤维素和木质纤维素原料的酶解产糖量提高[91,92]。Kim 和 Hong[93] 采用 SC-CO_2 对杨木和黄松进行预处理，湿度范围为 0～73%，压力 21.37～27.58MPa，温度 112～165℃，处理时间为 10～60min，处理后进行酶解，结果发现，未经处理的杨木和黄松的还原糖最终产量分别为理论产量的（14.5±2.3）% 和（12.8±2.7）%。在无水条件下处理，杨木的还原糖产量与未处理时的还原糖产量相似，随着含水量的增加，尤其是杨木，经 SC-CO_2 处理后原料的酶解还原糖产量显著增加。当含水量为 73%，用 SC-CO_2 在 21.37MPa、165℃处理 30min，处理后杨木和黄松酶解后的还原糖产量分别为理论产量的（84.7±2.6）% 和（27.3±3.8）%，明显高于不加 SC-CO_2 的热处理。

（2）超临界水处理。纤维素会在超临界水（$p>22.09$MPa，$t>374$℃）中降解，主要产物是赤藓糖、二羟基丙酮、果糖、葡萄糖、甘油醛、丙酮醛以及低聚糖等。纤维素超临界水解反应的反应途径已较为清楚[94,95]。纤维素首先被分解成低聚糖和葡萄糖，葡萄糖通过异构化变为果糖。葡萄糖和果糖均可被分解为赤藓糖和乙醇醛或是二羟基丙酮和甘油醛。甘油醛能转化为二羟基丙酮，而这两种化合物均可脱水成为丙酮醛。丙酮醛、赤藓糖和乙醇醛若进一步分解则会生成更小的分子，主要是含 1～3 个碳原子的酸、醛和醇。至于 5-羟甲基糠醛的形成仍不是非常清楚，但可以肯定的是由葡萄糖直接转化，而且其产率随着反应时间的延长而增加。

在水的超临界温度之下，纤维素水解反应需 10s 才能达到 100% 的纤维素转化率，主要产物为葡萄糖的分解产物；而在超临界温度以上进行的纤维素水解反应只需 0.05s 就可完成，主要产物是水解产物，包括葡萄糖、果糖和低聚糖。水解动力学表明，在超临界温度以上，纤维素的降解率高，而低于临界温度则葡萄糖的降解速率会超过纤维素的降解速率。纤维素的降解反应发生在纤维素的表面[96]。

（3）其他超临界处理方式。Kiran 和 Balkan[97] 采用乙酸-水、乙酸-超临界 CO_2、乙酸-水-超临界 CO_2 的两元或三元混合物，在高压下提取木质素，发现乙酸-水体系脱木素率高（摩尔分数 73%（体积分数 90%）乙酸，脱木素率 95%），而乙酸-超临界 CO_2 和乙酸-水-超临界 CO_2 体系的脱木素率低。采用 1,4-二氧六环-CO_2，在 160～180℃，17MPa 下脱木素，发现提取液的组成影响提取选择性，CO_2 含量越高对半纤维素的提取选择性越高，可完全脱出半纤维素，而纯

1,4-二氧六环对木素的提取率最高，且温度影响较小，180℃时纤维素开始发生降解[98]。Reyes 等[99]采用超临界丁醇、异丙醇来脱除木材中的木素，结果发现脱木素率随反应温度、反应压力的升高而升高，超临界温度以上，脱木素率远远高于临界温度以下。

3.3.3 生物质生化转化前生物处理机制

生物处理就是利用微生物除去木质素，以解除其对纤维素的包裹作用，可用专一的木质素酶处理原料，分解木质素和提高木质素消化率，但是目前的研究多停留在实验阶段。虽然有很多微生物都能产生木质素分解酶，但是酶活性低，难以得到应用。木腐菌是分解木质素能力较强的菌，常用来降解木质素的微生物有白腐菌、褐腐菌和软腐菌等，其中最有效的是白腐菌。目前，一些白腐菌，如 *Phanerochaete chrysosporium*，*Ceriporia lacerata*，*Cyathus stercolerus*，*Ceriporiopsis subvermispora*，*Pycnoporus cinnarbarinus* 和 *Pleurotus ostreaus* 等已经表现出对不同木质纤维素类生物质具有较高的脱木质素能力[100~102]。白腐菌除了分解木质素外，还产生能分解纤维素和半纤维素的纤维素酶、半纤维素酶，因此，白腐菌分解木质素的同时也损失了纤维素和半纤维素。因此，分离和选育只产生木质素氧化酶而不产生纤维素酶和半纤维素酶的菌种，对于提高生物法处理木质纤维原料的利用价值是很重要的。木质素氧化酶和锰过氧化酶这两种木质素降解酶是白腐菌次级代谢过程中产生的酶。其他能够降解木质素的酶有：多酚氧化酶、漆酶、过氧化氢酶[103]。褐腐菌只能改变木质素的性质而不能分解木质素；软腐菌分解木质素的能力很低。

生物处理的条件比较温和，副反应和可能生产的抑制性产物比较少，并且节能，具有保护环境的优点。但是，由于微生物产生的木质素分解酶活性较低，所以处理的周期很长，一般需要几周时间，因此，离实际应用尚存在一定距离。从成本和设备角度出发，微生物预处理显示出独特的优势，可用专一的木质素酶处理原料，分解木质素和提高木质素消化率，但是目前的研究多停留在实验阶段。

3.4 生物质生化转化的前处理分级技术

3.4.1 生物质生化转化前汽爆处理技术

陈洪章等针对秸秆组成特点，发明了无污染低压（3.0MPa 降到 1.5MPa 以下）汽爆技术，揭示了秸秆汽爆自体水解作用的机理。该技术在汽爆的过程中不需要添加任何化学药品，只需控制秸秆的含水量，将原料与蒸汽混合并维持一段时间，半纤维素被释放出来的乙酸等弱酸水解而发生降解，其中的乙酸是由原料中的乙酰基水解产生的。汽爆过程中水在高温下也同样起到了酸催化剂的作用[104]。最终可以分离出 80% 以上的半纤维素，且使秸秆纤维素的酶解率达到

90%以上[105]。Laser 等在 216℃、4min 的条件下处理甘蔗渣，纤维素转化率达 67%[106]。陈洪章等已将汽爆装置放大到国内外最大 50m³ 工业规模，发展了成熟配套高效清洁汽爆利用工艺，为实现秸秆组分清洁高值全利用奠定了基础，并发明了以汽爆为核心的组合预处理新方法，基于对工程耦合及组合作用机制的认识，将双氧水、超细和分梳等方法融入汽爆中，实现了秸秆化学组分、细胞类型和组织层面的分级分离。以此建成的秸秆多级联产瓦楞原纸、生态板等秸秆多联产园区，经济效益超过亿元，社会效益显著，并将已形成汽爆技术平台广泛应用于构树茎皮脱胶[107]、大麻脱胶[108]、花生油制备[109]、中药提取[110]、黄酮[111]制备中。

陈洪章等在研究和应用的基础上，对汽爆原理和工程放大进行了深入研究，基于汽爆过程传递原理和物料力学性能分析，建立了汽爆过程热质传递模型和瞬态撕裂过程中作用在物料细胞上的能量耗散模型，解析汽爆过程动力和阻力因素以及各因素对汽爆效果的影响，深入地解释了汽爆技术的作用机理，也为设备的工程放大提供科学依据。重新定义汽爆强度的概念，引入物料性能参数和设备参数，使得汽爆强度的概念更具科学指导意义。分析汽爆过程能耗，建立单位质量干基的耗汽量函数，为汽爆预处理技术的工业放大提供科学依据。汽爆梳分工艺从源头上有效解决了发酵抑制物的问题，减少生料，真正实现了生物量的全利用，且汽爆能耗进一步降低。干法汽爆和原位汽爆工艺的提出和探索，进一步丰富了汽爆技术内涵和应用领域。

在研究和应用的基础上，总结植物生物质汽爆预处理的特点：

（1）汽爆降解了部分半纤维素，在一定程度上降低了细胞壁成分的复杂性。

（2）汽爆过程中，由于细胞间和细胞中的水蒸气在瞬间释放，从而冲破了植物组织及细胞壁，使得紧密的植物组织和细胞壁结构变得疏松，再加上半纤维素降解，因此，汽爆后的物料形成多孔结构，增加了比表面积，可提高后续溶剂提取的传质速率，增加接触面积。

（3）分离出半纤维素以及水溶性杂质后，提高了后续分离组分的纯度，减少了分离组分进一步降解与聚合，避免了产物相对分子质量分散，从而活性高，利于进一步转化。

（4）汽爆过程清洁高效，没有化学污染物的排放，处理效率高。

（5）汽爆技术操作简单，容易推广。

3.4.2 生物质生化转化前组织分级分离技术

因不同组织细胞在组成结构上的相异性，使得不同器官中的细胞依然存在差别，所以将组织分离，有助于实现秸秆组分分级分离后的高值化应用。汽爆过程中，由于蒸汽的爆破作用，使得秸秆中的表皮组织、机械组织（维管束组织）

和基本组织（薄壁组织）之间的链接断开，为进一步的分离提供结构基础。因此，将造纸工业中成熟的纤维细胞分级设备——保尔筛分仪引入到木质纤维素预处理工艺中。

研究表明，玉米秸秆经汽爆-保尔筛分后，纤维组织细胞主要分布在大于0.589mm（28目）的物料中，此物料主要为表皮组织和维管组织（机械组织），而薄壁组织（基本组织）细胞主要分布在小于0.074mm（200目）的物料中。汽爆-保尔筛分组合预处理可在一定程度上实现了组织分离。

进一步将汽爆-保尔筛分组合预处理应用于麦草，可得到两个固体级分。经扫描电镜分析表明，分级1主要是纤维组织细胞，分级2主要是杂细胞，即非纤维组织细胞。0.246mm（60目）筛分得到的两个级分（纤维细胞和杂细胞）中，两者的比例分别占汽爆麦草原料的47.6%和19.9%，其他可溶性组分占32.5%，根据文献报道这部分可能主要是麦草半纤维素降解的产物，即短链的木聚糖[112]，也包含少量因汽爆产生的复杂成分[113]。汽爆-保尔筛分组合预处理麦草得到的纤维长度和宽度与《中国造纸原料纤维特性及显微图谱》中的报道[114]相近，长度平均值为1.067mm，宽度平均值为13.893μm（报道中长宽平均值分别为1.39mm和13.0μm），而长宽比为76.81，介于针叶木和阔叶木之间，高于造纸的要求（大于35~45）[115]，可以作为造纸的原料。成分分析表明，纤维组织中纤维含量较原麦草提高57.4%，说明汽爆-保尔筛分组合预处理在一定程度上实现组织分离的同时，实现了化学组分的分离。此外，水流分级后水溶成分占到32.5%，主要是半纤维素降解产物。

3.4.3 生物质生化转化前细胞分级分离技术

3.4.3.1 汽爆-超细分离技术

汽爆后秸秆在组织上已经分离，不同组织的细胞之间链接紧密程度不同，由于维管束组织中的纤维细胞承担着输送水分和营养物质的作用，因此链接紧密。此外，木质纤维素酶解过程中的一个问题，是酶与底物不能充分接触，因此提高底物的比表面积，将有助于提高酶解率。目前，超细粉碎技术得到了各领域研究的重视，针对汽爆秸秆的特点和酶解的需求，可将超细粉碎技术引入到木质纤维素原料的预处理工艺中，使得链接紧密的细胞与链接疏松的细胞分离，并提高原料的比表面积。同时，超细粉碎的能耗并不比传统粉碎的高[116]，因此出现了汽爆-超细粉碎组合预处理。

与汽爆-普通粉碎组合预处理稻草相比[117]，超细粉碎汽爆稻草粉体的薄壁细胞和表皮细胞分别增加了9.4%和4.4%，纤维细胞降低了13.4%；超细粉碎汽爆稻草残渣中纤维细胞增加了2.3%，薄壁细胞降低了15.7%，导管细胞降低了50%。这说明通过汽爆-超细粉碎组合预处理可以实现细胞的分级分离。成分分析表明，超细粉碎后粉体中纤维素含量比残渣中高，而木质素含量比残渣中低，这说明通过汽爆超细粉碎，在实现细胞分离的同时，实现了一定程度的组分分离。

3.4.3.2　汽爆-湿法超细分离技术

鉴于汽爆-超细分级分离稻草对纤维的破坏，从分级分离稻草纤维、提高稻草作为纤维材料价值的角度，采用汽爆-湿法超细分级分离稻草纤维组织。

汽爆-湿法超细分级分离得到的纤维部分，纤维细胞含量大于60%，而非纤维部分主要是表皮细胞，较汽爆-超细粉碎对原料的细胞分离程度高。

与原稻草和未经分离的汽爆稻草相比[118]，汽爆-湿法超细分级分离稻草纤维组织中纤维素的含量明显较高，纤维组织部分的得率为汽爆稻草干重的70.4%，纤维细胞含量为63.1%，薄壁细胞含量为33.5%，纤维细胞含量比原稻草纤维细胞含量高出37.8%。纤维组织部分的纤维素含量为65.6%，比原稻草高出74.9%。可见，汽爆-湿法超细分级分离可以较好地分离出纤维细胞及纤维素组分。

3.4.4　生物质生化转化前组分分级分离技术

3.4.4.1　汽爆-离子液体组合预处理

将离子液体引入秸秆的组分分离中，主要是因为与传统的有机溶剂和电解质相比，离子液体具有以下优点：

（1）几乎无蒸气压，不挥发，消除了挥发性有机化合物的环境污染问题；无色、无嗅。

（2）具有较大的稳定温度范围（从低于或接近室温到300℃）；较好的化学稳定性及较宽的电化学稳定电位窗口。

（3）通过阴阳离子的设计可调节其对无机物、水、有机物及聚合物的溶解性，并且其酸度可调至超酸。离子液体与超临界 CO_2 及双水相一起构成三大绿色溶剂。

经探索研究表明，利用自制的离子液体[BMIM]Cl[22]，对汽爆麦草进行处理后，其中纤维素、半纤维素和木质素的含量都会降低，为了保护其中的纤维素，比较加入酸和碱后，三大组分的含量，结果表明，离子液体中加入 NaOH 一方面可以提高汽爆麦草在[BMIM]Cl 中的溶解性；另一方面，NaOH 对纤维素的保护效果最好。而添加1%硫酸使纤维素中半纤维素和纤维素的含量降低，木质素的含量升高。

3.4.4.2　汽爆-碱性双氧水组合预处理

研究表明，碱氧化处理可以去除秸秆中的木质素，Chen[119]和 Cara[120] 等也报道过采用双氧水氧化法可以去除汽爆秸秆中的木质素含量,提高酶解效率和乙醇的发酵性能。因此,采用汽爆-双氧水组合预处理秸秆,以实现秸秆半纤维素、木质素和纤维素的组分分离,为秸秆的高值化应用提供技术支持。

汽爆-碱性双氧水组合预处理后,玉米秸秆中木质素、半纤维素的含量由33.5%下降到24%,木质素含量由22%下降至8%,而纤维素的含量由25.4%上升到63%。提高了玉米秸秆纤维素组分的可利用性。

3.4.4.3 汽爆-甘油组合预处理

基于有机溶剂组分分离过程对木质纤维适应性强、用量少、清洁、溶剂可回收等优点,探索了有机溶剂处理在秸秆组分分离中的应用。而有机溶剂中,低沸点有机溶剂存在易挥发和易燃易爆等缺点,而大分子高沸点有机溶剂价格昂贵,因此,下面比较研究了几种高沸点小分子有机溶剂:甲酸、丙酸、乙二醇、丁二醇和甘油,发现汽爆-甘油组合预处理后[121],纤维素的保留量为92%。由于汽爆-甘油组合预处理中纤维素有降解,因此进一步探讨了常压甘油自催化处理,能从麦草中脱除90%以上半纤维素和7%以上的木质素。

3.4.4.4 汽爆-乙醇组合预处理

乙醇萃取对半纤维素的损失较大,而通过汽爆使得秸秆中的半纤维素降解,洗涤去除半纤维素降解产物后,采用乙醇萃取,提取其中的木质素,进而得到高纤维素含量的原料用于乙醇发酵。

研究表明,汽爆麦草经过连续四次水抽提后,半纤维素的回收率为80%,其中主要成分为木糖。汽爆麦草乙醇萃取木质素溶液通过低温蒸馏,可使乙醇的回收率达到88.4%,其浓度为42.2%,可以重复使用。蒸馏乙醇后的萃取液呈胶体状态,用0.3mol/L的稀盐酸调节,可使其中的木质素沉淀,经离心分离得到粗提木质素,粗体木质素可进一步地纯化[105,122],最终,木质素的回收率为75%。

3.4.4.5 汽爆-电催化组合预处理

由于电催化具有无需向水中添加药剂、无二次污染、使用方便、便于控制等优点,在污水处理中具有一定的优势,并表现出巨大的发展潜力。利用电催化中的氧化还原性,可将其用于纸浆的漂白,即利用电化学产生的氧化还原物质作为反应剂或催化剂,使木质素结构发生变化,达到漂白或脱除木质素的效果,因此出现了秸秆的汽爆-电催化组合预处理方法。汽爆首先分离木质纤维原料中的半纤维素,然后利用电催化降解其中的木质素,达到组分分离的目的,以实现木质纤维素资源的高值化应用。

将玉米秸秆经过汽爆-电催化组合预处理，电压为 1.5V、2.5V、5V 时，木质素含量分别比对照降低 6.9%、12.7%、20.0%，纤维素含量分别比对照降低 1.0%、2.8%、4.3%，半纤维素含量分别比对照降低 10.1%、14.6%、16.9%，而可溶性组分的含量却分别比对照升高 50.0%、84.2%、111.8%，电催化处理在降解木质素的同时，也有部分半纤维素、纤维素被降解，变成了小分子的可溶性组分，使可溶性组分的含量升高。

3.4.4.6 汽爆-漆酶体系组合预处理

木质纤维素原料中，纤维素高效转化的屏障主要是木质素和半纤维素的包裹作用，并且半纤维素和木质素通过化学键形成木质素-半纤维素碳水化合物复合体（LCC），而各种预处理方式中，酶处理比较温和、专一，因此选用漆酶、阿魏酸酶和木聚糖酶复合酶体系对汽爆后的物料进行预处理，形成汽爆-漆酶体系组合预处理方式。汽爆首先使得木质纤维素中的半纤维素降解为小分子，将其爆料通过螺旋挤压，将溶解物与汽爆后的固体物料分离，然后加入漆酶复合酶体系处理。

此工艺的优点是结合了酶温和、专一和汽爆处理的快速、高效特点，并选用螺旋挤压方式将汽爆后的溶解物去除，避免使用水洗方式从而降低水的消耗量。从而选择性降低秸秆等木质纤维素原料中木质素的含量，提高原料的酶解效率，为后续发酵转化等提供高浓度糖平台。

3.4.4.7 汽爆-机械分梳组合预处理

在组织水平，对于不同的器官而言，基本上都是维管组织包埋在基本组织中，而维管组织中木质部的导管分子细胞壁因木质化而含有较高的木质素，基本组织中的薄壁细胞一般只有初生壁而含有较高的纤维素。因此，若能通过组织分离将维管植物中占绝大部分重量的维管组织和薄壁组织分离，便可以提高原料的均一性，甚至对于不同的维管植物，可以通过分级在组织层面实现原料的均一性。但组织分级的方法，至今研究较少。陈洪章等[123]建立了汽爆-干法分梳分级方法，将玉米秸秆中维管组织和薄壁组织分级，以提高木质纤维素原料的均一性，为高得率分级炼制提供基础。

对比发现，秸秆芯、叶、皮含水量为 30% 时，在 1.5MPa 下分别维压 2min、5min、7min，达到较好的分离效果，维压时间过短不能较好地分离，时间过长则粉碎成浆状。与汽爆-气流分选相比，汽爆-干法分梳将分离度从 1.08 提高到 1.25。分梳分级后，皮、叶薄壁组织的酶解率分别是维管组织的 1.65 倍和 1.41 倍，不同器官薄壁组织酶解性能从高到低依次为髓芯＞皮＞叶。扫描电镜分析表明，汽爆-机械分梳能够使玉米秸秆的维管组织与薄壁组织细胞相互分离。经分离后，芯中维管组织与薄壁组织细胞的质量比在3∶2左右。将分级得到维管组织乙醇自催化制浆，在温度180℃、乙醇浓度50%条件下，反应2h，浆得率可达65%，高于常用制浆原料麦草得浆率的55%，浆中木质素含量低于7%。汽爆-干法分梳是一种有效地实现秸秆组织分级的方法，通过组织分离提高了各级分的均一性，为秸秆的分级炼制奠定了基础。

3.5 生物质生化转化前处理分级技术的特点

与单一的预处理技术相比，木质纤维素集成预处理技术的特点主要包括以下几个方面：

（1）生物量全利用的目标导向性，尽可能地实现生物质中各种组分的多方向转化，既可以增加副产品的价值，又可以减少预处理过程中的废弃物排放。

（2）充分利用植物生物质在不同层面组成结构的不均一性，尤其是细胞层面的不均一性。不同组织的细胞是较容易分离的，比如维管组织细胞和薄壁组织细胞，通过汽爆-机械分梳方式分离维管组织、厚壁组织与薄壁组织，从而实现了选择性拆分，然后将木质化程度较高的维管组织细胞用于纺纱、造纸和木材，而有纤维素薄壁的薄壁组织细胞用于酶解发酵制备生物基燃料。

（3）广适性，因为集成预处理技术可调节的参数较多，因此其处理过程具有一定的弹性，适用于由不同品种、不同地质情况、不同种植管理方式所致组成结构差异性。

（4）过程的集成性，基于木质纤维素原料的组成结构特点，将原有造纸工业、纺织工业、板材工业，尤其是石油炼制工业中的相关理念和技术以及其他可用于木质纤维素降解的合理、经济、高效、清洁、可操作的理念和技术引入。比如，将石油炼制的理念引入到木质纤维素的集成预处理中，通过选择性拆分生产多种中间产物从而实现高值转化。

（5）优化集成性，因为集成预处理技术通过不同的方式对木质纤维素原料进行选择性拆分，因此每种预处理方式不必为实现最高的单一指标而付出较高的处理成本，而是将其控制在一定的成本范围内，通过互补的方式，既达到预处理的目的，又降低预处理的成本。比如汽爆-碱双氧水处理，因为碱双氧水有分离木质素的能力，因此可以将汽爆强度控制在较低的范围内，使得其中的半纤维素通过自催化降解即可；同时，汽爆降解半纤维素后，物料比较疏松，采用相对较少的碱双氧水便可实现分离木质纤维素的目的。可见，通过优势互补，既实现了多组分的分级利用，也降低了预处理成本，并减少了预处理过程中的环境污染问题。

3.6 生物质生化转化的前处理分级技术评价

3.6.1 生物质生化转化的前处理分级技术评价指标

在逐步深入研究和工业生产实践中，按照清洁生产的要求，从工程的理念总结生物质生化转化的前处理应从模式易推性、理论正确性、技术可行性、经济合理性、操作可行性、工艺环保性等几个方面分析其可行性[124]。

（1）理论正确性。首先要确保前处理技术是建立在植物生物质本身组成结构基础上，以多联产为导向的，根据其中纤维素、半纤维素、木质素及其他组分的物理化学性质而建立的，能够将原料自身的功能特性充分利用。

（2）技术可行性。首先是设备可行性，所形成的技术方案应该是建立在可工业化的设备基础上的，主要包括设备的制备、维护、参数控制方面；其次，技术方案中的工艺可行性，即工艺路线中的操作单元应建立在一定的理论指导基础上，包括工艺路线中采用的技术、工艺参数的调控方法；最后是工艺的稳定性，是指工艺对于其中的参数不敏感，能够在较宽的范围内达到产品的要求。

（3）经济合理性。它主要是指前处理过程中所采用的设备和工艺投资及运转都具有经济合理性，比如工艺中物质流、能量流的循环使用。

（4）操作可行性。首先，操作具有安全性，包括设备、工艺操作在短期和长期中对操作人员的安全性；其次，操作的可控性，即操作受到人为影响较小，具有一定的稳定性；最后，操作技术简单易掌握，有利于岗位培训。

（5）工艺环保性。即前处理过程中所采用的工艺过程，短期和长期内不排放低于指标的物质。

（6）模式易推性。因为植物生物质的最大特点就是分布广，因此，前处理技术最好可在以村或乡镇为单位的规模上处理，减少运输或储藏的体积，然后再集中大规模转化为相应的产品。此模式的另外一个作用，就是有助于民营企业发展，从而推进现在的城镇化进程，并增加就业岗位，在提高秸秆收入的同时增加非农收入。

3.6.2 生物质生化转化的前处理分级技术比较

生物质生化转化的前处理分级技术的比较见表3-2。

表3-2 各种分级技术的比较

分级技术	理论正确性	技术可行性	经济合理性	操作可行性	工艺环保性	模式易推性	总计
汽爆-超细分离技术	3	2	1	3	1	3	13
汽爆-湿法超细分离	3	2	1	3	1	3	13
汽爆-离子液体	3	2	1	3	1	3	13
汽爆-碱双氧水	3	3	3	3	2	3	17
汽爆-甘油	3	1	2	3	3	3	15
汽爆-乙醇	3	3	3	3	3	3	18
汽爆-电催化	3	2	2	3	1	2	13
汽爆-漆酶	3	1	1	3	1	2	11
汽爆-机械分梳	3	3	3	3	2	3	17

注：对各种分级方式从六个方面比较，3—完全，2——般，1—较差。

　　将不同的分级方式从 6 个方面进行比较可以看出，汽爆-乙醇、汽爆-碱双氧水、汽爆-机械分梳是有效地实现分级的方式。其中，汽爆-碱萃取-机械分梳集成预处理技术已经在吉林省松原市来禾化学有限公司投产应用，年处理玉米秸秆 300kt，年产 50kt 丁醇丙酮乙醇、高纯度木质素 30kt（可转化为 20kt 酚醛树脂胶）、纤维素 120kt（可转化为 50kt 生物聚醚多元醇），与目前国内外已建和在建的丁醇项目相比，具有一定的经济优势。

参 考 文 献

［1］ Schultz D J, Craig R, Cox-Foster D L, et al. RNA isolation from recalcitrant plant tissue［J］. Plant Molecular Biology Reporter, 1994, 12: 310～316.

［2］ van Wordragen M F, Dons H J M. Agrobacterium tumefaciens-mediated transformation of recalcitrant crops［J］. Plant Molecular Biology Reporter, 1992, 10: 12～36.

［3］ Himmel M E. Biomass recalcitrance: deconstructing the plant cell wall for bioenergy［M］. Blackwell Pub, 2008.

［4］ 陈家宽, 杨继. 植物学教授, 植物进化生物学［M］. 武汉: 武汉大学出版社, 1994.

［5］ Sachs J. Text-book of botany: morphological and physiological［M］. Clarendon press, 1875.

［6］ 刘穆. 种子植物形态解剖学导论［M］. 5 版. 北京: 科学出版社, 2010.

［7］ 李雄彪, 吴锜. 植物细胞壁［M］. 北京: 北京大学出版社, 1993.

［8］ 贺近恪, 李启基. 林产化学工业全书［M］. 北京: 中国林业出版社, 2001.

［9］ Palmqvist E, Hahn-Hägerdal B. Fermentation of lignocellulosic hydrolysates. Ⅱ: inhibitors and mechanisms of inhibition［J］. Bioresource Technology, 2000, 74: 25～33.

［10］ 方祥年, 黄炜, 夏黎明. 半纤维素水解液中抑制物对发酵生产木糖醇的影响［J］. 浙江大学学报（工学版）, 2005, 39: 547～551.

［11］ 王永伟, 王异静, 张五九. 生物质原料稀酸预处理水解液中发酵抑制物研究进展［J］. 酿酒科技, 2009, 10: 91～94.

［12］ Wang L, Chen H. Increased fermentability of enzymatically hydrolyzed steam-exploded corn stover for butanol production by removal of fermentation inhibitors［J］. Process Biochemistry, 2011, 46: 604～607.

［13］ 王贺新, 李根柱, 于冬梅, 等. 枯枝落叶层对森林天然更新的障碍［J］. 生态学杂志, 2008, 27: 83～88.

［14］ Singh K, Honig H, Wermke M, et al. Fermentation pattern and changes in cell wall constituents of straw-forage silages, straws and partners during storage［J］. Anim. Feed Sci. Technol., 1996, 61: 137～153.

［15］ Kawamori M, Morikawa Y, Ado Y, et al. Production of cellulases from alkali-treated bagasse in Trichoderma reesei［J］. Applied microbiology and biotechnology, 1986, 24: 454～458.

［16］ Bono J J, Gas G, Boudet A M. Pretreatment of poplar lignocellulose by gamma-ray or ozone for subsequent fungal biodegradation［J］. Applied microbiology and biotechnology, 1985, 22: 227～234.

[17] Cao N, Xu Q, Chen L. Xylan hydrolysis in zinc chloride solution[J]. Applied biochemistry and biotechnology, 1995, 51: 97～104.

[18] David C, Atarhouch T. Utilization of waste cellulose[J]. Applied biochemistry and biotechnology, 1987, 16: 51～59.

[19] Taniguchi M, Tanaka M, Matsuno R, et al. Evaluation of chemical pretreatment for enzymatic solubilization of rice straw[J]. Applied microbiology and biotechnology, 1982, 14: 35～39.

[20] Wayman M, Parekh S R. SO$_2$ prehydrolysis for high yield ethanol production from biomass[J]. Applied biochemistry and biotechnology, 1988, 17: 33～43.

[21] Kootstra A M J, Beeftink H H, Scott E L, et al. Comparison of dilute mineral and organic acid pretreatment for enzymatic hydrolysis of wheat straw[J]. Biochemical Engineering Journal, 2009, 46: 126～131.

[22] Liu L Y, Chen H Z. Enzymatic hydrolysis of cellulose materials treated with ionic liquid [BMIM]Cl[J]. Chinese Science Bulletin, 2006, 51: 2432～2436.

[23] Deschamps F C, Ramos L P, Fontana J D. Pretreatment of sugar cane bagasse for enhanced ruminal digestion[J]. Applied biochemistry and biotechnology, 1996, 57: 171～182.

[24] Grous W R, Converse A O, Grethlein H E. Effect of steam explosion pretreatment on pore size and enzymatic hydrolysis of poplar[J]. Enzyme and Microbial technology, 1986, 8: 274～280.

[25] van Walsum G P, Allen S G, Spencer M J, et al. Conversion of lignocellulosics pretreated with liquid hot water to ethanol[J]. Applied biochemistry and biotechnology, 1996, 57: 157～170.

[26] Ooshima H, Aso K, Harano Y, Yamamoto T. Microwave treatment of cellulosic materials for their enzymatic hydrolysis[J]. Biotechnology letters, 1984, 6: 289～294.

[27] Lipinsky E, Kresovich S. Sugar crops as a solar energy converter[J]. Cellular and Molecular Life Sciences, 1982, 38: 13～18.

[28] Holtzapple M T, Jun J H, Ashok G, et al. The ammonia freeze explosion (AFEX) process [J]. Applied biochemistry and biotechnology, 1991, 28: 59～74.

[29] Torget R, Teh-An H. Two-temperature dilute-acid prehydrolysis of hardwood xylan using a percolation process[J]. Applied biochemistry and biotechnology, 1994, 45: 5～22.

[30] Hatakka A I. Pretreatment of wheat straw by white-rot fungi for enzymic saccharification of cellulose[J]. Applied microbiology and biotechnology, 1983, 18: 350～357.

[31] Taniguchi M, Kometani Y, Tanaka M, et al. Production of single-cell protein from enzymatic hydrolyzate of rice straw[J]. Applied microbiology and biotechnology, 1982, 14: 74～80.

[32] Zadra il F. The conversion of straw into feed by basidiomycetes[J]. Applied microbiology and biotechnology, 1977, 4: 273～281.

[33] Klyosov A. Enzymatic conversion of cellulosic materials to sugars and alcohol[J]. Applied biochemistry and biotechnology, 1986, 12: 249～300.

[34] 王苹. 组合预处理对玉米秸厌氧消化产气性能影响研究[D]. 北京：北京化工大学, 2010.

[35] 崔启佳, 朱洪光, 王旦一, 等. 双螺杆物化组合预处理对秸秆产沼气的影响[J]. 农业

工程学报，2011，1．

［36］ Chen W，Yu H，Liu Y，et al. Individualization of cellulose nanofibers from wood using high-intensity ultrasonication combined with chemical pretreatments［J］. Carbohydrate Polymers，2010．

［37］ Wyman C E，Goodman B J. Biotechnology for production of fuels，chemicals，and materials from biomass［J］. Applied biochemistry and biotechnology，1993，39：41~59．

［38］ 詹怀宇．制浆原理与工程［M］．3 版．北京：中国轻工业出版社，2011．

［39］ 贺近恪，李启基．林产化学工业全书［M］．北京：中国林业出版社，2001．

［40］ Mosier N，Wyman C，Dale B，et al. Features of promising technologies for pretreatment of lignocellulosic biomass［J］. Bioresource Technology，2005，96：673~686．

［41］ Mok W S L，Antal Jr M J. Uncatalyzed solvolysis of whole biomass hemicellulose by hot compressed liquid water［J］. Industrial & engineering chemistry research，1992，31：1157~1161．

［42］ Weil J，Brewer M，Hendrickson R，et al. Continuous pH monitoring during pretreatment of yellow poplar wood sawdust by pressure cooking in water［J］. Applied biochemistry and biotechnology，1998，70：99~111．

［43］ Weil J，Sarikaya A，Rau S L，et al. Pretreatment of yellow poplar sawdust by pressure cooking in water［J］. Applied biochemistry and biotechnology，1997，68：21~40．

［44］ Fan L，Gharpuray M M，Lee Y H. Cellulose hydrolysis. Biotechnology monographs［M］. New York：Springer-Verlag，1987．

［45］ Aziz S，Sarkanen K. Organosolv pulping（a review）［J］. Tappi J.，1989，72：169~175．

［46］ Stockburger P. An overview of near-commercial and commercial solvent-based pulping processes ［J］. Tappi J.，1993，76．

［47］ Johansson A，Aaltonen O，Ylinen P. Organosolv pulping—methods and pulp properties［J］. Biomass，1987，13：45~65．

［48］ 张美云．非木材纤维自催化乙醇制浆的特点［J］．中国造纸学报，2004，2．

［49］ Lora J H，Aziz S. Organosolv pulping：a versatile approach to wood refining［J］. Tappi，1985，68．

［50］ Cronlund M，Powers J. Bleaching of ALCELL organosolv pulps using conventional and nonchlorine bleaching sequences［J］. Tappi J.，1992，75：189~194．

［51］ 张美云，谭国民．龙须草自催化乙醇法制浆工艺及反应历程的研究［J］．中国造纸学报，2001，18~23．

［52］ 廖俊和，陶杨，邵薇，等．有机溶剂法制浆研究最新进展［J］．林产工业，2004：11~13．

［53］ Jiménez L，Pérez I，López F，et al. Ethanol-acetone pulping of wheat straw. Influence of the cooking and the beating of the pulps on the properties of the resulting paper sheets［J］. Bioresource Technology，2002，83：139~143．

［54］ Swatloski R P，Spear S K，Holbrey J D. Dissolution of cellose with ionic liquids［J］. J. Am. Chem. Soc.，2002，124：4974~4975．

［55］ 任强，武进，张军，等. 1-烯丙基，3-甲基咪唑室温离子液体的合成及其对纤维素溶解性能的初步研究［J］．高分子学报，2003，3：448~451．

[56] 孙健. 纤维素原料生产燃料酒精的技术现状[J]. 可再生能源, 2003, 06: 5~9.

[57] Varga E, Schmidt A S, Réczey K. Pretreatment of corn stover using wet oxidation to enhance enzymatic digestibility[J]. Applied biochemistry and biotechnology, 2003, 104: 37~50.

[58] Gordon A H, Lomax J A, Dalgarno K, et al. Preparation and composition of mesophyll, epidermis and fibre cell walls from leaves of perennial ryegrass (Lolium perenne) and Italian ryegrass (Lolium multiflorum)[J]. J. Sci. Food Agric., 1985, 36: 509~519.

[59] Jouany J P. Rumen microbial metabolism and ruminant digestion[J]. Editions Quae, 1991.

[60] Choong M. What makes a leaf tough and how this affects the pattern of Castanopsis fissa leaf consumption by caterpillars[J]. Funct. Ecol., 1996: 668~674.

[61] Drapala W, Raymond L, Crampton E. Pasture studies. XXVII. The effects of maturity of the plant and its lignification and subsequent digestibility by animals as indicated by methods of plant histology[J]. Sci. Agr. 1947, 27: 378.

[62] Crampton E, Maynard L. The relation of cellulose and lignin content to the nutritive value of animal feeds[J]. The Journal of Nutrition, 1938, 15: 383.

[63] 盖国胜, 徐政. 超细粉碎过程中物料的理化特性变化及应用[J]. 粉体技术, 1997, 3: 41~42.

[64] Jin S, Chen H. Superfine grinding of steam-exploded rice straw and its enzymatic hydrolysis [J]. Biochem. Eng. J., 2006, 30: 225~230.

[65] 盛勇, 刘彩兵, 涂铭旌. 超微粉碎技术在中药生产现代化中的应用优势及展望[J]. 中国粉体技术, 2003, 9: 28~31.

[66] 潘思轶, 王可兴, 刘强. 不同粒度超微粉碎米粉理化特性研究[J]. 食品科学, 2004, 25: 58~62.

[67] 袁惠新, 俞建峰. 超微粉碎的理论、实践及其对食品工业发展的作用[J]. 包装与食品机械, 2001, 19: 5~10.

[68] 张亚红, 刘红宁, 等. 超微粉碎技术及其在中药制药中的应用[J]. 江西中医学院学报, 2002, 14: 57~58.

[69] Al-Masri M R, Zarkawi M. Effects of gamma irradiation on cell-wall constituents of some agricultural residues[J]. Radiat. Phys. Chem. 1994, 44: 661~663.

[70] Sandev S, Karaivanov I. The composition and digestibility of irradiated roughage treatment with gamma irradiation[J]. Tierernahrung Fuetterung, 1977, 10: 238~242.

[71] Focher B, Marzetti A, Cattaneo M, et al. Effects of structural features of cotton cellulose on enzymatic hydrolysis[J]. J. Appl. Polym. Sci., 1981, 26: 1989~1999.

[72] Fischer K, Rennert S, Wilke M, et al. Möglichkeiten zur Verbesserung der Reaktivität von Chemiefaserzellstoff. Acta Polym., 1990, 41: 279~284.

[73] Stepanik T, Rajagopal S, Ewing D, et al. Electron-processing technology: a promising application for the viscose industry[J]. Radiat. Phys. Chem., 1998, 52: 505~509.

[74] Bear N, Leonhardt J M, Flachowski G, et al. Ueber die bestrahlung von getreidestroh mit energiereicher strahlung[J]. Isotopen Praxis, 1980.

[75] Leonhardt J, Henning A, Nehring K, et al. Gamma and electron radiation effects on agricultur-

al by-products with high fibre content[C]//Nuclear techniques for assessing and improving ruminant feed. Vienna: International Atomic Energy Agency, 1983: 195～202.

[76] Gralak M, Krasicka B, Kulasek G. The effect of gamma radiation on digestibility of cane bagasse[C]//20th Annual Meeting of ESNA. Wagenningen, 1989: 63.

[77] Al-Masri M, Guenther K. The effect of gamma irradiation on in vitro digestible energy of some agricultural residues[J]. Wirtschaftseigene Futter, 1995, 41.

[78] Kume T, Ito H, Ishigaki I, et al. Effect of gamma irradiation on microorganisms and components in empty fruit bunch and palm press fibre of oil palm wastes[J]. J. Sci. Food Agric. , 1990, 52: 147～157.

[79] Malek M A, Chowdhury N A, Matsuhashi S, et al. Radiation and fermentation treatment of cellulosic wastes[J]. Mycoscience, 1994, 35: 95～98.

[80] Kim M J, Yook H S, Byun M W. Effects of gamma irradiation on microbial contamination and extraction yields of Korean medicinal herbs[J]. Radiat. Phys. Chem. , 2000, 57: 55～58.

[81] Al-Masri M, Guenther K. Changes in digestibility and cell-wall constituents of some agricultural by-products due to gamma irradiation and urea treatments[J]. Radiat. Phys. Chem. , 1999, 55: 323～329.

[82] Chosdu R, Hilmy N, Erlinda T, et al. Radiation and chemical pretreatment of cellulosic waste [J]. Radiat. Phys. Chem. , 1993, 42: 695～698.

[83] Xin L Z, Kumakura M. Effect of radiation pretreatment on enzymatic hydrolysis of rice straw with low concentrations of alkali solution[J]. Bioresource Technology, 1993, 43: 13～17.

[84] Banchorndhevakul S. Effect of urea and urea-gamma treatments on cellulose degradation of Thai rice straw and corn stalk[J]. Radiat. Phys. Chem. , 2002, 64: 417～422.

[85] Zhu S, Wu Y, Yu Z, et al. Pretreatment by microwave/alkali of rice straw and its enzymic hydrolysis[J]. Process Biochemistry, 2005, 40: 3082～3086.

[86] Zhu S, Wu Y, Yu Z, et al. Simultaneous saccharification and fermentation of microwave/alkali pre-treated rice straw to ethanol[J]. Biosys. Eng. , 2005, 92: 229～235.

[87] Z Shengdong, Y Ziniu, W Yuanxin, et al. Enhancing enzymatic hydrolysis of rice straw by microwave pretreatment[J]. Chem. Eng. Commun. , 2005, 192: 1559～1566.

[88] Zhu S, Wu Y, Yu Z, et al. Comparison of three microwave/chemical pretreatment processes for enzymatic hydrolysis of rice straw[J]. Biosys. Eng. , 2006, 93: 279～283.

[89] Ritter D C, Campbell A G. Supercritical carbon dioxide extraction of southern pine and ponderosa pine[J]. Wood and Fiber Science, 1991, 23: 98～113.

[90] Demessie E S, Hassan A, Levien K L, et al. Supercritical carbon dioxide treatment: effect on permeability of Douglas-fir heartwood[J]. Wood and Fiber Science, 1995, 27: 296～300.

[91] Zheng Y, Lin H M, Tsao G T. Pretreatment for cellulose hydrolysis by carbon dioxide explosion [J]. Biotechnology Progress, 1998, 14: 890～896.

[92] Zheng Y, Lin H M, Wen J, et al. Supercritical carbon dioxide explosion as a pretreatment for cellulose hydrolysis[J]. Biotechnology Letters, 1995, 17: 845～850.

[93] Kim K H, Hong J. Supercritical CO_2 pretreatment of lignocellulose enhances enzymatic cellulose

hydrolysis[J]. Bioresource Technology, 2001, 77: 139 ~ 144.

[94] Sasaki M, Kabyemela B, Malaluan R, et al. Cellulose hydrolysis in subcritical and supercritical water[J]. The Journal of supercritical fluids, 1998, 13: 261 ~ 268.

[95] Sasaki M, Fang Z, Fukushima Y, et al. Dissolution and hydrolysis of cellulose in subcritical and supercritical water[J]. Industrial & engineering chemistry research, 2000, 39: 2883 ~ 2890.

[96] Feng W, Van Der Kooi H J, de Swaan Arons J. Biomass conversions in subcritical and supercritical water: driving force, phase equilibria, and thermodynamic analysis[J]. Chem. Eng. Process., 2004, 43: 1459 ~ 1467.

[97] Kiran E, Balkan H. High-pressure extraction and delignification of red spruce with binary and ternary mixtures of acetic acid, water, and supercritical carbon dioxide[J]. The Journal of supercritical fluids, 1994, 7: 75 ~ 86.

[98] Reis Machado A S, Sardinha R, Gomes de Azevedo E, Nunes da Ponte M. High-pressure delignification of eucalyptus wood by 1, 4-dioxane-CO_2 mixtures[J]. The Journal of supercritical fluids, 1994, 7: 87 ~ 92.

[99] Reyes T, Bandyopadhyay S, McCoy B. Extraction of lignin from wood with supercritical alcohols [J]. The Journal of supercritical fluids, 1989, 2: 80 ~ 84.

[100] Kumar R, Wyman C E. Effects of cellulase and xylanase enzymes on the deconstruction of solids from pretreatment of poplar by leading technologies[J]. Biotechnology Progress, 2009, 25: 302 ~ 314.

[101] Shi J, Chinn M S, Sharma-Shivappa R R. Microbial pretreatment of cotton stalks by solid state cultivation of phanerochaete chrysosporium [J]. Bioresource Technology, 2008, 99: 6556 ~ 6564.

[102] Shi J, Sharma-Shivappa R R, Chinn M, et al. Effect of microbial pretreatment on enzymatic hydrolysis and fermentation of cotton stalks for ethanol production[J]. Biomass and Bioenergy, 2009, 33: 88 ~ 96.

[103] 陈洪章. 纤维素生物技术[M]. 北京: 化学工业出版社, 2005.

[104] Mosier N, Wyman C, Dale B, et al. Features of promising technologies for pretreatment of lignocellulosic biomass[J]. Bioresource Technology, 2005, 96: 673 ~ 686.

[105] Chen H Z, Liu L Y. Unpolluted fractionation of wheat straw by steam explosion and ethanol extraction[J]. Bioresource Technology, 2007, 98: 666 ~ 676.

[106] Laser M, Schulman D, Allen S G, et al. A comparison of liquid hot water and steam pretreatments of sugar cane bagasse for bioconversion to ethanol[J]. Bioresource Technology, 2002, 81: 33 ~ 44.

[107] 陈洪章, 彭小伟, 张作仿. 构树茎皮汽爆脱胶制备宣纸等纸浆的方法: 中国, CN101487195 [P]. 2009.

[108] 陈洪章, 刘健, 李春, 李佐虎. 对汽爆大麻进行清洁脱胶的方法: 中国, CN1400338 [P]. 2003.

[109] 陈洪章, 王玉美, 陈国忠. 汽爆-水剂法制取植物油的新工艺: 中国, CN102154054A [P]. 2011.

[110] 原义涛，陈洪章. 蒸汽爆破技术在麻黄碱提取中的应用[J]. 中国药科大学学报，2005，36：414~416.

[111] 付小果，陈洪章，汪卫东. 汽爆葛根直接固态发酵乙醇联产葛根黄酮[J]. 生物工程学报，2008，24：957~961.

[112] Ren J L，Peng F，Sun R C. Preparation and characterization of hemicellulosic derivatives containing carbamoylethyl and carboxyethyl groups [J]. Carbohydr. Res.，2008，343：2776~2782.

[113] Palmqvist E，Hahn-Hagerdal B. Fermentation of lignocellulosic hydrolysates. Ⅱ：inhibitors and mechanisms of inhibition[J]. Bioresource Technology，2000，74：25~33.

[114] 王菊华. 中国造纸原料纤维特性及显微图谱[M]. 北京：中国轻工业出版社，1999.

[115] 方红，刘善辉. 造纸纤维原料的评价[J]. 北京木材工业，1996，16：19~22.

[116] 杨宗志. 超微气流粉碎：原理，设备和应用[M]. 北京：化学工业出版社，1988.

[117] Jin S Y，Chen H Z. Superfine grinding of steam-exploded rice straw and its enzymatic hydrolysis[J]. Biochemical Engineering Journal，2006，30：225~230.

[118] Jin S Y，Chen H Z. Fractionation of fibrous fraction from steam-exploded rice straw[J]. Process Biochemistry，2007，42：188~192.

[119] Chen H Z，Han Y J，Xu J. Simultaneous saccharification and fermentation of steam exploded wheat straw pretreated with alkaline peroxide [J]. Process Biochemistry，2008，43：1462~1466.

[120] Cara C，Ruiz E，Ballesteros I，et al. Enhanced enzymatic hydrolysis of olive tree wood by steam explosion and alkaline peroxide delignification[J]. Process Biochemistry，2006，41：423~429.

[121] Sun F B，Chen H Z. Organosolv pretreatment by crude glycerol from oleochemicals industry for enzymatic hydrolysis of wheat straw[J]. Bioresource Technology，2008，99：5474~5479.

[122] Chen H Z，Li Z H. Study on ethanol extraction of steam exploded wheat straw[J]. Forest Products Chemistry and Industry，2000，20：33~39.

[123] 陈洪章，付小果. 一种生物质长短纤维干法梳理分级的方法与设备：中国，201110233853.6[P]. 2011.

[124] 陈洪章. 生物过程工程与设备[M]. 北京：化学工业出版社，2004.

4 生物质生化转化酶平台

生物质生化转化的核心技术是如何将复杂的生物质高聚物中的多糖高效降解为单糖，以及其中的特殊单糖如何高效转化为生物基产品。同物理化学处理法相比，酶法水解具有条件温和、不生成有毒降解物、糖得率高、设备投资低、专一性强等优点，在生物质生化转化中具有不可替代的地位。前面已经详述了根据生物质资源的物理化学结构特征，如何选择有效的预处理方法来打开其抗降解屏障，暴露其酶解位点，为进一步酶解转化打下基础。本章将对生物质生化转化过程中用到的酶进行详述，并论述如何用这些酶搭建并使用酶平台，从而实现生物质的高效转化。

4.1 生物质降解过程中酶的概述

生物质降解过程中，所需要的酶主要包括纤维素酶、半纤维素酶、木质素降解酶系，还有角质酶以及纤维素酶解协同因子。生物质生化转化酶平台的建立，主要是指各种酶的制备和应用，尤其是不同酶之间的协同作用。

4.1.1 纤维素酶

降解纤维素的酶主要由好氧真菌和厌氧细菌产生。在热带地区，白蚁和一些昆虫也能够降解纤维素，它们多数是与降解纤维素的微生物共生的。牛、羊、鹿等反刍动物也是重要的纤维素降解生物，纤维素主要由其瘤胃中共生的细菌降解[1]。

由于天然纤维素结晶区的临近分子链之间存在着大量氢键和疏水堆积等强相互作用，结晶区的存在及其不溶性使得天然纤维素很难被降解。因此，纤维素酶单一组分的比活力比大多数酶的比活力低得多。然而，就催化效率而言，由于中性 pH 值下结晶纤维素的半衰期估计约为 1 亿年，浓硫酸在 125℃ 下能以一定速度降解天然纤维素。纤维素酶作用于小分子底物时比活力较高，表明它们与其他酶类基本相似。然而，当其作用于不溶性底物时，反应速率不再与时间和酶量呈线性相关，这其中的原因尚不清楚[2]。

早期对纤维素酶的研究认为，纤维素酶包括能破坏纤维素结晶结构但无水解功能的 C_1 酶和能水解 β-1,4 糖苷键的 C_x 酶，后者包括内切葡聚糖酶和外切葡聚糖酶。20 世纪 70 年代以后，由于生物化学与分子生物学的发展，以 *T. reesei* 为代表的真菌纤维素酶系统逐渐被阐明。真菌纤维素酶一般包含如下三组分：（1）1,4-β-

D 葡聚糖水解酶，简称纤维素内切酶（1,4-β-D-Glucan glucanohydrolase, endoglu-canases, EGs, EC 3.2.1.4, 来自细菌的简称 C_1)，该类酶能随机地在纤维素分子内部降解 β-1,4 糖苷键；（2）1,4-β-D-葡聚糖纤维二糖水解酶（1,4-β-D-Glucan cellobiohydrolases, CBHs, EC 3.2.1.91, 来自细菌的简称 C_x)，简称纤维素外切酶（Exoglucanases)，它能从纤维素分子的还原或非还原端切割糖苷键，生成纤维二糖；（3）β-葡萄糖苷酶（β-D-Glucoside glucohydrolases, β-glucosidases, EC 3.2.1.21, 简称 BG)，它能把纤维二糖降解成单个的葡萄糖分子[3]。

关于纤维素酶各组分的作用机制，目前有三种假说：C_1-C_x 假说，顺序作用假说和协同作用模型[3,4]。

1950 年，Reese 提出了 C_1-C_x 假说来阐述纤维素酶的作用方式，该假说认为：在纤维素酶作用于底物的过程中，首先由 C_1 酶作用于纤维素的结晶区，使之转变为可被 C_x 酶作用的形式；C_1 酶随机水解非结晶纤维素、可溶性纤维素衍生物和葡萄糖的 β-1,4-寡聚物；β-葡萄糖苷酶将纤维二糖和纤维三糖水解成葡萄糖。在水解天然纤维素（高结晶度纤维素）时，酶和 C_x 酶是分阶段协调作用的，首先是 C_1 酶作用于纤维素的结晶区，但对它只转化不水解；然后是 C_x 酶作用，将已转化成无定形纤维素的部分水解为可溶性的单糖：

$$结晶纤维素 \xrightarrow{C_1\ 酶} 无定形纤维素 \xrightarrow{C_x\ 酶} 纤维二糖 \xrightarrow{β-葡萄糖苷酶} 葡萄糖$$

但是，Reese 等提出的 C_1 和 C_x 分阶段水解纤维素的设想，即 C_1、C_x 以及 β-葡萄糖苷酶必须同时存在方能水解天然纤维素，在以后的实验中并未得到证明，因为若先用 C_1 酶与底物（结晶纤维素）作用，然后将 C_1 酶与底物分开再加入 C_x 酶，并不能将结晶纤维素水解。

顺序作用假说则认为纤维素酶的作用机理首先是由外切葡聚糖酶（CBH Ⅰ 和 CBH Ⅱ）水解不溶性纤维素，生成可溶性的纤维糊精和纤维二糖，然后由内切葡聚糖酶（EG Ⅰ 和 EG Ⅱ）作用于纤维糊精，生成纤维二糖，再由 BG 将纤维二糖分解成两个葡萄糖，如图 4-1 所示。

目前，普遍接受的纤维素酶的降解机制是协同作用模型，如图 4-2 所示。

4.1.2 半纤维素酶

半纤维素酶通常指作用于生物质中非纤维素、非果胶质多糖的混合酶，它分为解聚酶和脱支酶两大类。解聚酶作用于糖链骨架，常分为两类：（1）具有内切活性的酶，能够在中间切开长的聚合物；（2）具有外切

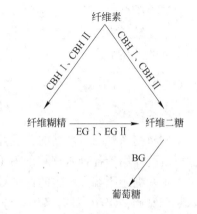

图4-1　纤维素酶水解纤维素的可能途径[5]

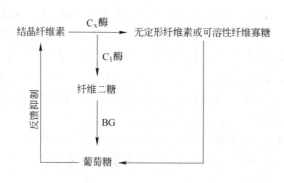

图 4-2 协同作用模型[6]

活性的酶，从糖链末端开始作用。但是，据报道许多酶同时具有上述两种活性。另外，通过内切酶与外切酶的组合，如 β-葡萄糖苷酶（3.2.1.21）、β-木聚糖苷酶（3.2.1.37）、β-甘露糖苷酶（3.2.1.25）产生了一系列生成寡聚糖的酶系，由于其底物聚合度低，因此难以区分是内切还是外切的作用模式。

脱支酶是一种辅助酶类，可分为作用于葡萄糖苷键和作用于酯键的酶类。前者主要包括 α-L-阿拉伯呋喃糖苷酶（3.2.1.550）以及 α-葡萄糖苷酸酶（3.2.1.39）；后者主要包括乙酰基木聚糖酯酶（3.2.1.72）和阿魏酸酯酶（3.2.1.73），主要作用于木聚糖。据报道，半纤维素酶中也包含作用于葡甘露聚糖、半乳甘露聚糖等其他乙酰化多糖的酶类。

部分半纤维素酶及其辅酶对于不同的半纤维素呈现交叉活力，而其他酶却是针对特定低聚糖的特定序列，具有严格的专一性。例如，β-木糖苷酶可能更适合于水解木二糖，但它也作用于木三糖和更高的木寡糖、龙胆二糖及纤维二糖；阿魏酸酯酶虽然在正常情况下主要作用于连接在阿拉伯糖上的阿魏酸酯，但有时也能作用于香豆酸酯。由于半纤维素结构的高异质性，不同糖分子构象的排列数目、非糖物质组成、连接键的类型太复杂，本书没有对特定酶进行深入讨论，而是列出半纤维素酶的基本活性，并针对主要生物质原料半纤维素的降解作用，指出相应酶的潜在用途[7]。

4.1.2.1 解聚酶

A 木聚糖酶

不同植物来源的木聚糖的合成都依赖其多聚 β-(1-4)-吡喃木糖骨架，因此木聚糖降解酶作用于各种木聚糖的 β-(1-4) 连接或 β-(1-3) 连接。在这两组酶的作用下，木聚糖还原端异头碳的构型被保留。多数木聚糖酶属于两类结构不同的糖基水解酶家族，GH10 具有高相对分子质量/低等电点，GH11 则具有低相对分子质量/高等电点，前者比后者具有更广泛的催化功能，并能更高效地水解高取代度的木聚糖。据报道，木聚糖酶含有一个纤维素结合域。

多数木聚糖酶的表征是通过不同类型木聚糖的水解分析其系列终产物的差异。大多数内切木聚糖酶的主要产物是木二糖、木三糖，其他产物是由两个或者四个木糖残基组成的取代寡糖、木糖、木五糖以及多聚寡糖。大多数内切木聚糖酶可水解非取代的多聚木糖，而木聚糖侧链的降解依赖于特定木聚糖酶。

外切木聚糖（3.2.1.37，3.2.1.72，3.2.1.56）通常有一定的水解专一性。β-木聚糖酶（EC 3.2.1.37）对高聚木糖的作用更高效，而 EC 3.2.1.56 则更适合水解寡聚木糖，除此之外，EC 3.2.1.72 多作用于 β-（1-3）连接的木糖苷，且对大多数木聚糖的降解活性有限。与内切木聚糖酶相比，外切木聚糖酶蛋白一般较大，相对分子质量在 100000 以上，且多由两个或者更多的亚单位组成，但由于外切木聚糖酶含量较少，因此仅有少数被鉴定[8]。

B 甘露聚糖酶

内切甘露聚糖（EC 3.2.1.78）酶随机水解甘露聚糖及 β-D-1,4-甘露糖苷键，如葡甘露聚糖和半乳葡甘露聚糖。与木聚糖酶相比，只有少数甘露聚糖酶已被鉴定。瑞氏木霉（菌的名称）的甘露聚糖酶有一个与纤维素降解酶类似的多结构域结构，半乳糖甘露聚糖和葡甘露聚糖主要的水解产物是甘露二糖、甘露三糖及各种混合的低聚糖。水解产物依赖于取代程度及取代基的分布。

内切酶释放出寡聚甘露糖，其进一步降解需要 β-甘露糖苷酶（1,4-β-D-甘露聚糖酶，EC 3.2.1.25）及 β-葡萄糖苷酶（EC 3.2.1.21）。β-甘露糖苷酶和 β-葡萄糖苷酶催化寡聚甘露糖的水解，可连续移去非还原端的甘露糖或葡萄糖残基。瑞氏木霉的 β-木糖苷酶和黑曲霉的 β-甘露糖苷酶也能够分别水解释放木聚糖和甘露聚糖，通过连续的外切作用释放出木糖和甘露糖[9]。

C β-葡聚糖酶

内切葡聚糖酶常常被认为是纤维素酶家族成员，对纤维素有较高的亲和性，同时也对木聚糖和混合 β-（1-3,1-4）-葡聚糖有作用。像内切木聚糖酶一样，β-葡萄糖苷酶能够断开葡萄糖链内部的 β-（1-4）或者 β-（1-3）化学键，产生一个还原端和一个非还原端。EC 3.2.1.4 为 β-葡聚糖酶中最重要的一类，葡聚糖内切 β-D-（1,3）糖苷酶（EC 3.2.1.39）能够作用于 β-（1-4）糖苷键，但是对混合连接的β-葡聚糖的活性有限。内切-1,3（4）-β-葡聚糖酶（EC 3.2.1.6）也是一种具有内切活性的糖基水解酶。

对于纤维素酶和内切葡聚糖酶来说，瑞氏木霉真菌酶学的研究较多。这种真菌产生多种纤维素酶，协同作用于纤维素的降解。在瑞氏木霉中，Cel7B 是一种主要的内切葡聚糖酶，占瑞氏木霉总纤维素酶的 6% ~ 10%。它们对固体底物和可溶的底物有广泛的活性，如 CMC、木聚糖和葡甘露聚糖。另外，内切葡聚糖酶 Cel5A 对固体纤维素及可溶的底物（CMC、甘露聚糖）也有活性，但不能作用于木聚糖。这些酶占瑞氏木霉纤维素酶总量的 10%，少数内切葡聚糖酶（Cel2A，Cel45A）已经报道具有多种特殊的活性，能够水解固体或可溶性底物[10]。

D 木葡聚糖酶

木葡聚糖是植物初生细胞壁生长过程中主要的半纤维素多聚物，它很难与纤维素和木聚糖相区分。木葡聚糖通过氢键与纤维素微纤丝紧密相连，为细胞壁提供载重网络，保护细胞壁在渗透压下不会崩解。现在许多研究的重点是寻找在细胞壁扩增中起到控制和改性作用的植物源相关酶类。尽管木聚糖分支程度不高，木聚糖上的木糖和其他取代基使得酶对它的消化比纤维素和 β-葡聚糖更加复杂。木糖可以与 D-吡喃半乳糖和 L-岩藻糖形成侧链，却很少与 L-阿拉伯呋喃糖形成侧链。据报道，能够降解植物细胞壁的酶，如内切葡聚糖酶、木聚糖内切糖基转移酶及外切糖苷酶（如 α-岩藻糖苷酶、β-半乳糖苷酶）都能消化木葡聚糖。瑞氏木霉的部分纤维素酶也能够水解木葡聚糖骨架。由特定木葡聚糖酶、木葡聚糖专一性的内切葡聚糖酶组成了一类全新的多糖降解酶类，能够进攻主链骨架甚至取代葡萄糖残基。

部分木葡聚糖酶针对特定木糖取代型，而其他酶的底物作用范围相对宽泛。黑曲霉的一种木葡聚糖能够作用于多种 β-葡聚糖，对罗望子木葡聚糖的活性最高。该酶与纤维素酶间协同作用较少，这表明该酶与传统内切葡聚糖酶的专一性不同。现在已发现一种来源于植物的酶类，通过内切水解与糖基转移能使细胞壁的木葡聚糖改性[7]。

4.1.2.2 脱支酶

木聚糖和葡甘露聚糖主链相连的糖苷侧基主要由 α-葡糖苷酸酶、α-阿拉伯呋喃糖苷酶及 α-D-半乳糖苷酶，而连接在木聚糖上的乙酰基与对羟基桂皮酸取代基是在乙酰木聚糖酯酶和阿魏酸/香豆酸酯酶的作用下除去的，通常底物对于酶的作用有反馈抑制。侧基脱支酶类型明显不同：部分仅能够水解短链寡聚糖，这些寡聚糖须由主链解聚内切酶（木聚糖酶和甘露聚糖酶）作用产生；其他却能脱去整条多聚物上的分支。但后者中的多数酶更适合作用于寡聚底物。在辅助酶类存在情况下，半纤维素酶组分间的协同作用能够促进内切聚糖酶活性的提高。

A α-葡萄糖醛酸酶

α-葡萄糖醛酸酶（3.2.1.139）催化木聚糖水解产生葡萄糖醛酸或 4-O-甲基葡萄糖醛酸。据报道，酶分子底物可以为长链木聚糖，也可以为非还原端仅有一个木糖的底物。一种膜结合的细菌酶分子的底物仅为木聚糖衍生的可溶性寡聚糖，对于小麦木聚糖底物，α-葡萄糖醛酸酶和内切木聚糖酶协同作用可产生高度游离的 4-O-甲基葡萄糖醛酸[11]。

B α-阿拉伯糖苷酶

α-阿拉伯糖苷酶能够断开木聚糖主链上的阿拉伯糖侧链。这种酶与木聚糖酶、阿魏酸基和乙酰基木聚糖酶之间也有协同作用[12]。

C α-D-半乳糖苷酶

α-D-半乳糖苷酶主要作用于连接在骨架甘露糖单位 O-6 位置上的 α-半乳糖基侧链，可水解针对木材中的甘露聚糖，特别是半乳甘露聚糖和半乳葡甘露聚糖。尽管该酶对针叶木制浆有重要作用，但是目前对该酶的研究工作还很少[13]。

D 乙酰木聚糖酯酶

乙酰基团存在于许多半纤维素上，木聚糖和半乳葡甘露聚糖上最多。谷类、阔叶木材的木聚糖比针叶木材的木聚糖有更高的乙酰化水平。针叶木材的乙酰化主要发生在半乳葡甘露聚糖上。乙酰化的最主要作用是保持半纤维素的可溶性和水化性。木聚糖和半乳葡甘露聚糖乙酰基的去除会导致多聚物溶解性的急剧下降。乙酰基团从主链上释放下来时还会对微生物生长产生影响（如 pH 值降低）。乙酰基的释放可抑制许多微生物，这是生物质转化过程中相当大的问题[14]。

E 阿魏酸酯酶

阿魏酸存在于谷类和阔叶木材的木聚糖及许多果胶中。在木聚糖中，它们通过酯键与木聚糖骨架上的阿拉伯糖侧链 2 位 C 连接，其功能是作为一种交联体，通过醚键与另一个木聚糖链或其他木质素成分上的阿魏酸连接，为聚合网架提供了三维稳定结构。阿魏酸酯酶（FAEs）能够作用于阿魏酸和香豆酸。部分酶对聚合物起作用，而其他对取代木寡糖有更高的活性，FAEs 对阿魏酸化的木聚糖和阿魏酸化的果胶也具有酶活性[15]。

4.1.2.3 不同生物质原料所需的半纤维素酶

木聚糖的组成根据类型不同而不同，针叶木材、阔叶木材和草本植物中木聚糖差别最大。针对要水解的木聚糖特定类型，不同脱支酶包含阿拉伯糖苷酶、阿魏酸酯酶和香豆酸酯酶、乙酰基和乙酰基木聚糖酶、葡萄苷酸酶及木糖苷酶。另外，对侧链去除与聚合物骨架裂解之间的协同作用可增强内切木聚糖酶的降解速度。因此，被解聚酶和脱支酶混合物处理过的木聚糖比被乙酰基木聚糖酶处理过的木聚糖更易被降解[16,17]。

针叶木材的木聚糖是由 β-(1-4)-D-吡喃木糖骨架组成的。在针叶木材中，侧链中含有丰富的 α-(1-2) 连接的 4-O-甲基葡萄糖醛酸。已报道的糖醛酸与木糖之比随物种和提取方法而异，这个数值在 (2∶10)～(7∶10) 之间。α-L-阿拉伯呋喃糖单位也通过（1-3）键连接到骨架上。不像阔叶木中和草本植物中的木聚糖，针叶木的木聚糖不含有乙酰基团，因此相应的脱支酶不包含乙酰酯酶，主要为 α-葡萄糖苷酶和 α-L-阿拉伯呋喃糖苷酶[18]。

阔叶木材木聚糖由 β-D-吡喃木糖单位组成，可能含有 4-O-甲基-α-D-葡糖醛酸和乙酰基侧链。4-O-甲基葡糖醛酸通过 O-(1-2)-糖苷键与木糖骨架相连，而酯键主要在 C-2/C-3 羟基上。对于阔叶木和草本来说，脱支酶主要包括乙酰酯酶、阿拉伯呋喃糖苷酶以及阿魏酸酯酶的需求，而对于针叶木来说，需要较高的 α-葡萄糖苷酶活性。

此外，解聚酶对于侧链和结构的专一性常与侧链残基有关。内切木聚糖酶随机地切开主链上的 1,4-β-D-木糖苷连接，对糖的类型、键的类型、取代基的类型都有一定的专一性。

木聚糖的水解是三个过程（从聚合物骨架上去除侧链基团、降低链的长度、将寡糖水解呈自由的单糖）的动态平衡，只有使不同分类的各种酶类很好地协同时，才能达到最佳的酶解效率。

针叶木材中主要的半纤维素是葡甘露聚糖和半乳葡甘露聚糖（GCM）。GCM 的结构随物种和细胞壁位置的变化而变化，但是通常基于一个 β-(1-4)-D-吡喃甘露糖和 β-(1-4)-D-吡喃葡萄糖骨架之上。乙酰酯酶和 α-半乳糖苷酶对于针叶木中特定的 β-葡甘露聚糖或半乳甘露聚糖水解时所需酶类。内切甘露聚糖酶和 β-葡聚糖酶是主要的主链解聚酶，而 β-甘露糖苷酶和 β-葡糖苷酶在水解寡糖时才起作用[18]。

生物质中其他较少量的半纤维素包括阿拉伯半乳聚糖、木葡聚糖和 β-葡聚糖。阿拉伯半乳聚糖主要存在于针叶木材中，由线性 β-(1-3)-D-吡喃半乳糖骨架组成，尽管 β-(1-4)-半乳聚糖也有发现，但在 C-6 位上高度取代。其侧链包括 β-D-半乳糖、α-L-阿拉伯呋喃糖苷酶，β-葡萄糖醛酸酶作为脱支酶，可辅助 β-半乳聚糖进行聚合物的解聚。现已发现专一降解 β-(1-4)-D-吡喃葡萄糖骨架的木葡聚糖酶，并且其大多数存在于 GH74 家族。在众多酶制剂中，α-木糖苷酶应用范围最广[19]。

此外，由于各种预处理方式都会对半纤维素化学结构产生影响，从而导致同种材料所需的水解酶种类不同。例如，水解蒸汽处理的桦树木聚糖需要木聚糖酶、β-木聚糖酶和乙酰酯酶，仅用木聚糖酶水解所得的木糖含量仅为全部水产物的 10%。所以，需基于底物结构特征选择高效专一的降解酶。

4.1.3 木质素降解酶系

木质素降解酶系是非常复杂的体系，近年来许多学者对木质素分解酶系统的催化分解机制进行了研究，这些酶系统主要包括细胞外过氧化物酶，即木质素过氧化物酶（lignin peroxidase，LiP）、锰过氧化物酶（manganese peroxidase，MnP）和细胞外酚氧化酶-漆酶（laccase，LaC）。除此之外，还有芳醇氧化酶（aryl-alcohol oxidase，AAO）、乙二醛氧化酶（gyoxal oxidase，GLOX）、葡萄糖氧化酶

（gucose-L-oxidase）、酚氧化酶、过氧化氢酶等都参与了木质素的降解或对其降解产生一定的影响。另外，细菌能产生两类新的酶：阿魏酰酯酶和对香豆酰酯酶，这两种酶作用于木质纤维物质可产生阿魏酰和对香豆酰，这两类酶与木聚糖酶协同作用分解半纤维素-木质素聚合体，但不矿化木质素[20]。

4.1.3.1 木质素过氧化物酶（LiP）与锰过氧化物酶（MnP）

LiP 和 MnP 都是带有糖基的含铁胞外血红素蛋白，又称血红素过氧化物酶（heme peroxidase）。LiP 是一种糖蛋白，由十条长的蛋白质单链和一条短的单链构成，它与其他过氧化物酶（如辣根过氧化物酶）相似，运行一个典型的过氧化物酶催化循环。MnP 也是一种糖蛋白，其分子同样由十条长的蛋白质单链和一条短的单链构成。

LiP 的活性中心由一个血红素基组成，另外还有两个起稳定结构作用的 Ca^{2+}。MnP 活性中心基本上与 LiP 相同，但还有 Mn^{2+} 的参与。两者的主要区别是：LiP 的碳端是在血红素基的两个丙酸根之间，而 MnP 的碳端却与血红素基分开；另外，MnP 有五个二硫键，而 LiP 只有四个二硫键，MnP 的前四个二硫键与 LiP 的相同，MnP 的第五个二硫键是在蛋白质的碳端，推测它与 Mn^{2+} 的活性中心有关。在催化木质素降解的过程中，LiP 和 MnP 在反应中从苯酚或非酚类的苯环上夺取一个电子而使后者形成一个阳离子基团，从而导致木质素分子中主要键的断裂。LiP 主要是氧化苯酚使之成为苯氧残基，MnP 主要是从 Mn^{2+} 和 H_2O_2 的氧化中得到 Mn^{3+}，然后 Mn^{3+} 氧化苯酚使之成为苯氧残基，但是每种酶在木质素降解中的具体作用目前还没有完全阐明。

4.1.3.2 漆酶（LaC）

漆酶是含铜的多酚氧化酶，分漆树漆酶和真菌漆酶两大类，主要来源于生漆和真菌。由于真菌漆酶中含糖量较高，直到 1998 年人类才制备了第一个来自灰盖鬼伞菌 *Corppinus cinereus* 的漆酶晶体，从而对其空间结构进行了更为详细的认识：单个漆酶分子由三个杯状结构域组成，三者紧密连接在一起，形成球状结构，β-桶的构造类似于别的铜蓝蛋白。每个漆酶蛋白分子中含有四个铜离子，根据磁学和光谱学性质，漆酶的铜离子可以分为三类，其中至少有一个 I 型铜原子和氨基酸残基结合成为单核中心，它使酶表现为明显的蓝色且在 600nm 处有吸收。另外，它还包含一个 II 型铜原子和两个 III 型铜原子，它们共同构成三核中心；两个 III 型铜原子偶联于一个羟基桥而形成了双核，这种结构引起电子顺磁共振效应的消失。这些铜离子在漆酶的催化反应过程中起决定性作用。

漆酶在没有 H_2O_2 和其他次级代谢产物存在的情况下，能够直接利用 O_2 作为第二底物，催化 O_2 转化为 H_2O，而漆酶自身脱去羟基上的电子或质子形成自由基，也可以使木质素形成苯氧自由基，这些自由基不稳定，进一步发生共聚或均聚反应。这些性质都使得漆酶在木质素的综合利用方面日益受到关注。

除 LiP、MnP 和 LaC 外，还有葡萄糖氧化酶、乙二醛氧化酶、芳醇氧化酶以及过氧化氢酶等也参与了木质素的降解，但到目前为止，人们还不完全清楚每种酶在木质素降解中的具体作用[21,22]。

4.1.4 纤维素酶解协同因子

长期以来，对纤维素酶解的研究主要集中于糖苷水解酶，尽管进行了大量的探索，但仍然未能解决天然结晶纤维素降解的问题，主要是因为忽视了纤维素的超分子结构对酶解的影响。从物质和能量的角度对纤维素酶解进行研究发现，纤维素由氢键形成的致密结构是高效降解的瓶颈。

纤维素水解第一个阶段，即从固体纤维素表面水解分离出游离的低聚纤维素的过程是反应的限速步骤。纤维素酶解时，除了上述三种酶之间的协同作用外，还有些自身没有纤维素酶活性的蛋白，但它们能够促进纤维素的酶解，称之为纤维素酶协同因子[23]。

Reese 等在 1950 年提出存在破坏结晶纤维素的"氢键酶"，即通过破坏底物结构提高纤维素的可及性。Cosgove 等从植物中发现了扩张蛋白，它被认为是最有可能起"氢键酶"作用的蛋白。在植物生长过程中，扩张蛋白以一种可逆的非水解方式诱导细胞壁发生松弛和不可逆伸展，使多聚物网络的氢键断裂来促进多聚物滑动。扩张蛋白自身没有糖苷水解酶活性，但能够削弱滤纸的强度，在滤纸酶解时，扩张蛋白和纤维素酶有协同作用。Saloheimo 等在瑞氏木霉中发现了与植物扩张蛋白的具有相似基因序列的 Swollenin 蛋白。对滤纸和棉纤维的作用发现，Swollenin 蛋白可以破坏纤维素底物的结构，但没有还原糖生成[24,25]。山东大学也对 Swollenin 蛋白进行了卓有成效的研究，先后进行了基因克隆、蛋白结构分析以及异源表达等方面的探索[26]。

除此以外，科研工作者还发现了若干非水解性的纤维素酶协同因子。高培基等在拟康氏木霉的滤液中分离出一种可以削弱棉纤维氢键区的吸收强度，使棉纤维、几丁质等膨胀而无还原糖产生的蛋白质，符合"氢键酶"的特征。通过对纤维素酶 CBD 结构的研究发现，纤维素酶的非催化结构域对纤维素的降解有促进作用[27]。阎伯旭等对拟康氏木霉和微紫青霉 CBHI 的 CBD 研究发现，CBD 吸附于纤维素后会导致其超分子结构破坏，但不产生还原糖，这表明纤维素内的糖苷键未被水解[28]。邱卫华等将小菌核漆酶用于改善木质纤维素原料的酶解性能，实现漆酶与纤维素酶对木质纤维素的协同酶解。通过漆酶-纤维素酶的协同酶解，还原糖含量比对照组提高了 37.9%，发酵酒精得率提高了 13.8%。原理分析发现，经过漆酶预处理过的表面木质素发生了部分降解，苯环的开环反应引起原料表面形成网孔状，从而提高了原料对纤维素酶的可及度[29]。

4.2 生物质转化酶平台的搭建

4.2.1 酶的生产制备

自细菌 α-淀粉酶大规模发酵获得成功以来，发酵法就成为酶的主要生产方式。根据培养方式的不同，发酵法可分为液体深层发酵、固体发酵、固定化细胞培养等。目前运用最普遍的是液体深层发酵。和传统的从动植物组织提取酶的工艺相比，发酵法具有生产周期短、酶产率高、不受自然条件影响等优点，但它对生产设备和工艺条件要求较高[30]。本节重点介绍微生物的发酵产酶技术。

4.2.1.1 纤维素酶的生产制备

A 生产菌株

细菌、真菌、放线菌等都能产生纤维素酶，其中真菌中的木霉因产酶量大、活性高而被广泛研究和应用。研究比较多的主要有里氏木霉、康氏木霉和绿色木霉。除木霉外，由于放线菌其结构简单、便于遗传分析、产酶量较理想，也有很多研究者致力于放线菌产酶的研究。优良的诱变菌种，是纤维素酶发酵生产菌的另一来源。以拟康氏木霉（*Trichoderma pseudokon-ingii*）TH 为出发菌株，采用紫外诱变获得抗高浓度葡萄糖阻遏突变株 UVⅢ，UVⅢ对诱导物的敏感性增加了100 倍，并且对葡萄糖的吸收能力明显下降，使得该菌解除了部分葡萄糖的阻遏作用。随着现代分子生物学技术的发展，基因工程菌也成为了纤维素酶发酵生产菌的来源之一[31,32]。

B 发酵培养基

纤维素酶是诱导酶，其生物合成的调控受诱导物的约束。通常采用经过粉碎及其他预处理过的富含植物纤维的原料、废纸、各种酒糟等作为诱导物和主要碳源，添加适宜的氮源和无机盐等。研究表明，在啤酒糟中添加 15% 麸皮、2% 尿素、1% 硫酸铵和 0.15% 的 KH_2PO_4，可以明显提高产物的酶活力和蛋白含量。进行液态发酵时，另外需要将物料与过量的水配成液体培养基，多数研究者采用干物料占液体培养基 3% 的用量。余晓斌等用响应面法对里氏木霉 WX2112 液体发酵产纤维素酶的培养基进行了优化，通过岭脊分析，确定了最佳组合条件：豆饼粉 3.18%，麸皮 2.95%，KH_2PO_4 0.25%，Avicel 3.79%，滤纸酶活达到最大值 10.53IU/mL。

C 发酵工艺简介

a 固态发酵法

固态发酵法又称麸曲培养法，它是以秸秆粉、废纸为主要原料，拌入种曲后，装入盘或帘子上，摊成薄层（厚约 1cm），在培养室保持一定温度和湿度

（RH 90%～100%）下进行发酵。其主要特点是发酵体系没有游离水存在，微生物是在有足够湿度的固态底物上进行反应，发酵环境接近于自然状态下的微生物生长习性，产生的酶系更全，有利于降解天然纤维素，且投资低、能耗低、产量高、操作简易、回收率高、无泡沫、需控参数少、环境污染小等。但固态发酵法易被杂菌污染，生产的纤维素酶分离纯化较难，且色素不易去除[33]。

对固态发酵而言，温度是首要因素。培养基及培养条件的优化，是降低酶制剂成本、提高酶活、实现其工业化生产的重要措施。一般认为利用真菌进行固态发酵最好将培养基的起始 pH 值调为酸性，这样有利于真菌的生长而抑制细菌的滋生。陈洪章等[34,35]提出了纤维素酶气相双动态固态发酵的方式：在优化条件下（最佳压力脉冲范围、脉冲频率及气体内循环速率），发酵温度得到较好地控制，9cm 高的填料层中最大温度梯度为 0.12℃/cm；以汽爆秸秆为底物，发酵水活度得到较好的保持；动态培养发酵周期（60h）比静态发酵周期（84h）缩短了 1/3，酶活（20.36IU/g）比静态酶活（10.182IU/g）提高了 1 倍，压力脉动固态培养的料层上中下微生物生长状况均匀一致且疏松，而静态固态发酵的料层中部几乎没有菌体生长。利用气相双动态固态发酵可为纤维素酶大规模生产奠定基础。

b 液态发酵法

液态深层发酵又称全面发酵，它是将秸秆等原料粉碎、预处理并灭菌后送至具有搅拌桨叶和通气系统的密闭发酵罐内，接入菌种，借助强大的无菌空气或自吸的气流进行充分搅拌，使气、液接触面积尽量加大进而有利于发酵。其主要特点是培养条件容易控制，不易染杂菌，生产效率高。液态深层发酵是现代生物技术之一，已成为国内外重要的研究和开发工艺。

液态深层发酵一般采用具有搅拌桨叶和通气系统的密闭发酵罐，从培养基的灭菌、冷却到发酵都在同一发酵罐内进行。液体发酵时间约为 70h，温度一般低于 60℃。液态发酵中使用的接种量明显低于固态发酵，其接种量浓度一般为 2%～10%（体积分数）。张冬艳等研究了绿色木霉 AS1313711、康宁木霉 AS1312774、木霉 AS1313032 和康宁木霉 ACC131167 发酵适宜产酶条件。结果表明，最适温度为 28℃，产酶适宜的起始 pH 值为 4.5～5.5。赤霉菌（*Gibberella fujikuroi*）产纤维素酶的最佳接种量为 5%、培养时间为 120h、培养温度为 28～37℃、培养基初始 pH 值为 5～6[36]。

4.2.1.2 半纤维素酶的生产

已经研究的木聚糖酶主要来自真菌和细菌，而且在大多数情况下，最佳活力在接近中温（大约 40～60℃）、中性条件（主要是细菌木聚糖酶）或微酸条件（主要是真菌木聚糖酶）下实现。然而，在极端酸碱条件和温度下，稳定、有活力的木聚糖酶也已有报道。事实上，已有报道表明，木聚糖酶在温度 5～105℃、pH 值 2.0～11.0 范围内都有活力，而且也有报道在 NaCl 浓度高达 30% 时木聚糖酶仍保持活力。这些酶是微生物为适应极端环境而产生的，在这些嗜极性木聚糖酶中，嗜热性、嗜碱性和嗜酸性木聚糖酶得到了广泛研究，而适冷木聚糖酶则研究不多[37]。

来自真菌的木聚糖酶有较高的酶活，如 *Trichoderma reesei* Rut C-30，851 IU/mL；*Fusarium oxysporum*，245 IU/mL；*Thermoascus aurantiacus*，208 IU/mL；*Aspergillus niger*，283 IU/g；*Melanocarpus albomyces*，9300U/g。这些酶活没有严格的可比性，因为多数木聚糖酶检测步骤和反应条件不一样，比如温度、保温时间和使用的底物都有所不同。真菌木聚糖酶在碱性和高温环境下的稳定性不好，已报道的只有 *Melanocarpus albomyces* 在 pH 值 10.0，70℃ 下固体发酵产较高酶活，并表现出较好的稳定性，70℃ 时半衰期为 2h。

细菌中产耐碱性、耐高温且木聚糖酶活较高的菌株包括：*Bacillus* sp. Sam3，木聚糖酶酶活 131IU/mL，pH 值 7.0～9.0，60～70℃；*Bacillus* sp. NCIM59，木聚糖酶酶活 500IU/mL，pH 值 7.0～10.0，60～70℃；*Bacillus cirulans* Ab16，木聚糖酶酶活 50 IU/mL，pH 值 5.0～9.0，55～80℃ 和 *C. absonum* CFR-702，木聚糖酶酶活 420IU/mL，pH 值 6.0～9.0，78～85℃[38]。

4.2.1.3 木质素降解酶的生产制备

A 生产菌株

锰过氧化物酶（MnP）广泛存在于白腐菌中，如著名的生物制浆菌种虫拟蜡菌产生 MnP 和漆酶。白腐菌在以木质纤维素基质作底物时很容易检测到 MnP 的存在，几乎所有能引起木材白色腐朽的担子菌和各种栖息于土壤的枯落层降解担子菌都能产生这种酶，将其分泌到真菌存在的微环境中。这些担子菌主要分布于非褶菌目木材腐朽菌中的伏革菌科（Corticiaceae）、韧革菌科（Stereaceae）、猴头菌科（Hericiaceae）、灵芝菌科（Ganodermataceae）、刺革菌科（Hymenochaetaceae）、多孔菌科（Polyporaceae）以及伞菌目土壤枯落层分解菌中的球盖菇科（Strophariaceae）和口蘑科（Tricholomataceae）等。但是，细菌、酵母菌、丝状真菌和菌根菌都不产生 MnP。

漆酶（EC 1.10.3.2）广泛存在于真菌的担子菌、半知菌和子囊菌中，一些昆虫、细菌和植物中也有漆酶的存在。漆酶具有单体、双体和四聚体形式，一般以单体形式存在。白腐菌漆酶的相对分子质量在 60000～80000 之间，是糖基化的，其中含有 15%～20% 的碳水化合物，有酸性等电点，最适 pH 值在 3.5～7.0 之间。漆酶可以由大多数的白腐菌产生，而黄原毛平革菌（*Phanerochaete chrysosporium*）是著名的缺乏漆酶的特例。

而木质素过氧化物酶首先在黄原毛平革菌（*Phanerochaete chrysosporium*）中发现。目前已知只有几种白腐菌能够产生 LiP，其相对分子质量大约为 40000，是糖基化的，有酸性等电点和偏酸性的最适 pH 值，它们包含一个亚铁原卟啉 IX 血红素半体[21]。

B　发酵基质

影响木质素降解酶产生的外界因素主要有：碳源、氮源、氧气、微量元素等。其中，以黄孢原毛平革菌为研究对象的较多。一般认为黄孢原毛平革菌只产生 LiP 和 MnP，不产生漆酶。但有关文献报道，该菌在空气中振荡培养时可以在一定的高于氮限制的氮源浓度下产生少量木质素过氧化物酶，在氮浓度限制下产生少量漆酶。

木质素降解酶是在有氧供应的环境中产生的，黄孢原毛平革菌以葡萄糖为碳源时，木质素降解酶的合成受到抑制，而以纤维素为碳源时，在纤维素未被完全消耗时无需供应纯氧即能产生 LiP。适量的锰可以提高黄孢原毛平革菌 LiP 的活性，Mn 在 MnP 的合成中是必需的元素，适量的 Cu^{2+} 可促进菌株漆酶的合成。

诱导物和表面活性剂在木质素降解酶的合成中具有重要作用。诱导物中研究最多的为藜芦醇。菌种不同，最适的表面活性剂也不同。聚乙烯可刺激对木质素过氧化物酶的合成，而在培养过程中添加 3,4-二氯苯酚能使 LiP 和 MnP 的酶活在一段时间内保持较高水平。在培养黄孢原毛平革菌的过程中，添加 $HgCl_2$ 能提高过氧化物酶特别是 LiP 的稳定性和酶活。FA（Ferulicacid，4-hydroxy-3-methoxy-cinnamicacid）为底物时，可使 LiP 失去活性。P-香豆酸和愈创木酚对白腐菌（*Trametes* sp. I-62）可明显提高漆酶的产量，而 2,5-二甲氧苄基乙醇是漆酶的最佳诱导剂，3,5-二甲氧苄基次之，3,4-二甲氧苄基乙醇的诱导作用最差[22]。

陈洪章等利用汽爆麦草固态发酵生产木质素酶，汽爆处理的纤维质原料特别是草类原料木质素已部分被降解，其降解产物可以替代昂贵的藜芦醇作为木质素酶基因表达的诱导剂。用于木质素过氧化物酶生产的基质中木质素含量要丰富。纤维素丰富的基质则有利于合成漆酶[39]。

C　发酵工艺简介

微生物产酶的发酵过程与菌体周围的环境因素密切相关，不同的发酵方法对白腐菌分泌漆酶有很大影响，按照培养方式的不同可将其分为液体培养和固体培养两大类。

a　液态发酵

液态发酵是指菌丝体在含有一定营养成分的液体培养基中生长和产酶的过程，由于这种方式便于工业化生产和应用，因此，目前对于液态发酵白腐菌产漆酶的研究报道较多。其中大部分研究都表明，在液体培养基中添加适量的诱导剂或 Cu^{2+}，对白腐菌分泌漆酶具有较为显著的促进作用。

诱导剂的作用机理是它能够与某些阻遏酶蛋白合成的物质结合，使其发生变构效应，降低这些物质对酶蛋白合成的阻遏作用，启动结构基因转录、翻译以生成相应的酶蛋白。白腐菌漆酶的诱导剂大多为一些与木质素结构类似的低分子芳香化合物或木质素降解后的碎片化合物，通常也是漆酶的作用底物，如藜芦醇、愈创木酚、2,2-连氮-二(3-乙基苯并噻唑-6-磺酸)（ABTS）、二甲苯胺、阿魏酸、丁香醛、单宁酸、香草酸、香豆酸等。它们在结构上的共同特征是芳环上通常连有—OH 或—NH₂ 基团。白腐菌（*Coriolus versicolor*）在液体培养时，添加 0.5 ~ 1mmol/L ABTS 可将漆酶产量提高 5 倍，漆酶活力高达 230IU/mL[40]。多种芳香族诱导剂对一株野生型白腐菌 WR-1 分泌漆酶都具有促进作用，其中 0.8mmol/L 二甲苯胺的诱导效果最为明显，发酵液中漆酶最高活力可达 692IU/mL。一般来讲，不同的诱导剂对同一株白腐菌产酶的影响往往不同，而不同的菌株通常具有不同的最适宜诱导剂[41]。

此外，一些金属元素，如铜、锰、铁、锌等，往往或是酶蛋白活性基团的组成部分，或是酶的激活剂，对酶活力的影响也不容忽视。许多研究都证实[42~45]，在培养基中添加一定量的 Cu^{2+}，对多种白腐菌分泌漆酶都具有显著的促进作用。

针对传统发酵工艺培养白腐菌的缺陷，很多研究者利用白腐菌的菌丝体具有向物体表面黏附的自然属性，采用细胞固定化技术来控制白腐菌的自由生长，其最大的优势是能够使菌丝在发酵液中均匀分布，有利于简化补料和后续进程的操作，以实现连续培养发酵。细胞固定化技术还能够降低发酵液的黏稠度，改善氧气的供给和物料的传递，保护菌丝细胞免受剪切力的作用，提高细胞对 pH 值、温度、有毒物质等外界环境的抗干扰能力，从而加快细胞的繁殖代谢，促进漆酶的分泌。常用的细胞固定载体主要有海藻酸钠、壳聚糖、几丁质、纤维素衍生物等天然聚合物和聚氨酯泡沫、尼龙海绵、不锈钢海绵等惰性物质。据报道，采用聚氨酯泡沫固定化培养平菇（Pleurotus ostreatus）[46]，能显著提高漆酶产量，并将发酵体系扩大到 280mL 填充床反应器中，漆酶产量可达 1.4IU/mL；不锈钢海绵[47]最适合白腐菌（*Trametes hirsuta*）产漆酶，最高活力可达 2.2IU/mL；麦麸、黄麻、大麻和枫木片等多种低价天然材料也可作为固定化载体[48]。此外，发酵罐规模的分批补料策略也是一种提高白腐菌漆酶产量的有效手段。补料培养是指根据菌株生长和初始培养基的性质，在培养发酵的某些阶段适当补加培养基或营养物质，使菌体生长和代谢产物合成的时间相对延长。这种方法用于白腐菌产酶的优势主要体现在能够通过调节底物浓度来控制菌体的生长速度，降低代谢产物对菌体生长代谢的抑制作用，特别是避免了某些使漆酶失活的蛋白水解酶的合成。

b 固态发酵

固态发酵就是利用固体培养基，在不含或者含有少量液体的环境中，使菌丝体贴附在固体培养基质表面上生长和产酶的过程。随着研究的不断发展和深入，真菌固体培养产酶越来越受到国内外学者们的关注。研究和实践表明，白腐菌固体发酵也能够得到较高的漆酶产量，相比于液体发酵方式，固体培养的氧气循环流通较好，有利于白腐菌等好氧真菌的生长代谢；而且由于是静态处理过程，因此可以省去机械动力所消耗的能量，后续处理过程也较为简便。此外，这种培养方式与大部分真菌在野生状态时的生长环境更为接近，因此特别适合于丝状真菌的发酵产酶。

白腐菌固态发酵（solid-state fermentation，SSF）的规模扩大化也越来越受到研究者的关注。发酵罐传质系统的不同对白腐菌漆酶产量影响较大，当采用大麦麸为非惰性底物时，盘式反应器更适合于白腐菌（*Trametes versicolor*）漆酶的生产[47,49]，最高漆酶活力达到 3.5IU/mL，是其他两种发酵罐中最高酶活的 6 倍。以橘皮作为固态发酵底物时，盘式反应器同样适用于白腐菌（*Trametes hirsuta*）漆酶的生产，最高酶活可达 12IU/mL。盘式反应器之所以优于其他两种固态发酵罐，学者认为主要是由于浸入式和膨胀床反应器的传质动作会对菌丝体产生一定的剪切力，影响了菌体的生长和代谢产酶，由此提出对于固态发酵罐来说，传质系统的设计是影响产酶效率的关键因素。

目前，国内外对于高效的固态发酵罐规模的白腐菌产漆酶报道仍比较少，这主要是由于固态发酵罐还面临着一些难以克服的问题，除了传质系统的设计外，发酵过程中 pH 值、温度、通气和氧气传递、湿度、搅动等参数不易控制也是相当重要的原因。因此，当前的研究主要集中于改良已有固态发酵罐系统或设计开发新型发酵设备和工艺，新型 RITA（recipient immersion temporaire automatique）间歇浸入式系统[50]，将在固体底物上生长的菌丝体间歇浸入含染料的液体培养基中，以提高白腐菌发酵产酶的效率并同时对染料进行脱色，其优势是既避免了对菌体的机械剪切作用，又能够克服代谢产物及有机染料对菌体生长和产酶的抑制作用。

白腐菌漆酶高效生产的另一种思路是寻找合适的载体进行漆酶基因的异源表达，但是由于白腐菌漆酶中糖基的存在能够促使漆酶蛋白的水解，因此，相对于其他一些已实现工业化生产的氧化还原酶（如通过丝状真菌的基因重组生产葡萄糖氧化酶）来说，白腐菌漆酶在活性宿主上的异源高效表达还较为困难，总体上还处于探索阶段，难以满足漆酶工业化生产和应用的要求。因此，目前关于漆酶生产的研究主要还是集中于优化白腐菌的发酵条件上。

最近几年，对于白腐菌产漆酶的研究，无论是液体培养还是固体培养都出现了一个新的特点，就是大量利用天然物质，特别是利用工农业生产中产生的木质纤维素有机副产品和废弃物，作为白腐菌生长和产酶的培养底物。这些有机物主要包括麦麸、蔗渣、稻草、麦草、木屑、秸皮、酒糟、豆粕、玉米芯、脱墨污泥、葡萄藤和橄榄油厂废水等，它们通常都富含糖类物质，能够为菌体的生长代谢提供养料，并且还含有一定量的木质素、纤维素和半纤维素，可作为刺激白腐菌分泌漆酶的诱导物。有报道指出，小麦麸中还含有一种天然漆酶诱导物质——阿魏酸（约 0.4%～1.0%），对白腐菌分泌漆酶具有较强的诱导作用。虽然，到目前为止还未见有报道证实其他天然底物是否也含有某些特殊诱导物质，但是将这些天然有机物作为白腐菌发酵底物的可行性已经得到了广泛的认同。

4.2.1.4 角质酶的生产

从堆肥中以对硝基苯丁酸酯（角质酶的模式底物）为筛选底物，筛选得到一株产角质酶的微生物，鉴定为嗜热单孢菌（*T. fusca*），在适宜的培养条件下，角质酶酶活达到 19.8U/mL。

通过检测 pNPB 水解酶活性，嗜热单孢菌（*T. fusca*）发酵上清液通过硫铵沉淀、疏水色谱、阴离子交换色谱进行分离纯化，得到电泳纯的天然角质酶，对该酶制品进行以角质为底物的角质酶的测定结果表明其具有角质水解能力；嗜热单孢菌角质酶具有较好的热稳定性和酸碱稳定性，最适反应温度为 60℃，最适反应 pH 值为 8.0，符合纺织工业清洁生产用角质酶所需特性[51,52]。

以啤酒酵母菌（*Saccharomyces cerevisiae*）为宿主菌生产重组 *F. solani pisi* 角质酶，结合膨胀床吸附系统进行提取是目前角质酶生产中最为高产高效的方法。Calado 等研究表明，通过葡萄糖和半乳糖补料分批培养，发酵结束（90h）时酶活可达 200U/mL，经膨胀床吸附提取回收率为 96%。但由于酵母培养成本高、生长周期长，至今未有 *F. solani pisi* 角质酶工业化生产的报道。

4.2.2 酶的化学修饰

为改变天然酶的一些性质，使其具有优良特性，扩大应用领域而对其进行化学修饰。通常，天然酶经过化学修饰后会发生构象改变，使酶活性及稳定性得到提高。可以说，酶化学修饰在理论上为生物大分子结构与功能关系的研究提供了实验依据和证明，是改善酶学性质和提高其应用价值非常有效的措施。

酶分子的化学修饰是指通过主链的"切割"、"剪切"和侧链基团的"化学修饰"对酶蛋白进行分子改造，以改变其理化性质及生物活性。通常把改变酶蛋白一级结构的过程称为改造，而把侧链基团的共价变化称为化学修饰。从广义上说，凡涉及共价键的形成或破坏的转变都可看做是酶的化学修饰；狭义上说，酶的化学修饰则是指在较温和条件下，以可控方式使酶与某些试剂发生特异反应，从而引起单个氨基酸残基或其功能基团发生共价化学改变。

实验研究表明：只要选择合适的化学修饰剂和修饰条件，在保持酶活性的基础上，能够改变酶的性质，提高酶对热、酸、碱和有机溶剂的稳定性，改变酶的底物专一性和最适 pH 值等酶学性质。酶化学修饰的方法有很多，但是基本原理都是利用化学修饰剂所具有的各种基团的特性，直接或间接地经过一定的活化过程与酶分子的某种氨基酸残基（常选择非必需基团）发生化学反应，从而对酶分子进行改造。

在酶化学修饰时，应注意：（1）酶经 pH 值处理后，或经氧化、还原修饰后，要进行总的氨基酸分析，特别要分析那些难以分析的氨基酸（如色氨酸、蛋氨酸）如何变化；（2）因为修饰剂对模型化合物或酶的选择性不一定适用于另外一些酶，所以应该搞清楚它是否被修饰；（3）控制修饰反应的条件，如注意缓冲液成分或修饰副产物对修饰部位、修饰程度及对酶活力的影响；（4）天然酶活力的最适 pH 值与修饰后酶活力的最适 pH 值可能有显著差别；同样，天然酶与修饰酶对金属离子的需要在程度和性质上也有所不同。

目前，已经研制出多种类型的蛋白质修饰剂，包括小分子修饰剂，如：乙酰咪唑、卤代乙酸、N-乙基马来酰亚胺、碳化二亚胺、焦炭酸二乙酯、四硝基甲烷等；大分子修饰剂，如：聚乙二醇、聚氨基酸、乙二酸/丙二酸的共聚物、羧甲基纤维素、聚乙烯吡咯烷酮、葡聚糖和环糊精等。无论是大分子修饰剂还是小分子修饰剂，它们都能与某一特定的氨基酸残基的侧链基团发生化学反应，以形成共价键。但小分子修饰剂多用于酶和蛋白质的各级结构和作用机理的研究以及蛋白质和酶分子的固定化，而大分子修饰剂则多用于改变蛋白质的免疫学和药物动力学行为，增强蛋白质特别是酶在有机溶剂中的性能等。

4.2.2.1　纤维素酶的化学修饰

以酸性纤维素酶为底物制备碱稳定性纤维素酶常使用马来酸酐作为化学修饰剂。马来酸酐在反应中选择性修饰纤维素酶中的赖氨酸基团，修饰性纤维素酶的pH 值耐受性可扩展到 8.5～10.0。使用 0.5mol/L 的马来酸酐在 pH 值 8.0，2～4℃条件下与纤维素酶反应 25min。修饰后的酶在 pH 值 8.0，9.0，10.0，11.0 的条件下，半衰期分别变为 462.0h，433.13h，128.33h 和 144.38h，而原始酶的半衰期分别为 13.08h，121.58h，126.0h 和 187.30h，因此酶的稳定性大大提升。报道称改性马来酸酐和 N-溴代丁二酰亚胺对于纤维素酶也是良好的修饰剂，修饰后的酶在 30℃、50℃和 85℃下的半衰期可长达 120min，所得纤维素酶在洗涤剂中的性能也优于原始酶[53,54]。

对天然酶进行聚乙二醇（PEG）修饰对于纤维素酶的热稳定性具有较好的作用，从而催化过程中酶抵制热失活的能力得到提高；且修饰酶与底物的亲和力高于天然酶，这说明修饰酶更易于催化底物。修饰酶具有优于天然酶的性能，其原因可能是由于酶分子表面接枝了高分子物质所造成的，PEG 大分子链的引入，对酶分子的伸展、活性区域起到了一定的保护作用，同时由于 PEG 的亲水性，在酶分子表面形成的薄层水膜，对于酶抵制外界恶劣条件干扰而失活具有重要作用[55]。

4.2.2.2 漆酶的化学修饰

随着对漆酶的结构与功能研究得越来越透彻，人们发现赖氨酸（lysine，lys）残基不是漆酶的活性中心部分，这为漆酶的化学修饰提供了理论依据。目前，人们已采用聚乙二醇（PEG）、葡聚糖、邻苯二甲酸酐（PA）、柠康酸酐（CA）对漆酶进行了化学修饰，研究了它们的修饰效果。由于赖氨酸残基末端的 ε-NH$_2$ 具有较强的亲核性，能够与许多亲电试剂在温和的条件下发生反应，有利于修饰过程中保持酶的活性、减少酶活损失，因此，ε-NH$_2$ 成为化学修饰的首选官能团。

采用邻苯二甲酸酐对漆酶进行化学修饰，考察修饰酶的稳定性及其降解多环芳烃蒽的反应特性。采用三硝基苯磺酸（TNBS）显色法测得漆酶的修饰度为63.8%，以 2,2-连氮-双（3-乙基苯并噻唑-6-磺酸）（ABTS）为底物测定漆酶的催化特性，修饰漆酶较天然漆酶具有更好的底物亲和性，其在 55℃ 下的酶活半衰期从 192.5min 延长至 532.4min，其耐酸性也显著提高。圆二色性光谱和荧光光谱的表征结果显示修饰漆酶与天然漆酶有相同的二级和三级结构；在 30℃ 下经过 72h 反应，修饰漆酶对蒽的降解率达到 36%，较天然漆酶提高了近 2 倍[56]。

使用商品化漆酶 DeniLite IIS 为研究对象，采用邻苯二甲酸酐（PA）、丁二酸酐（SA）及马来酸酐（MA）对漆酶进行化学修饰，根据修饰酶的酶活和热稳定性的变化确定 SA 为漆酶的最佳修饰剂。采用 L9（3⁴）正交设计表研究了磷酸盐缓冲液的 pH 值、SA 浓度及修饰时间对修饰酶的酶活和热稳定性的影响，结果表明三种因素之间不存在各阶交互作用，SA 修饰漆酶的最佳条件为：磷酸盐缓冲液的 pH 值 7.5，SA 浓度 2mmol/L，修饰时间 1h。经 SA 修饰后，漆酶的酶活可提高 50%，50℃ 下热处理 30min 的热稳定性可提高 15%。这为天然漆酶的改性提供了一条良好的途径[57]。

4.2.3 生物酶工程

随着 DNA 重组技术的建立和发展，DNA 序列测定及蛋白质结构与功能关系数据的积累，使人们在很大程度上摆脱了对天然酶的依赖。基因工程的发展，使人们能够通过克隆获得多种天然的酶基因，并在异源微生物受体中高效表达，再通过发酵技术进行大规模生产，从而得到所需要的酶。利用该方法生产酶，既可大幅度降低酶产品的成本，又可使稀有酶的生产变得更加容易。

4.2.3.1 酶基因的克隆

酶早期的克隆方法多数是通过构建文库来实现，如构建 DNA 文库和 cDNA

文库。DNA 文库的建立是以出发物种的基因组为研究对象，通过限制性内切酶的随机消化，将基因组随机消化为大小不等的片段，通过回收一定大小的片段，将这些片段随机插入到克隆载体上，经过一定的方法筛选阳性克隆，并从中获得纤维素酶基因。cDNA 文库筛选则是采用差异杂交法或者异源杂交法利用相关的基因片段制作 cDNA 探针，然后从 cDNA 文库中筛选出纤维素酶基因。这两种方法相对来说，工作量大，但能够获得物种及其基因组较全面的信息。

随着网络共享技术和基因合成技术的成熟，目前的纤维素酶基因克隆方法更简单和直接。常用的基因克隆方法有以下几种：（1）人工合成法，即根据已报道纤维素酶基因的核苷酸序列，人工合成目的基因的核苷酸序列；（2）特异性引物扩增法，即根据报道的纤维素酶基因序列设计特异性引物在相同或相近的物种上扩增目的基因的方法。同时，随着宏基因组概念的提出，许多目的基因可以通过特异性引物从某一区域的宏基因组中克隆获得。例如，在从反刍动物瘤胃微生物中克隆纤维素酶时，便可设计特异性引物从瘤胃微生物宏基因组中扩增纤维素酶基因。

A　纤维素酶基因的克隆表达

到目前为止，已有 7000 多个纤维素酶基因序列和相应的氨基酸序列被报道和公布，约有 500 多个纤维素酶的 3D 结构被预测，这些数据均公布在 GenBank、EMBL 和 DDBJ 等共享数据库中。同时，几乎所有克隆到的纤维素酶基因都实现了大肠杆菌或者其他宿主的表达[58]。有近 100 多个纤维素酶及木聚糖酶基因都可在大肠杆菌中克隆和表达，主要是内切葡聚糖酶和 β-葡聚糖苷酶。纤维素酶合成调节、纤维素降解机制和新酶分子的构建等研究可通过基因克隆来实现。细菌纤维素酶 DNA 提取、酶切、构建重组质粒和转化已无特殊困难。采用刚果红法、甲基散形酮分别可检出内、外切葡聚糖酶阳性克隆；采用硝基 β-葡萄糖苷底物检出 β-葡萄糖苷酶阳性菌落。其中，真菌纤维素酶基因克隆，因基因序列表达及转录后酶的糖基化修饰、分泌后可能存在蛋白质水解等问题都可能对各种纤维素酶活力的检测造成一定困难，所以可采用差异杂交的方法检测。

B　木聚糖酶基因的克隆表达

目前，国内外已报道了 300 多种不同来源的木聚糖基因，其中在合适的宿主中被克隆和表达有 100 多种。

青霉来源的内切木聚糖酶编码序列一共 10 个序列，其中 5 个属于第 10 家族，4 个属于第 11 家族，另外一个属于第 7 家族。绳状青霉菌（*Penicillium funiculosum*）来源的 4 个内切木聚糖酶基因已被研究报道，其中有 3 个编码内切木聚糖酶基因都具有 CBM 结构域，xynA 基因编码一个与第 7 家族纤维二糖水解酶相似的木聚糖酶/纤维二糖水解酶；xynB 基因属于第 11 家族，xynD 属于第 10 家族。这些酶都包括一个催化结构域、一个富含丝氨酸与天冬氨酸的连接区以及一个预测的 CBM 结构域。xynC 基因编码一个没有模块的内切木聚糖酶，与第 11 家族糖苷水解酶具有重要的序列相似性。在产紫青霉（*Penicillium purpurogenum*）中，报道了两个内切木聚糖酶基因，xynA 基因属于第 10 家族，xynB 属于第 11 家族。

在产黄青霉（*Penicillium chrysogenum*）、简单青霉（*Penicillium simplissicimum*）与变灰青霉（*Penicillium canescens*）当中各得到一个内切木聚糖酶，经测序，全都属于第 10 家族木聚糖酶。除此之外，在 *Penicillium. sp.* 40 中获得一个 11 家族的酸性木聚糖酶基因 xynA。除了绳状青霉菌来源的 xynA 基因外，以上所描述的木聚糖酶基因，包括绳状青霉菌（*P. funiculosum*）的两个基因 xynA 与 xynB，*P. purpurogenum* 来源的 xynB 以及 *P. sp.* 40 来源的木聚糖酶都含有一个内含子。绳状青霉菌来源的 xynA 与 xynB，产紫青霉来源的 xynB 以及 *P. sp.* 40 来源的内切木聚糖酶，都属于 11 家族木聚糖酶且含一个内含子。另外，产紫青霉来源的 xynA 与黄青霉（*P. chrysogenum*），变灰青霉（*P. canescens*）和简青霉（*P. simplissicimum*）来源的酶都属于第 10 家族的内切木聚糖酶，并含有 8 到 9 个内含子。但也有例外，如绳状青霉菌来源的 xynD，属于第 10 家族并含 3 个内含子。

以上所述的编码木聚糖酶的基因，都已经在毕赤酵母、大肠杆菌、真菌曲霉、酿酒酵母等表达系统中进行了表达。这些青霉来源的木聚糖酶的最适 pH 值在 2.0～7.0 之间，并且最适作用温度在 40～60℃之间[59]。

C 甘露聚糖酶基因的克隆表达

自 Henrissat 等（1990）将甘露聚糖酶分为糖苷水解酶 5 家族与 26 家族开始，人们研究并测序了许多甘露聚糖酶基因。目前，在 Genebank 登录的 β-甘露聚糖酶基因已经有几百条，在细菌、真菌与植物中克隆了许多甘露聚糖酶基因。有的甘露聚糖酶能在极端的环境下保持它的活性，例如嗜酸真菌（*Bispora* sp. MEY-1）来源的 MAN5A 与瓶霉（*Phialophora* sp. P13）来源的 MAN5A P13 的最适 pH 值为 1.5，硫色曲霉（*Aspergillus sulphureus*）来源的 MANN 的最适作用 pH 值为 2.4 以及哈茨木霉（*Trichoderma harzianum* T4）来源的 Man I 的最适作用 pH 值为 3.0。它们都有极其酸的最适作用 pH 值，其中 MAN5A 与 MAN5A P13 是目前报道的在 pH 值 1.5 时保持最高活性的 β-甘露聚糖酶。从海洋真菌（*Aspergillus aculeatus*）来源的 Man 1 在解脂耶氏酵母（*Yarrowia lipolytica*）表达的发酵表达量达到 5.9g/L（1575U/mL），在黑麹菌（*Aspergillus niger*）的摇瓶水平表达量达到 3.8g/L，这是目前报道在真菌或是细菌来源中表达量最高的 β-甘露聚糖酶。这么高的异源表达蛋白量，需要很少或是不需要进一步的纯化，更利于工业的应用，从而可以节约生产成本。除此之外，极端嗜酸真菌（*Bispora* sp. MEY-1）也具有较高的蛋白表达量，在毕赤酵母发酵水平达到 1.8g/L。黑曲霉（*Aspergillus niger* BK01）来源在酵母中表达的一个 β-甘露糖苷酶具有极好热稳定性，在 70℃处理 56h 的条件下酶活力保持稳定。

真菌来源的β-甘露聚糖酶基因的克隆与表达研究较多，此基因还可分离于双孢蘑菇（*Agaricus bisporus*）、假密环菌（*Armillariella tabescens EJLY2098*）、烟曲菌（*Aspergillus fumigat*）、白腐菌（*Phanerochaete chrysosporium*）以及棘孢曲霉（*Aspergillus aculeatus*）等等。并且，它们已经在毕赤酵母、酿酒酵母、黑曲霉等异源表达系统中进行了表达[60]。

4.2.3.2 酶分子的定点突变

对酶分子的改造主要涉及认识和改造两方面，在研究天然酶及其突变体时，通常先获得酶分子特征、空间结构以及结构与功能关系等方面的信息，这些通过各种生物化学、光谱学、晶体学等方法来解决，然后根据这些信息进行酶分子改造，称为酶分子的理性设计，它包括化学修饰、定点突变等；而不需准确知道酶蛋白结构与功能等信息，直接通过随机突变、筛选等方法进行酶分子改造，称为酶分子的非理性设计，如定向进化、杂合进化等。目前，用于进行酶分子改造的方法主要是定点突变和定向进化[7,61]。

定点突变（site-directed mutagenesis，SDM）是指在基因的特定位点引入突变，即通过取代、插入或删除已知 DNA 序列中特定的核苷酸序列来改变酶蛋白结构中某个或某些特定的氨基酸，以此来提高酶对底物的亲和力，增加酶的专一性等。定点突变的方式多种多样，有改变特定的核苷酸，也有对一段最可能影响酶功能与性质的基因序列进行随机突变，从而产生一系列突变酶蛋白分子。比起化学因素、自然因素等其他因素导致突变的方法，该法具有突变率高、简单易行、重复性好的特点。

理性设计的前提是基于目前的科学知识保证依据蛋白结构进行工程预测。采用这种策略进行蛋白质突变，需要对蛋白质结构，尤其是具有催化作用的位点以及基于结构的分子建模、结构与功能关系等有详尽的了解。典型的情况下，酶或同源蛋白质结构数据的有效性决定了对所要改良的酶的选择。首先了解相关酶蛋白分子中需要改造的氨基酸位点结构与功能的关系，或通过比较后推测氨基酸的改变对结构与功能的影响，然后采用基因定点突变、二级结构元件甚至整个结构阈的交换以及构建融合酶等策略实现对酶蛋白分子性质的改造，最后对突变体的性质进行分析。近年来，理性设计策略已被广泛应用于研究纤维素酶分子中特定氨基酸残基与其功能之间的关系以及纤维素酶分子的定向改造。迄今为止，已经对属于糖苷水解酶（GH）家族 GH5、GH6、GH7、GH8、GH9 和 GH45 等纤维素酶组分开展了蛋白质工程，并取得了瞩目的进展。

A 内切纤维素酶的定点突变

定点突变技术对确认典型纤维素酶家族的三维构象和保守残基起到了积极的

作用[62]。经研究表明，利用定点突变技术对源于褐色双歧杆菌（*Thermobifida fusca*）、芽孢杆菌（*Bacillus*）N4 进行改造，可以改变所得纤维素内切酶的氨基酸序列，进而增大其 pH 值适应范围、减少产物抑制，提高酶活性。

此外，利用分子生物学技术构建杂合酶也取得了相当的进展。对极端耐热古细菌的内切酶 EGPh 的研究显示，该酶缺乏纤维素结合区，E324 是酶的活性中心，通过把 EGPh 的 C 端与 *P. furiosus* 的耐热几丁质酶 CBD 融合后，嵌合酶显示了对 CMC 和微晶纤维素更强的简洁能力。把 Acidothermus cellulolyticus 的酸性嗜热内切葡聚糖酶催化去 Ecid 活性缝隙位点的一个络氨酸转变为甘氨酸（Y245G）的单突变以及 Y245G/Q204A 双突变均使突变体酶解磷酸膨胀纤维素产物中的葡萄糖含量提高 40%。

B 外切葡聚糖纤维二糖水解酶的定点突变

对外切葡聚糖酶的理性设计也主要是以提高酶的活力，提高酶的稳定性为主要目的[63]。Von Ossowski 等研究发现 Trichoderma reesei 的 Cel7 A 活性中心外一段从 G245 到 Y252 的茎环可能对酶的活性产生影响，在将这段茎环切除后，筛选得到的突变体酶的活力得到了提高。Wohlfahrt 等利用定点突变技术对瑞氏木霉进行改造，使用酰胺-羧酸对替代羧酸对，使得突变体的解链温度发生了变化，并在碱性条件下稳定性得到提高。虽然对纤维四糖的催化速率不变，但在碱性条件下两个突变酶的半衰期提高了 2~4 倍。因此，羧酸对工程能够有效改变蛋白质 pH 值依赖性能。

C β-D-葡萄糖苷酶的定点突变

与内切葡聚糖酶及外切葡聚糖酶相比，β-D-葡萄糖苷酶的理性设计研究相对较少。Fukuda 等对 Aspergillus oryzae 的 Bgl I 的 G294 位点进行了定点突变，并将其展示于酿酒酵母表面，获得了 3 个突变体 G294、FG294 与 WG294Y，其酶活力分别比野生酶提高了 1.5、1.5 及 1.6 倍。

D 角质酶的定点突变

因生物数据库中已有 *T. fusca* 全基因组序列，采用蛋白质组学技术中的肽指纹图谱技术破译角质酶编码基因。用胰酶水解电泳纯的天然酶条带，质谱分析水解产物，将得到的小肽相对分子质量进行数据库查询，鉴定其组成的蛋白及编码基因。由于角质酶为胞外酶，进行了 N-末端 10 个氨基酸测序，确定了蛋白质一级结构中的信号肽和成熟酶序列。将编码角质酶的基因克隆到载体 pMD18-T 中，基因测序；选择具有 pelB 信号肽和 6×组氨酸标签（His-tag）的大肠杆菌分泌型表达载体 pET20b（+）作为表达载体，将角质酶基因亚克隆到该载体，并表达于大肠杆菌 BL21（DE3）中。对工程菌的摇瓶发酵过程研究发现，在发酵初期，角质酶大量积累于胞内，随着发酵时间的增加，角质酶最终被分泌到胞外。初步试验表明工程菌的产酶量至少是 *T. fusca* 产酶量的 10 倍[51]。

4.2.3.3 酶分子的定向进化

蛋白质结构与功能之间的相互关系非常复杂，而且目前人们对这类关系的了解仍然十分有限。当对所需改造的蛋白质分子结构了解很少时，定向进化就成了改造的有力手段。定向进化（directed evolution）可以在事先不了解蛋白质空间结构的情况下模拟自然进化机制，其核心是随机突变加上选择，即通过 PCR 或其他方法对酶基因进行随机突变或重组，并使之在宿主细胞中表达，而后高通量地筛选突变体酶。对于许多纤维素酶而言，其三维结构仍然没有得到解析。因此，定向进化就成为了纤维素酶改造的有力手段。国内外学者在这方面进行了大量的研究，获得了大量酶活性提高、稳定性增强或其他性质改变的突变体酶[64]。

A 内切葡聚糖苷酶的定向进化

Thermoanaer-obactertengcongensts MB4 的内切葡聚糖酶 Cel5A 经易错 PCR 后进行刚果红平板筛选，得到了两个酶活力分别提高135% 及193% 的突变体。通过 StEP 技术将 mesophilic Clostridium cellulovorans 的内切葡聚糖酶（EngD）与 thermophilic Clostridium thermocellum 的 CelE 进行了同源重组，得到了一个在50℃下酶活力提高 2 倍的突变体。利用 Family Shuffling 技术，将 4 个来源于蚯蚓的具有 78.5% ~96% 同源性的内切酶进行了同源重组，筛选得到了酶活力提高 20 ~30 倍的杂合酶。

B β-D-葡萄糖苷酶的定向进化

运用易错 PCR 对来源于 Thermotoga neapolitana 的 Bgl A 进行了随机突变并建立突变体库。筛选得到一突变体 I170T，该突变体的酶活力比野生酶提高了31%。运用 DNA 改组建立了 P. furiosus 的 β-D-葡萄糖苷酶的随机突变库，从中筛选得到一个突变体 N415S。此突变体在 20℃时，水解底物的能力比野生型提高了7.5 倍。通过饱和突变、定点突变及家族改组对来源于嗜热放线菌（Thermobifidafusca）的 Bgl C 及来源于多粘类芽孢杆菌（Paenibacillus polymxyxa）的 Bgl B 进行了同源重组，得到了热稳定性显著提高的突变体 VM2，半衰期提高了 144 倍。将 Paenibacillus polymyxa 的 Bgl B 经易错 PCR 后建立突变体库，筛选得到突变体 N223Y，其在 55℃时酶的半衰期相对野生酶提高了 20 倍[7]。

在纤维素酶定向进化的研究中，对外切葡聚糖的研究比较少。这主要是因为目前外切酶的活力测定并没有统一、方便快速的方法，这就制约了在突变后的大规模筛选[55,63]。

4.2.3.4 融合酶

融合酶[30]主要是指将两个或多个酶分子组合在一起所形成的融合蛋白。从广义上说，融合酶属于杂合酶。融合酶的出现是吸收了杂种优势的思想，把不同酶中的部件有机地组合在一起而在分子水平上出现了"杂种优势"。融合多聚酶因杂合链或亚基间的氨基酸在静电、残基大小、酸碱性以及离子等方面不同，必然产生原酶没有的特性，这些特性往往使融合酶的杂合链内或结构域间表现出相互促进或相互抑制，从而使其活性表现出协同效应。

生产融合酶的途径有两种：一种方法是非合理设计法，主要通过构建库，再从中筛选出所需要的融合体，实际上就是进化酶；另一种方法是合理设计，对操作对象的结构、功能有全面的了解，才能实现几个蛋白质的交换、融合。蛋白质的融合通常在同系之间进行，因为同源蛋白序列的相似性越低，融合后导致酶活性丧失的可能性越大，并且动力学参数、底物专一性、热稳定性、最适 pH 值等基本特性越易改变。

融合酶的构建策略可分为：二级结构融合、功能域融合以及整个酶蛋白的融合。融合酶的出现是蛋白质工程发展的必然结果，融合酶的研究是以蛋白质工程和计算机科学为基础的，因为蛋白质工程是通过对现有蛋白的改造来优化其性能或从头合成全新的蛋白质。

4.3 生物质转化酶平台的使用

4.3.1 酶协同作用

进化的选择压力促使以生物质为主要原料的生物体内与降解纤维素的有关酶类相互结合，通过协同作用完成生物质的降解。目前已经发现两种截然不同而又高效的系统：一种是真菌/细菌（好氧）分泌的结构简单的多组分纤维素酶；另一种是依靠锚定-黏附机制形成的多酶复合体结构的细菌（厌氧）纤维小体[65,66]。

4.3.2 多组分酶系统

真菌纤维素酶存在两种形式的协同作用[67]：一种是外切-内切酶协同作用，纤维素内切酶首先内切无定形纤维素产生新的末端（还原性或非还原性），然后纤维素外切酶从暴露的末端外切纤维素链，产生纤维二糖（或葡萄糖）；另一种是外切酶-外切酶协同作用，纤维素外切酶 I（CBH I）外切纤维素链还原端，而另一种外切酶 II（CBH II）外切纤维素链非还原端。这两种协同作用仅在水解天然纤维素时发生，在水解羧甲基纤维素（carboxymethyl cellulose，CMC）和羟乙基纤维素（hydroxyl ethyl cellulose，HEC）时则不发生。纤维素内切酶和纤维素外切酶的酶反应为多相反应，而 β-葡萄糖苷酶水解纤维二糖的反应则属于均相反应。纤维素内切酶作用于 CMC 时有很高的酶活力，但对微晶纤维素（MCC）的酶活力却较低；而纤维素外切酶对 MCC 具有较高的酶活，对于 CMC 酶活力很低[68,69]。

Chanzy 等通过胶体金研究证明，CBH Ⅰ 酶能随机结合到纤维素分子链上[70]。Henrissat 等研究发现，除了均化的微晶纤维素外，EG Ⅰ 酶解微晶纤维素的能力很低，CBH Ⅰ 对 CMC 没有酶活，但对微晶纤维素却有较强的降解能力。EG Ⅰ 和 CBH Ⅰ 能协同降解滤纸、微晶纤维素、均化微晶纤维素和细菌纤维素，但不能协同降解结晶的 Valonia 纤维素和 CMC。CBH Ⅰ 和 EG Ⅰ 或者 EC Ⅱ 对不溶性纤维素具有协同降解作用，CBH Ⅰ 和 CBH Ⅱ 对不溶性纤维素也具有协同降解作用，各酶之间的最佳协同作用酶的比例有所不同。CBH Ⅰ 甚至对大麦 β-葡聚糖有内切作用。由于大麦 β-葡聚糖 90% 为纤维三糖、纤维四糖通过 β-1,3 糖苷键连接起来的，其中也有一定量的由 10 个连续 β-1,4 糖苷键组成的纤维多糖链，所以 β-葡聚糖类似 CMC，只不过是葡萄糖羟基上没有羧基取代而已。Nisizawa 的研究发现，高取代度的 CMC 比低取代度的 CMC 对纤维素外切酶有更大的抗性，这说明了 CBH Ⅰ 对 CMC 的低酶活可能与取代基有关。

Ryu 等[71]的研究发现纤维素内切酶和外切酶存在竞争性吸附作用，任一种酶组分都会将吸附的另一种纤维素酶组分置换出来，当纤维素酶的组成接近纤维素原酶液的组成时，竞争性吸附作用最明显。Ryu 等认为纤维素内切酶同外切酶分别具有不同的吸附位点，内切酶的随机酶切作用会加速外切酶对内切酶活性位点的影响，同时内切酶进行脱吸附，反之亦然。由纤维素酶组分的竞争性吸附作用所引起的吸附与脱附协调作用明显地提高了纤维素的酶解效果。Chanzy 等用胶体金标记 CBH Ⅰ，发现 CBH Ⅰ 结合在整个纤维素链上，而不仅仅在其还原性末端的酶解作用位点上。此外，Woodward，Tomme，Wood 等学者的研究都表明纤维素酶的各组分必须同时加入，并且在非饱和浓度下才能达到协同作用，据此推测，纤维素酶各组分不但竞争相同的吸附位点，而且在吸附之前首先在溶液中形成了局部"松弛复合物"。

里氏木霉是具有代表性的真菌纤维素水解系统。作为一个高效的纤维素水解微生物，里氏木霉能够分泌大量纤维素酶，其中包括 CBH Ⅰ 或者 Cel7A（60%），CBH Ⅱ 或者 Cel6A（15%）、EG Ⅰ 或者 Cel7B、EG Ⅱ 或 Cel5A（20%）以及其他微量组分（如 EG Ⅲ 或 Cel3A、Xyn Ⅰ 或 Xyn11A 以及 swollenin）。CBH Ⅰ 和 CBH Ⅱ 的区别在于是否能够适应降解不同种类的纤维素等底物的需要。

4.3.3 纤维小体

Clostridium thermocellum 是细菌纤维素水解酶系统的典型代表。这种纤维素酶系统由一个相对分子质量约为 200000 的蛋白依靠锚定-黏附机制形成，其蛋白具有脚手架结构、锚定阈、纤维素结合阈及许多黏附阈（cohesin domain）。锚定阈与细胞表面相连接，而 CBH 与 EG 等酶分子通过它们锚定阈的相互作用锚定。纤维小体的相对分子质量从（50～5000）×10^3 不等，许多纤维小体还可以通过相互之间锚定作用形成多聚纤维小体。纤维小体的催化域结构与真菌分泌的结构简单的多组分纤维素酶接近。共固定作用通过将纤维小体内纤维素降解相关的必需酶蛋白定位于相近的位置，提高酶分子之间的协同作用。但是，与简单的真菌纤维素酶系统相比较，这种结构限制了水解酶的运动能力，即使如此，与真菌分泌的简单多组分纤维素酶系相比较，这种超分子的纤维小体水解纤维素的能力依然很强[66,72]。

综上所述，一个高效的工业纤维素酶系统应该包括具有多种功能的酶，而且这些酶必须能够很好地进行协同作用。

4.3.4 CBH-EG-BG 系统的优化

纤维二糖不仅是 CBH 的抑制剂，也是可发酵性糖的前体，因此，一个完整的纤维素酶水解系统需要利用 BG 来水解纤维二糖。如何实现 CBH-EG-BG 三者之间的相互平衡对于提高纤维素水解效率来说至关重要。研究发现，通常 *T. ressei* 在纤维素诱导培养时至少能够分泌除两种具有 BG 活力的少量酶蛋白。同时，与封闭系统相比较，利用过滤作用去除小分子糖的边糖化透析设备能够有效地提高纤维素水解效率。纤维二糖是 CBH 的抑制剂，它在封闭体系中的积累会慢慢降低整个降解反应的速率。在封闭系统中对水解体系中外加米曲霉 BG（属于 GH3 家族）水解酸处理的玉米秸秆（PCS），与不添加 BG 的纤维素酶复合体相比较，当加入少量 BG（占总蛋白量百分数较少）时，仅利用一半量的纤维素复合酶就能获得相等的纤维素水解转化率[65]。

4.3.5 多酶复合物的设计使用

研究表明，基于酶协同作用能够搭建更为高效的工业复合酶系统，从而提高酶的总体催化效率。然而由于不同酶之间性质上具有差异，不能同时在同一环境下发挥作用，因此，目前构建人工复合酶系统仍然存在的弊端。相关的应用仍处于实验室研究阶段，因而本节仅对复合酶系统的设计使用方法进行简要说明。

进行酶复配的基本步骤如下[73]：

（1）选择酶种。针对特定酶解产物的收率目标选择合适的酶种。首先对底物进行单一酶种前处理，在各种生物酶单独处理的过程中，分别对酶用量、处理温度、pH 值等参数进行单因子实验，以确定最佳酶种及合适的工艺参数。

（2）不同酶种的相容性评价。在进行复合酶制剂的研制前，需要初步了解需要复配的各种酶相互之间的相容性以及彼此间的储存稳定性。首先，通过配料实验设计选择合适的复配对；其次进行相容性评价，以混合溶液完全透明为相容，有沉淀、浑浊为不相容；最后进行稳定性评价，将选出的复配制剂在室温下避光密封保存，按照存储时间的不同，对复配物以颜色、存在状态、有无分层、有无沉淀为标准进行稳定性评价。选出稳定、相容的复配酶制剂。

（3）复合酶配方的确定。根据原料的特性和降解的目的，选择可以相容的酶按照一定的比例进行复配。

（4）复合酶工艺参数的优化。对复合酶制剂前处理过程中影响较大的用量、温度、pH 值、配比、处理时间等因素做单因子实验，确定适宜的复合酶工艺参数。

以水解小麦阿拉伯木聚糖为例[74]，工艺设计的多酶复合物（minimal enzyme cocktail，MEC）包含四种关键酶。由于底物结构的轻微变化对多酶复合物的组成比例以及总使用量有不同要求。因此，根据四阶复合物设计得到的系统处理方法包含四种水解酶，其总的酶蛋白用量为 0.55g/kg$_{DM}$ 基质。例如，利用多酶复合物从水溶性小麦阿拉伯木糖中水解获得阿拉伯糖和木糖，复合物中四种酶的最佳配比为 20：2：20：40（Abf Ⅱ：Abf Ⅲ：Xyl Ⅲ：β-xyl）；若从水不溶性小麦阿拉伯木聚糖获得高糖得率，则上述四种酶在多酶复合物的最佳配比为 25：25：25：25。针对不同底物的不同复合酶及其酶解效果见表 4-1。

表 4-1　针对不同底物的不同复合酶及其酶解效果

底　物	Abf Ⅱ	Abf Ⅲ	β-xyl	Xyl Ⅲ	水解得率/mg·g$_{DM}^{-1}$	
					阿拉伯糖	木　糖
水溶性小麦阿拉伯木聚糖	20%	20%	40%	20%	343.7	548.7
水不溶性小麦阿拉伯木聚糖	25%	25%	25%	25%	162.5	286.5
酒　糟	10%	40%	50%		51.47	91.58

注：Abf Ⅱ 和 Xyl Ⅲ 源自 *H. insolens*，Abf Ⅲ 源自 *M. giganteus*，β-xyl 源自 *T. reesei*。且对于水溶性和水不溶性底物所用的酶蛋白总量为 0.55g/kg$_{DM}$，而对于酒糟所用酶总量为 0.45~0.55g/kg$_{DM}$。

4.3.6　酶反应器

以酶作为催化剂进行酶促反应的设备称为酶反应器（enzyme reactor）[30]。根据不同分类方法可将酶反应器分为很多不同类型。根据酶应用形式不同，可分为游离酶反应器和固定化酶反应器；根据操作方式不同，可分为分批式、连续式和流加式酶反应器；根据结构的不同可分为搅拌罐式反应器、固定床式反应器、流化床式反应器、鼓泡式反应器、膜式反应器、喷射式反应器等，不同结构反应器特点及应用对象各有不同[30,75]，见表 4-2。

表 4-2　酶反应器简介

反应器	形式名称	操作方式	主　要　特　征
均相酶反应器	搅拌罐	分批、半分批	反应器内的溶液用搅拌器混合
	超滤膜反应器	分批、半分批、连续	膜只允许低分子化合物通过而酶不通过，适用于大分子底物
固定化酶反应器	搅拌罐	分批、半分批、连续	固定化酶悬浮于溶液
	固定床/填充床	连　续	固定化酶填充在反应器内，底物溶液一般由下向上通入
	流化床	分批、连续	利用溶液的流动促使固定化酶在床内激烈搅动、混合
	膜反应器	连　续	膜状或者片状的固定化酶，组件形式有中空酶管、螺旋板、旋转圆盘型和平板型等
	鼓泡塔	分批、半分批、连续	将固定化酶颗粒悬浮保留在塔内，适用于有气体参与的反应

实际应用中，应当根据酶、底物和产物的特性以及操作条件和操作要求的不同来进行选择。游离酶催化反应使用最多的是搅拌罐反应器，对于那些产量有限、价格昂贵的酶，酶回收利用显得特别重要，可采用游离酶膜式反应器；对于那些有气体参与的酶催化反应，可以选择鼓泡式反应器；对于一些耐高温酶，则可采用喷射式反应器。

对于固定化酶反应器的选择，则应根据固定化酶的形状、颗粒大小和稳定性的不同等进行选择。搅拌罐式固定化酶反应器由于搅拌桨叶剪切力较大，混合剧烈，故只能用于那些结合比较牢固、载体机械强度高的固定化酶。流化床式反应器和鼓泡塔式反应器为使固定化酶颗粒保持悬浮均匀状态，则颗粒不宜过大，密度以接近液体密度为好。固定床反应器底部固定化酶所受压力较大，固定化酶具有一定的机械强度，此外，颗粒不能太小，以免流体阻力过大和阻塞反应器。

根产物相对分子质量较小时，可选用膜生物反应器，因为小分子产物可通过多孔膜，而酶或大分子底物可被截留，从而实现产物的在线分离。当底物或者产物为气体时，可以选用鼓泡式反应器。用膜生物反应器系统来水解纤维素类物质并回收和再利用纤维素酶是一个较完善的途径，利用适当相对分子质量超滤膜来截留纤维素酶和未水解的纤维素物质，而水解产物则可以透过膜，从而达到消除产物抑制，提高水解产率和再利用纤维素酶以降低生产成本的目的。但纤维素酶解的最终目的是利用酶解所产生的还原糖，因此，最终还原糖浓度的高低直接决定了后续工艺的难易程度。用传统的膜生物反应器进行纤维素酶解的一个缺点就是得到的还原糖浓度比较低，不利于后续工艺的进行。陈洪章等[76]以汽爆稻草秸秆为原材料,通过将几个酶解罐进行串联(见图4-3)来提高膜生物反应器里底物的浓度,从而提高最终还原糖的浓度。研究结果表明,最佳操作条件为:20FPU/g,酶解单元组成为4个酶解罐,稀释率为0.075/h。当酶解时间为24h时,在该条件下汽爆稻草秸秆的总转化率可以达到39.5%,与传统的批次酶解所得到的18%~21%的总转化率相比,提高了将近1倍。与只有1个酶解罐的膜反应器相比,还原糖的产量从0.25g/g提高到0.4g/g,提高了60%;最终所得还原糖的平均浓度从4.56g/L提高到27.23g/L,提高了5倍。

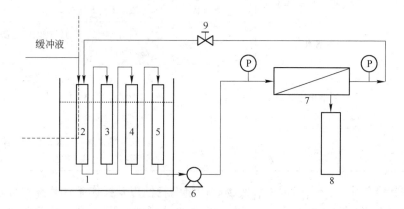

图4-3　串联酶解罐组成的生物反应器

1—恒温水浴锅;2~5—酶解罐;6—蠕动泵;7—膜组件;
8—糖液储罐;9—压力控制阀

参 考 文 献

[1] 谢敬. 纤维素酶的研究进展[J]. 化学工业与工程技术, 2010:46~49.

[2] 靳振江. 纤维素酶降解纤维素的研究进展[J]. 广西农业科学, 2007:127~130.

[3] 高培基. 纤维素酶降解机制及纤维素酶分子结构与功能研究进展[J]. 自然科学进展, 2003:23~31.

[4] 余兴莲, 王丽, 徐伟民. 纤维素酶降解纤维素机理的研究进展[J]. 宁波大学学报(理工版), 2007:78~82.

[5] Riedel K, Ritter J, Bronnenmeier K. Synergistic interaction of the Clostridium stercorarium cellulases Avicelase Ⅰ (CelZ) and Avicelase Ⅱ (CelY) in the degradation of microcrystalline cellulose[J]. FEMS microbiology letters, 1997, 147:239~243.

[6] Woodward J. Synergism in cellulase systems[J]. Bioresource Technology, 1991, 36:67~75.

[7] 希默尔 M E. 生物质抗降解屏障[M]. 北京:化学工业出版社, 2010.

[8] 杨浩萌, 姚斌, 范云六. 木聚糖酶分子结构与重要酶学性质关系的研究进展[J]. 生物工程学报, 2005:6~11.

[9] 赵月菊, 薛燕芬, 马延和. β-甘露聚糖酶的结构生物学研究现状和展望[J]. 微生物学报,

2009: 1131～1137.

[10] 李远华. β-葡萄糖苷酶的研究进展[J]. 安徽农业大学学报, 2002: 421～425.

[11] 薛业敏, 毛忠贵, 刘海丽, 等. α-葡萄糖醛酸酶的研究进展[J]. 林产化学与工业, 2002: 75～79.

[12] 裴建军, 薛业敏, 邵蔚蓝. 阿拉伯糖苷酶的研究进展[J]. 微生物学通报, 2003: 91～94.

[13] 杨冠东, 刘芳, 李荷. α-半乳糖苷酶的研究进展概况[J]. 现代食品科技, 2006: 275～276, 279.

[14] 陈艳. 乙酰木聚糖酯酶的优化表达及催化特性研究[D]. 南京: 南京林业大学, 2010.

[15] 曾薇, 陈洪章. 阿魏酸酯酶和纤维素酶在水解汽爆稻草中的协同作用[J]. 生物工程学报, 2009: 49～54.

[16] Poutanen K, Sundberg M. An acetyl esterase of Trichoderma reesei and its role in the hydrolysis of acetyl xylans[J]. Applied microbiology and biotechnology, 1988, 28: 419～424.

[17] Saha B C. Alpha-L-arabinofuranosidases: biochemistry, molecular biology and application in biotechnology[J]. Biotechnology Advances, 2000, 18: 403～423.

[18] Puls J. Chemistry and biochemistry of hemicelluloses: Relationship between hemicellulose structure and enzymes required for hydrolysis [J]. Macromolecular Symposia, 1997, 120: 183～196.

[19] Tenkanen M. Action of Trichoderma reesei and Aspergillus oryzae esterases in the deacetylation of hemicelluloses[J]. Biotechnology and applied biochemistry, 1998, 27: 19～24.

[20] 陈洪章. 纤维素生物技术[M]. 北京: 化学工业出版社, 2005.

[21] 池玉杰, 伊洪伟. 木材白腐菌分解木质素的酶系统——锰过氧化物酶、漆酶和木质素过氧化物酶催化分解木质素的机制[J]. 菌物学报, 2007: 153～160.

[22] 张辉. 木质素降解酶系研究新进展[J]. 天津农业科学, 2006: 8～12.

[23] 卢迪, 陈洪章, 马润宇. 秸秆质外体蛋白对纤维素酶活力的影响[J]. 生物工程学报, 2006: 257～262.

[24] Saloheimo M, Paloheimo M, Hakola S, et al. Swollenin, a Trichoderma reesei protein with sequence similarity to the plant expansins, exhibits disruption activity on cellulosic materials[J]. European Journal of Biochemistry, 2002, 269: 4202～4211.

[25] Levasseur A, Saloheimo M, Navarro D, et al. Production of a chimeric enzyme tool associating the Trichoderma reesei swollenin with the Aspergillus niger feruloyl esterase A for release of ferulic acid[J]. Applied microbiology and biotechnology, 2006, 73: 872～880.

[26] 姚强. 木霉纤维膨胀因子基因克隆表达及其与纤维素内切酶 CelA 催化功能机制的研究[D]. 济南: 山东大学, 2007.

[27] 刘发来, 范建平, 苏士, 等. 纤维素生物转化研究进展[J]. 安徽农业科学, 2008: 7059～7060, 7140.

[28] 阎伯旭, 高培基. 拟康氏木霉中内切葡聚糖苷水解酶的化学修饰[J]. 生物化学杂志, 1997: 302～307.

[29] Qiu W, Chen H. An alkali-stable enzyme with laccase activity from entophytic fungus and the

enzymatic modification of alkali lignin[J]. Bioresource Technology, 2008, 99: 5480~5484.

[30] 陈守文. 酶工程[M]. 北京: 科学出版社, 2008.

[31] 魏亚琴, 李红玉. 纤维素酶高产菌选育研究进展及未来趋势[J]. 兰州大学学报 (自然科学版), 2008: 107~115.

[32] 张喜宏, 刘义波, 高云航. 纤维素酶及纤维素酶产生菌选育的研究进展[J]. 饲料工业, 2009: 14~16.

[33] 陈洪章, 徐建. 现代固态发酵原理及应用[M]. 北京: 化学工业出版社, 2004.

[34] 徐福建, 陈洪章, 李佐虎. 纤维素酶气相双动态固态发酵[J]. 环境科学, 2002: 53~58.

[35] 徐福建, 陈洪章, 邵曼君, 等. 纤维素酶固态发酵环境扫描电镜观察[J]. 电子显微学报, 2002: 25~29.

[36] 曾青兰, 王志勇. 纤维素酶发酵工艺的研究进展[J]. 河北农业科学, 2009: 35~36, 42.

[37] 石乾乾. 纤维素酶和半纤维素酶高产菌株的筛选及其在生物质降解中的应用[D]. 上海: 华东理工大学, 2011.

[38] 全桂静, 赵航. 半纤维素酶高产菌株的筛选及产酶条件的研究[J]. 沈阳化工学院学报, 2010: 20~23, 57.

[39] 芦国营, 张朝晖, 洪伟杰. 固态发酵生产木质素酶研究进展[J]. 饲料工业, 2005: 29~33.

[40] 吴香波, 谢益民, 冯晓静. 白腐菌 Coriolus versicolor 的培养及产漆酶条件的研究[J]. 纤维素科学与技术, 2009: 12~19.

[41] Revankar M S, Lele S. Enhanced production of laccase using a new isolate of white rot fungus WR-1[J]. Process Biochemistry, 2006, 41: 581~588.

[42] Birhanli E, Yesilada O. Increased production of laccase by pellets of Funalia trogii ATCC 200800 and Trametes versicolor ATCC 200801 in repeated-batch mode[J]. Enzyme and Microbial Technology, 2006, 39: 1286~1293.

[43] Lorenzo M, Moldes D, Sanroman M. Effect of heavy metals on the production of several laccase isoenzymes by Trametes versicolor and on their ability to decolourise dyes[J]. Chemosphere, 2006, 63: 912~917.

[44] Rosales E, Couto S R, Sanroman M A. Increased laccase production by Trametes hirsuta grown on ground orange peelings[J]. Enzyme and Microbial Technology, 2007, 40: 1286~1290.

[45] Gassara F, Brar S K, Tyagi R D, et al. Screening of agro-industrial wastes to produce ligninolytic enzymes by Phanerochaete chrysosporium[J]. Biochemical Engineering Journal, 2010, 49: 388~394.

[46] Prasad K K, Mohan S V, Bhaskar Y V, et al. Laccase production using Pleurotus ostreatus 1804 immobilized on PUF cubes in batch and packed bed reactors: Influence of culture conditions[J]. Journal of Microbiology, 2005, 43: 301~307.

[47] Couto S R, Sanroman M A, Hofer D, et al. Stainless steel sponge: a novel carrier for the immobilisation of the white-rot fungus Trametes hirsuta for decolourization of textile dyes[J].

Bioresource Technology, 2004, 95: 67~72.

[48] Shin M, Nguyen T, Ramsay J. Evaluation of support materials for the surface immobilization and decoloration of amaranth by Trametes versicolor[J]. Applied microbiology and biotechnology, 2002, 60: 218~223.

[49] Couto S R, Moldes D, Liebanas A, et al. Investigation of several bioreactor configurations for laccase production by Trametes versicolor operating in solid-state conditions[J]. Biochemical Engineering Journal, 2003, 15: 21~26.

[50] Boehmer U, Suhardi S H, Bley T. Decolorizing reactive textile dyes with white-rot fungi by temporary immersion cultivation[J]. Engineering in Life Sciences, 2006, 6: 417~420.

[51] 李江华, 刘龙, 陈晟, 等. 角质酶的研究进展[J]. 生物工程学报, 2009: 1829~1837.

[52] 王义勋, 柳艳军, 陈敏, 等. 真菌角质酶研究进展[J]. 湖北林业科技, 2011: 35~39.

[53] Bund R K, Singhal R S. An alkali stable cellulase by chemical modification using maleic anhydride[J]. Carbohydrate Polymers, 2002, 47: 137~141.

[54] Bund R K, Singhal R S. Chemical modification of cellulase by maleic anhydride and N-bromosuccinimide for improved detergent stability[J]. Journal of Surfactants and Detergents, 2002, 5: 1~4.

[55] 李滨县. 修饰纤维素酶生物催化对薯蓣皂苷元转化的影响研究[D]. 天津: 天津大学, 2007.

[56] 花秀夫, 戈钧, 李苏, 等. 邻苯二甲酸酐修饰漆酶应用于降解蒽的研究[J]. 中国科技论文在线, 2007: 870~874.

[57] 熊亚红, 高敬忠, 郑坚鹏. 提高漆酶稳定性的化学修饰方法的研究[J]. 化学研究与应用, 2011: 985~990.

[58] 李旺, 张光勤. 纤维素酶基因工程研究进展[J]. 生物技术通报, 2011: 51~54.

[59] 刘稳, 高培基. 半纤维素酶的分子生物学[J]. 纤维素科学与技术, 1998: 9~15.

[60] 蔡红英. 青霉来源的半纤维素酶基因的克隆与表达[D]. 北京: 中国农业科学院, 2011.

[61] 陈晓曦, 曹以诚, 杜正平, 等. 同源建模在纤维素酶分子改造中的应用[J]. 生物物理学报, 2008: 85~91.

[62] 黄奋飞, 赵菁, 林生, 等. 纤维素酶的蛋白质工程改造的研究进展[J]. 安徽农学通报(上半月刊), 2011: 66~68, 82.

[63] 张晓勇, 陈秀霞, 高向阳. 纤维素酶的蛋白质工程[J]. 纤维素科学与技术, 2006: 55~58, 64.

[64] 平丽英, 柳志强, 薛亚平, 等. 酶的分子定向进化及其应用[J]. 基因组学与应用生物学, 2009: 1020~1025.

[65] Birgit Kamm P R G, Micheael Kamm. 生物炼制——工业过程与产品[M]. 北京: 化学工业出版社, 2007.

[66] 曲音波. 木质纤维素酶与生物炼制[M]. 北京: 化学工业出版社, 2011.

[67] Mosier N, Hall P, Ladisch C, et al. Reaction kinetics, molecular action, and mechanisms of cellulolytic proteins[J]. Recent Progress in Bioconversion of Lignocellulosics, 1999: 23~40.

[68] Goyal A, Ghosh B, Eveleigh D. Characteristics of fungal cellulases[J]. Bioresource Technolo-

gy, 1991, 36: 37~50.

[69] Wood T, McCrae S I. Synergism between enzymes involved in the solubilization of native cellulose[J]. Adv. Chem. Ser. , 1979, 181: 181~209.

[70] Chanzy H, Henrissat B, Vuong R. Colloidal gold labelling of 1,4-[beta]-D-glucan cellobiohydrolase adsorbed on cellulose substrates[J]. FEBS letters, 1984, 172: 193~197.

[71] Lee S B, Shin H, Ryu D D Y, et al. Adsorption of cellulase on cellulose: Effect of physicochemical properties of cellulose on adsorption and rate of hydrolysis[J]. Biotechnology and bioengineering, 1982, 24: 2137~2153.

[72] 陈洪章. 纤维素生物技术[M]. 2版. 北京: 化学工业出版社, 2011.

[73] 姚晓静. 酶制剂的复配技术及其在棉混纺织物上的应用研究[D]. 上海: 东华大学, 2010.

[74] Meyer A S, Rosgaard L, Sфrensen H R. The minimal enzyme cocktail concept for biomass processing[J]. Journal of Cereal Science, 2009, 50: 337~344.

[75] 梅乐和. 现代酶工程[M]. 北京: 化学工业出版社, 2006.

[76] 杨森, 丁文勇, 陈洪章. 膜生物反应器在汽爆稻草秸秆酶解中应用研究[J]. 环境科学, 2005: 161~163.

5 生物质生化转化细胞炼制平台

5.1 生物炼制

1982 年，生物炼制（bio-refinery）的概念在 Science 上首次被提出，生物炼制是利用农业废弃物、植物基淀粉和木质纤维素材料为原料，生产各种化学品、燃料和生物基材料。美国国家再生能源实验室（U. S. National Renewable Energy Laboratory，NREL）将生物炼制定义为以生物质为原料，将生物质转化工艺和设备相结合，用来生产燃料、电热能和化学产品集成的装置。目前，随着能源、资源、环境问题的日趋严峻，生物炼制已经成为世界各国的战略研究方向。世界各国纷纷启动了本国的生物炼制计划[1]。

微生物细胞工厂（microbial cell factories）是生物炼制技术至关重要的核心。细胞炼制以微生物细胞工厂为平台和物质基础。细胞炼制是以可再生资源为原料，通过微生物细胞转化制备人类所需的能源、药物、化工原料等等。第一台电子显微镜使人们了解到真核细胞是一个由膜和通道组成的复杂开放系统，其内部结构就像一座工厂。在生物界中，微生物的比表面积、转化能力、繁殖速度等指标均超出所有生物，因而具有极强的自我调节和环境适应能力。基于这种特性，许多"微生物细胞工厂"成功实现了服务于人类需求的细胞炼制，如放线菌（生产抗生素）、点青霉（生产青霉素）、谷氨酸棒状杆菌（生产赖氨酸、谷氨酸）、黑曲霉菌（生产柠檬酸）等等。为了更好地将这些特性服务于人类，人们利用已知的代谢调节机理对各种微生物进行改造，选出更优良的株系，生产出更多更好的产品，如图 5-1 所示[2]。

未来的生物质生化转化将是生物转化技术和化学裂解技术的组合，包括改进的木质纤维素分级和预处理方法、可再生原料转化的反应器优化设计、生物催化剂及催化工艺的改进。细胞炼制是一个典型的跨学科研究的交叉领域，它的发展需要生物学、化学和工程学科等领域的专家共同努力，将炼制过程的技术进行有效集成。

地球上的植物每年通过光合作用固定的碳达 200Gt，含能量达 3×10^{18} kJ，约为全世界每年所消耗能量的 10 倍。其中，秸秆是第一大有效收集的生物质资源，仅我国每年就有 7 亿多吨。如果能将这些丰富的秸秆资源转化为生物及化工产品的原料，将有望解决我国目前面临的资源和能源危机。然而，虽然许多国家的科学家进行了多年的努力，秸秆资源的高值化利用仍然没有实现。其主要障碍是秸

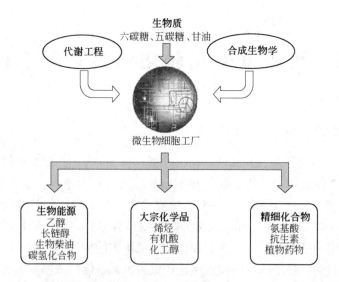

图 5-1　细胞炼制流程示意图

秆转化的技术和经济成本问题难以突破，这成为当今人类社会实现可持续发展必须突破的世界性科学难题和工程挑战。

　　传统发酵工业的原料主要是蔗糖和淀粉，目前秸秆等生物质炼制的兴起迫切希望将来源于纤维素的葡萄糖替代来源于淀粉的葡萄糖。秸秆等生物质产业欲取代传统石化产业结构，必须首先突破生物质作为新一代的生物及化工产业通用原料的问题。陈洪章研究员带领其课题组从秸秆原料的分子、细胞、组织等水平系统地分析了其在化学组成、物理性能和纤维素酶解的差异性[3]，揭示了秸秆组分非均一性是秸秆资源难以高值化利用的根本原因[4,5]，将传统的秸秆单一组分、整株利用模式发展成基于组分分离-分层多级转化的秸秆生物量全利用的高值转化技术体系[6~8]，引领了秸秆资源化高值化利用的研究方向，为建立面向新一代生物与化工产业的生物质原料炼制工业提供了完善的秸秆组分分离-分层多级转化科学理论和工程应用技术[9~11]，创建了秸秆等生物质炼制生物基产品生态产业链新型工业化模式。

5.2　细胞炼制

　　生物质生化转化细胞炼制工厂平台的生产流程：有机原料的输入→遗传信息的激活→代谢网络的出现→代谢物流的形成→有机产物的输出。其中微生物细胞工厂是实现生物质生化转化的平台基础。然而，自然界中野生型的微生物含有的酶系种类有限，转化效率与能力有限，不能满足工业生产的需要。要将微生物改造成用于生物炼制的细胞工厂，必须借助基因组学、代谢工程、系统生物学和合成生物学等新技术和新方法的最新发展，解析微生物的基因、蛋白、网络与代谢过程的本质，在分子、细胞和生态系统尺度上，多水平、多层次地认识和改造微生物自然代谢能力，经过人工控制的重组和优化，重新分配微生物细胞代谢的物质流和能量流，从而充分利用微生物广泛的物质分解转化能力与卓越的化学合成能力，高效地制备生物能源和替代石油化工原料的平台化合物，使其成为服务于生物炼制的细胞工厂。这样，丰富的生物质资源才有可能真正成为替代石油的工业原料，高效地制备生物能源（生物天然气、生物氢气、生物乙醇、生物柴油等）和平台化合物（乙烯、乳酸、富马酸、丁二酸、糠醛、1，3-丙二醇等）。

代谢是生命现象的基本特征，是生命活动的物质基础。微生物作为一个立体的细胞工厂，其主要代谢途径与原料利用、产物合成直接相关，但是细胞内的代谢途径往往不是独立的，而是存在于复杂的代谢网络中，受到各种各样的调控。这种调控是在转录水平、翻译水平、酶分子结构和酶含量等不同层次上受到调节的复杂过程，从而形成了一个精密的分子调控网络，保持代谢的动态平衡。为了使微生物细胞工厂能够定向、高效地生产人们所需要的目标生物产品和生物过程，就必须去干扰、改变或修饰微生物原有的调控体系，提高细胞工厂的效率。

微生物转化能力的强弱由其基因与环境因素共同决定，从基因的角度来看，长期进化的结果——微生物的基因（基因组）决定了其代谢功能具有为自身服务的本能，其代谢过程处于最经济的状态，一般不会过量积累不必要的代谢产物。而细胞炼制要求微生物细胞改变原有的代谢途径，将能量集中起来大量积累人类所需要的代谢产物（次级代谢产物）。因而，为实现对微生物细胞代谢功能的理性调节，需要深入了解代谢途径的分子调控机制，需要清楚掌握微生物自身的基因组以及与之相对应的具有生物学功能的酶等功能大分子间的相互作用和基本代谢网络结构，找出需要改造的代谢网络关键节点，发现微生物定向优化中需要改变的因素，提高生物炼制细胞工厂中的原料组分转化与特定产物合成能力，这对于提升细胞炼制的技术水平有着极其重要的意义。

5.2.1 细胞炼制的宏基因组学

宏基因组（metagenome）又称元基因组或环境微生物基因组，它是指环境中全部微小生物（目前主要包括细菌和真菌）DNA 的总和。宏基因组学（metagenomics）就是一种以环境样品中的微生物群体基因组为研究对象，不经过微生物培养阶段，采用直接提取环境中总 DNA，以功能基因筛选和测序分析为研究手段，以微生物多样性、种群结构、进化关系、功能活性、相互协作关系及与环境之间的关系为研究目的的新的微生物研究方法。

宏基因组技术的出现,使得人们对占微生物总体 99% 以上不可培养微生物的研究成为现实,微生物基因的可探测空间显著增大。总的来说,目前宏基因组技术的应用主要分为两个方面:一方面是筛选功能基因,开发具有所需功能的蛋白;另一方面是通过对宏基因组文库进行分析,探讨在各种环境下微生物间相互作用和微生物与周围环境间相互影响的规律,以便我们能更加客观、全面地认识微生物世界。

5.2.1.1 宏基因组学的基本策略

宏基因组学的基本策略是:

(1) 尽可能完全地抽提环境样品中的总 DNA 或 mRNA。

(2) 利用合适的载体将宏基因组 DNA 克隆到模式微生物中构建宏基因组 DNA 文库或 cDNA 文库。

(3) 通过外源基因赋予宿主细胞新的性状或基于某些已知 DNA 序列筛选,寻找新的目的基因簇或生物活性物质。

以筛选瘤胃微生物新的基因资源及其表达活性产物的一般流程为例, 宏基因组文库构建与筛选流程图如图 5-2 所示[12]。

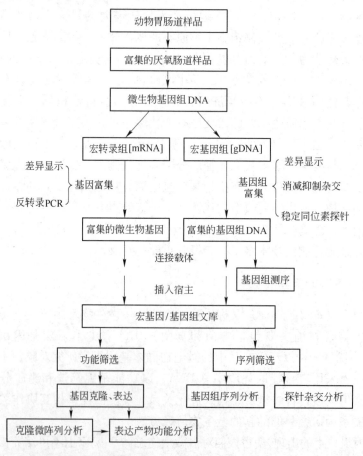

图 5-2 动物胃肠道宏基因组文库构建与筛选流程图

宏基因组学分析将使我们在系统上了解瘤胃微生物多样性、种群结构、进化关系、功能活性、相互协作关系及与环境之间的关系有更深入的了解；并为建立基于反应器操作、活性菌群变化和功能基因表达的多尺度厌氧消化过程控制手段提供支撑，对于厌氧功能微生物筛选和生物质厌氧转化过程的控制将起到指导性作用。

5.2.1.2 宏基因组文库的构建

宏基因组文库的构建沿用了分子克隆的基本原理和技术方法，并根据具体环境样品的特点和建库目的采取了一些特殊的步骤和策略。获得高纯度、高相对分子质量、高浓度的环境样品中的总 DNA 是宏基因组文库构建的关键之一，需要尽可能地完全抽提出样品中总 DNA 和保持其较大片段以获得完整的目的基因或基因簇。

目前，用于土壤或沉积物等环境样品 DNA 的分离提取主要是原位溶菌法和异位溶菌法。原位溶菌法将环境样品直接悬浮在裂解缓冲液中处理后抽提纯化，也称直接裂解法，适合用质粒或噬菌体为载体克隆。此法操作方便、成本较低、DNA 提取率高、偏差小，但由于机械剪切作用较强，导致所提取的 DNA 片段较小（1~50kb）。异位溶菌法先分离黏附在土壤、沉积物等样品中的微生物细胞，再用较温和的方法抽提 DNA，又称微生物细胞抽提法。在载体方面，构建宏基因组文库目前多采用质粒、粘粒载体、细菌人工染色体。其中细菌人工染色体BAC 载体可以克隆大片段的 DNA，增加了获得完整的指导分子如抗生素合成途径的编码基因或基因簇的机会，在宏基因组克隆表达中具有相当优势。

为了提高宏基因的表达水平便于重组克隆子活性检测，有研究者直接利用表达载体构建宏基因组文库，此外穿梭载体可扩大宿主范围而有利于外源基因的表达。宿主菌株的选择主要考虑转化效率、重组载体在宿主细胞中的稳定性、宏基因的表达、目标性状（如抗菌）筛选等因素。研究结果表明，不同微生物种类所产生的活性物质类型有明显差异，因此可根据研究目标不同选择不同的宿主菌株，如 70% 的抗生素来源于放线菌，若寻找抗菌、抗肿瘤活性物质应选择链霉菌为宿主菌，而大肠杆菌则用于新型酶的筛选等。

5.2.1.3 宏基因组文库的筛选

目前，用于宏基因组文库的筛选方法主要有基于序列筛选、基于功能筛选、化合物结构筛选和底物诱导基因表达筛选。基于序列筛选是根据已知相关功能基因的序列设计探针或 PCR 引物，通过杂交或 PCR 扩增筛选阳性克隆，从文库中获得目的基因，继而对之异源表达，得到具有生物活性的产物；基于功能筛选是根据重组克隆产生的新活性进行筛选，即先获得具有生物活性的阳性克隆，再进行相关测序分析得到相应的基因结构，进而获得完整的功能基因或带有目的基因的基因簇；化合物结构筛选则通过比较转入和未转入外源基因的宿主细胞或发酵液、提取液的色谱图不同进行筛选，但该方法筛选的物质未必具有活性；底物诱导基因表达筛选是利用底物诱导克隆子分解代谢基因进行筛选，这种方法可用于活性酶的筛选。

宏基因组学技术填补了不可培养微生物研究的空白，成为国际微生物学研究的热点，成为寻找新基因、开发新的生物活性物质、研究群落中微生物多样性的新途径。宏基因组学技术不依赖培养，从微生物的天然环境中直接提取基因组遗传物质，对微生物群体进行研究分析，丰富了人们对于微生物群体生态和进化的认识，最大限度地挖掘微生物资源，使环境微生物的研究不只集中在"确定它们是什么"，还能绕过培养环节而聚焦于"确定它们能做什么"。

Zehr J P 等[13]利用 GS LLX Titanium 高通量测序系统对海洋样品的宏基因组进行测序，发现了一种基因型全新的蓝藻物种，该种生物只专注于固氮，从基因可看出其无法进行产生氧气的光合作用。Mori T 等[14]以活化污泥为 DNA 来源构建宏基因组文库，获得 3 个抗争光霉素的克隆。Wexler 等[15]从废水处理场厌氧消化器获得 DNA，建立宏基因组粘粒文库，筛选出一种新的醇/醛脱氢酶。许跃强等[16]构建了造纸厂废水纸浆沉淀物的宏基因组文库，从中筛选出多个表达内/外切葡聚糖酶活性和 β-葡萄糖苷酶活性的克隆，并鉴定出 3 个新的纤维素酶基因。

当然，宏基因组学研究面临着诸多挑战。宏基因组文库更多的是不可培养微生物的基因信息，而不是菌体本身，对这些微生物的遗传背景几乎一无所知，无从研究其基因表达的调控机制，因而没有足够的信息使基因置于有效的表达调控下，外源宏基因在宿主细胞中不表达或检测不到表达都是极其可能的，这样就使得宏基因组文库的筛选漏掉了许多环境微生物的天然产物，这会影响宏基因组研究的结果。但是，随着宏基因组技术的完善、进步，其应用价值将不断提升。

5.2.2　细胞炼制的代谢工程

基因工程的问世极大地推动了微生物发酵产业的发展，它使得微生物代谢途径中特定酶反应的遗传改造成为可能。然而，微生物发酵生产涉及的是微生物整个代谢网络中多个酶反应的协同作用。单一（或多个）酶反应的遗传改造很多时候在提高微生物发酵性能时起到的作用非常有限。微生物极其丰富的生物多样性决定了它们具有代谢产物多样性，随着足够序列信息的获得，这些生物的代谢途径将被构建出来，引导我们采取有效的策略去培养这些生物。

Jay Bailey 和 Gregory Stephanopoulos 于 1991 年最先提出了代谢工程（metabilc engineering）的概念："利用重组 DNA 技术，有目的地操纵细胞的酶、转运和调控功能，从而改善细胞的活性。"随着技术的发展，代谢工程的定义不断被后来的学者所修正。

代谢工程的实质在于对代谢流量及控制进行定量分析，并在此基础上进行代谢改造，最大限度地提高目的代谢产物的产率。与传统的诱变育种技术不同，它是一种有目的、有理性的改造，涉及生理学、分子生物学、生物化学及生物途径工程学等多门学科。代谢工程理论涉及的主要内容包括：

（1）生物合成相关代谢调节和网络理论；

（2）代谢流分析、节点分析；

（3）碳源、呼吸系统、氧化还原重新设计；

（4）中心代谢产物作用机理及相关代谢分析。

值得注意的是，代谢工程不同于基因工程最重要的区别有两点：

（1）代谢工程是基于细胞代谢网络的系统研究，更多地强调了多个酶反应的"整合"作用。

（2）在完成代谢径的遗传改造后，代谢工程还要对细胞的生理变化、代谢通量进行详细分析，以此来决定下一步遗传改造的靶点，通过多个循环，不断地提高细胞的生理性能（发酵能力）。

现在越来越多的生物基因测序的完成及功能基因组学研究的进展正把代谢工程研究引入一个新时代。但无论如何发展，怎样有效地调控细胞代谢网络，从而改善细胞性能（如提高细胞发酵生产能力、扩大底物利用范围、优化生理性能、合成新化合物），始终是代谢工程的核心思想，也是微生物细胞炼制中的核心问题。

代谢工程的原理与方法是在对基于功能基因组信息重建的代谢网络系统分析的基础上，采用 DNA 重组技术改造细胞代谢系统。其主要包括三个关键步骤：一是遗传修饰，性能改进的重组菌的构建；二是代谢分析，重组菌的代谢途径分析，特别是其性能与原菌种性能的比较；三是设计策略，为下一步基因工程的目标进行设计。这三步构成一个循环，实际进行时可根据具体情况从其中任一步开始，如图 5-3 所示[17]。

代谢工程研究通常包括两部分，一部分是对细胞体系进行系统分析。细胞的代谢网络是一个非常复杂的系统，细胞的代谢方式可能会影响基因的表达，反之，基因的表达也会通过控制代谢途径相关的酶，影响代谢方式的选择。所以，代谢工程的分析部分除了分析细胞内的代谢流走向以外，还要利用转录组学和蛋白组学手段对细胞内基因的表达进行系统分析，揭示基因表达与代谢途径之间的相关性。另一部分是根据分析结果对目的菌株进行遗传改造，改变代谢流向，开辟新的代谢途径，构建可用于工业生产的优良菌株[18]。

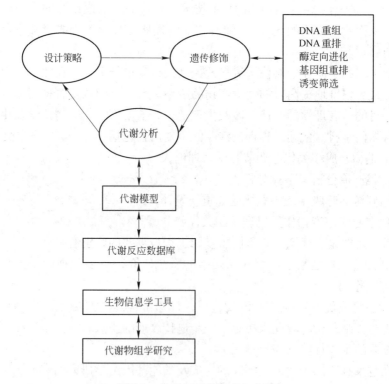

图 5-3 代谢工程的原理与方法

5.2.2.1 代谢网络理论

代谢网络理论把细胞的生化反应变成网络整体而不是孤立地考虑。细胞代谢的网络由上万种酶催化的反应系统、膜传递系统、信号传递系统组成，并且既受精密调节，又互相协调。各种代谢都不是孤立地进行的，而是相互作用、相互转化、相互制约的完整、统一、灵敏的调节系统。代谢网络分流处的代谢产物称为节点，其中对终产物起决定作用的少数节点称为主节点。

5.2.2.2 代谢流分析及中间产物分析

代谢流分析是代谢分析的一个重要手段，它假定细胞内的物质、能量处于一拟稳态，通过测定胞外物质浓度，根据物料平衡计算细胞内的代谢流，放射性标记、同位素示踪等技术的应用使代谢流分析更简便。通过对细胞在不同情况下（如改变培养环境、去除抑制、增加或减少酶活等）代谢流的分析可确定节点类型、确定最优途径、估算基因改造的结果、计算最大理论产率等。对于简单的反应系统，通过对所有的代谢网络的精准分析及平衡计算就可以得到满意的结果。但是，对于比较复杂的代谢系统，途径分析就显得较为棘手。随着计算机技术的飞速发展，也使代谢分析的手段多样化，自动化程度越来越高。途径工程往往从产生目的代谢产物的最后一步反应分析着手，解除产生终产物的瓶颈效应。这样，代谢中间产物作为生物合成的前体及能量供应者，其转向终产物的碳流大小将最终决定终产物的产率。中间代谢产物的代谢流改变会受到细胞的抑制，并引起胞内功能的严重干扰，一些中间代谢产物在细胞信号传导和系统调节中可能起着极其重要的作用，所以，在进行代谢改造时，对中间代谢产物在细胞内的作用绝对不能小视。

5.2.2.3 代谢控制分析

代谢流分析揭示了代谢的静态分布，而代谢控制分析则针对细胞内外环境的不稳定性，揭示了细胞代谢的动态变化规律。弹性系数和流量控制系数是代谢控制分析研究的两个主要指标。弹性系数揭示了代谢物浓度变化对反应速率的影响程度。流量控制系数则为单位酶变化量引起的某分支稳态代谢流量的变化，可用来衡量某一步酶反应对整个反应体系的控制程度。这两个系数相互关联，可直接或间接测定[19]。

在微生物基因组学研究和深入的基础上，代谢工程技术进行特定化合物生化转化的代谢途径与代谢网络的研究，开发微生物初级代谢产物、次生代谢产物与重要生物基化学品；开展微生物酶蛋白或全细胞的生物催化功能研究，进行重要酶蛋白产生菌株的菌种优化、酶基因改造与高效表达、开发新的工业酶制剂。Galazka 等[20]将粗糙脉孢菌纤维二糖、寡糖特异转运蛋白 CDT1、CDT2 转入酿酒酵母，使原本不能利用纤维二糖的酵母可以利用纤维二糖发酵生产乙醇，这样直接发酵纤维二糖，可以节约能量，提高纤维素全糖发酵效率以及对缓解纤维素酶的反馈抑制有所帮助，为生物质燃料的规模化生产提供了新思路。

由于微生物细胞内存在着复杂的、非线性的、在酶和调控子及代谢物之间未知的相互作用，从而使代谢途径的优化极为困难，这是代谢工程面临的严重挑战。不断涌现的基因组学、转录组学、代谢组学新方法、新手段大大地促进了代谢途径的优化，尤其是系统生物学的发展，提供了从全局规模上深刻认识微生物生理和代谢特性的工具，从而为代谢工程的发展完善创造了前所未有的机遇。

5.2.3 细胞炼制的系统生物学技术

如何在认识微生物代谢调控机理的基础上，通过定向改变和优化微生物细胞的生理功能以实现目标代谢产物生产的高产量（有利于产物的后提取）、高产率（有利于降低原料成本）和高生产强度（缩短周期、降低能耗、提高生产率）的有机统一，对于以细胞炼制为核心内容的生物质生化转化技术来说，具有非常重要的意义。

细胞本身是一个受到严格调控、多通路、多层次的网络系统，能在很大程度上对抗外界扰动，这无疑降低了基因改造的效果，因此，要想使代谢工程取得更大的进展，就必须不断加深对细胞生理活动规律的认识。随着各种高通量实验技术的广泛应用，产生了海量的基因组、转录组、代谢组数据，与此同时，逐步完善的生物信息学方法，从大量数据中挖掘有价值信息的能力不断增强，加深了人们对微生物细胞生理活动规律的认识，系统生物学应运而生。系统生物学的出现使代谢工程从局部通路水平上升到整体水平，代谢工程也因此进入了新的发展阶段——系统生物技术时代。

系统生物学（systems biology）是研究一个生物系统中所有组成成分（基因、mRNA、蛋白质等）的构成以及在特定条件下这些组分间相互关系的学科。换而言之，以往的实验生物学仅关心基因和蛋白质的个案，而系统生物学则要研究所有的基因、所有的蛋白质、组分间的所有相互关系[21]。利用系统的方法对其进行解析，综合分析考察实验的数据来进行系统分析，整合各个层次组学数据，建立一定的数学模型，并利用其对真实生物系统进行预测来验证模型的有效性，从而揭示出生物体系所蕴涵的奥秘。此外，还可以通过比较不同菌株或同一菌株在不同条件下基因组、转录组、蛋白组或代谢组的差异以阐明生命活动规律，在此基础上，对影响表型的靶基因进行改造，得到符合预期的表型。用系统生物学的方法来研究微生物内在的生理变化、微生物之间的相互作用以及微生物与外界环境相互作用的关系，其最大的特点是全域性研究，这种全域性的研究可以发掘微生物生物合成的调控基因，为菌种改进、重构微生物基因组及表达调控系统提供更全面的理论基础。

传统方法改造菌株随机性很大、费时费力。随着人们对代谢途径和调节机制认识的深入，代谢工程通过过量表达或敲除代谢途径关键酶基因，实现了代谢网络的定向优化，但对于多基因决定的性状难以实现理想的效果，尤其是对于控制机制不是很清楚的代谢途径，无法找到合适的基因靶点进行操作。反向代谢工程的发展通过对性能提高的突变体的代谢途径进行分析，寻找提高菌株生理性能的关键靶点，从而实现代谢途径的定向改造，也取得了一定成功，但仍有不足。

近年来发展的基因组改组和细胞全局转录工程为菌种改造提供了新的思路，这些定向进化技术应用于微生物代谢工程使人们可以更精细地调节基因表达水平，并可同时改变细胞内多个基因的转录水平，即通过对菌株基因组规模的重组或者基因组规模的转录水平的控制获得代谢网络优化的菌株，但以上这些操作仍然涉及突变的不定向性并需对大量突变体进行筛选。而且，由于细胞内部代谢网络的相互作用和调节机制的存在，一些与代谢途径表面上似乎没有关系的基因，其表达水平或者表达产物也可能对代谢网络的优化具有重要的影响，同时，过量表达某一个基因或者某几个基因可能引起代谢网络整体平衡的失调，从而影响代谢工程的成功。

寻找那些影响代谢途径优化的关键基因，并且达到对代谢网络的平衡调控，是代谢工程操作的重要研究内容。系统生物学的发展，已经可以使人们从基因组规模去全面理解细胞的代谢网络，包括组成代谢途径的结构基因、细胞代谢复杂的调节机制以及遗传和环境扰动对细胞全局代谢的影响，从而建立组学规模的代谢模型，对可能的基因工程操作效果进行评价和预测，并通过对基因工程操作后获得的菌株的代谢网络进行分析，从而更好地指导代谢工程操作手段，改善细胞的生理功能和生产性状，提高生物乙醇、生物丁醇、有机酸、氨基酸等发酵产物的产率与效率，提升生物发酵水平，最终获得满足工业化需要的菌种和加工工艺流程。

典型系统生物技术应用于细胞炼制中代谢工程的策略分为以下 3 轮步骤：

（1）构建起始工程菌。这一阶段和前面提及的传统代谢工程策略类似：通过分析局部代谢网络结构对局部代谢途径进行改造（如通过敲除竞争途径减少副产物的生产）、优化细胞生理性能（如解除产物毒性和反馈抑制效应）等。利用系统生物学研究思想指导菌株改造的流程如图 5-4 所示。

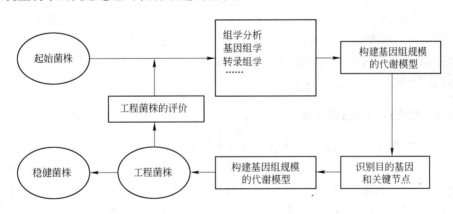

图 5-4　利用系统生物学工具改造菌株的流程

（2）基因组水平系统分析和计算机模拟代谢分析。如前所述，各种高通量组学分析技术的联合使用能有效地鉴定出提高细胞发酵生产能力的新靶点基因和靶点途径。与此同时，通过使用基因组水平代谢网络模型也可以模拟分析出另外一些新的靶点基因。需要强调的是，这两种系统分析方法鉴定出的靶点基因很多都是和局部代谢途径不相关的，用传统的代谢分析是不可能鉴定出来的。

（3）工业水平发酵过程的优化。第一轮和第二轮的微生物发酵都是在实验室条件下进行的，其发酵性能和大规模工业发酵相比有很多差异。规模扩大后经常会有高浓度的副产物产生，因此还需要再进行下一轮代谢工程改造来优化菌种的发酵能力，进一步提高细胞发酵的产率、速率和终浓度，以达到工业发酵的要求。

近年来，利用系统生物学研究获得的信息指导代谢工程操作、定向设计全新的代谢途径进行生化转化应用于生物质细胞炼制取得了很大进展。

琥珀酸（丁二酸）是在三羧酸循环中由草酰乙酸还原形成的平台化合物，Hong 等[22]对大量生存在缺氧而富含二氧化碳的牛瘤胃中的细菌 *Mannheimia succiniciproducens* 的全部 2314078 对基因序列进行了测定，不但明确了这种细菌的基因图谱，还明确了这种细菌适于在瘤胃中存活的主要新陈代谢途径，该菌能产生大量的琥珀酸，同时也伴随着其他一些有机酸的产生，为提高琥珀酸的生产，基于全基因组序列的结果构建了包含 373 个反应和 352 个代谢物的代谢模型，代谢流分析结果表明，二氧化碳和磷酸烯醇式丙酮酸羧化成草酰乙酸对细胞的生长同样重要，基于这一结果从基因组的角度提出了菌种 *M. succiniciproducens* 的系统生物学改进策略。

酿酒酵母是生产燃料乙醇最常用的工业宿主，也是微生物模式生物之一。Jens Nilson 研究小组[23]构建了酿酒酵母基因组规模的系统生物学模型，设计了降低甘油产率、提高乙醇收率的代谢工程操作策略，进一步的代谢工程研究发现，在酿酒酵母中过量表达链球菌 *Streptococcus mutants* 的 3-磷酸甘油醛脱氢酶基因 GAPN 获得的突变体，甘油收率下降了 40%，乙醇收率提高了 3%，在混合糖发酵基因工程菌中过量表达此基因，利用葡萄糖、木糖混合糖发酵生产乙醇的收率提高了 25%。

5.2.4 细胞炼制与合成生物学

合成生物学（synthetic biology）是从人们长期以来对生命的了解和认识发展而来的，基于对基因和蛋白质等生命体基本组成元件的结构和功能信息的不断深入认识，以天然的生物元件为素材，以分子生物学和遗传工程等现代生物技术为支撑平台，在寻求思维和技术创新的需求下，合成生物学研究应运而生。2000年，首次成功制造出类似电路的人造基因调控网络标志着合成生物学正式诞生[24,25]。然而其真正进入大众视野，还是源于美国生物学家克雷格·文特尔的研究报道[26]：在实验室中人工合成长度 1080kb 的丝状支原体基因组，并将其植入去除了遗传物质的山羊支原体细胞内，创造出历史上首个"人造单细胞生物"，取名为"Synthia"，这宣告了第一个不依赖天然基因模板、人工合成的具有自主复制能力的细菌诞生。

合成生物学是以基因工程技术为核心，以工程学思想为指导，综合分子生物学、基因组学、生物信息学和系统生物学技术，利用基因和基因组的基本要素及其组合，设计、改造、重建或制造生物分子、生物体部件、生物反应系统、代谢途径与过程乃至具有生命力的细胞、个体等生物系统，从而开辟了廉价生产药物、化学品、功能材料或能源替代品等的生物制造途径[27]。

合成生物学与传统生物学通过解剖生命体以研究其内在构造的思路不同，合成生物学的研究是从最基本的要素开始，逐步构建生物体的零部件直至人工生命系统。合成生物学与基因工程在内涵上是有区别的：基因工程是把一个物种的基因延续、改变并转移至另一物种体内；而合成生物学的目的在于组装各种生命元件来建立人工生物体系，让它们能像电路一样在生物体内运行，使生物体能按预想的方式完成各种生物学功能[28]。

合成生物学的研究目标非常明确：从头合成新的生命体，或者对已有生命体进行工程化改造，从而实现新的功能。为了实现这些目标，科学家们从不同层次、不同角度进行了探索。目前，合成生物学的研究主要集中在 3 个方面[29]：（1）生物元件标准化及生物模块的设计与构建；（2）最小基因组研究；（3）基因组的设计、合成与组装。如果将"重构生命"比作制造汽车，那么生物模块就像汽车的引擎、活塞、曲轴等"零部件"，而基因组则是装载这些零件，并使其协同发挥作用的"底盘"，"零部件"为汽车提供各种性能，稳固的"底盘"为"零部件"有效地发挥其性能以及各"零部件"之间的相互协调提供强有力的保障，两者对于汽车高效的工作均必不可少。

5.2.4.1 生物元件标准化及生物模块的设计与构建

按照一定标准或规范（包括对前缀、后缀、特殊位点、组装方式等的规定）设计和构建（寡核苷酸订制、PCR 或 de novo 合成）生物元件（包括启动子、终止子、蛋白编码序列等常见 DNA 组分），并对该生物元件进行详尽的描述（如序列、特性、获取途径等）及质量控制测试等，使其具有特征明显、功能明确且能与其他元件进行自由组装等特性，这些过程称为生物元件的标准化。当合成生物学的"零件"——生物元件的参数被确定及标准化，生物模块的设计与构建就会变得容易而可靠。细胞中启动子与抑制子之间相互作用的关系表现出与电路系统中开关和振荡器等类似的特性，基于这类特性，对标准化的生物元件进行不同层次的设计和组装，能够产生与工程学电路研究中类似的系统。这样的生物系统其输出的可控性和可预测性均在一定程度上得到了提高。生物模块构建既包括新的生物元件、设备或系统的从头设计与构建，也包括对现有自然界中的生物系统进行重新设计和改造。一些自然物质和非自然物质的设计或人工合成也被认为是合成生物学的研究内容之一，如人工核糖体的合成。

5.2.4.2 最小基因组研究

新的生物模块需要在一个合适的载体细胞（也称为"底盘"细胞）中进行表达。理想的载体细胞应该具有精简、健壮的基因组结构，即"最小"基因组，从而最大程度降低噪声干扰，降低研究问题的复杂度，提高对所设计系统的可控性和可操作性。最小基因组是指在最适宜条件下维持细胞生长繁殖所必需的最小数目的基因。因此，最小基因组研究的核心就是确定基因的必需性。根据基因必需性的信息，一方面可以对现有的基因组进行有目的地精简，删除非必需的基因组片段（"自上而下"策略）；另一方面也可以对必需基因进行重新设计、合成与组装（"自下而上"策略），这两种方法是目前公认的实现最小基因组构建的两种策略。当然，这个"最小"的概念是相对的，并不是绝对的。此外，不存在可以适用于各种生物学用途的通用底盘。随着 DNA 测序技术的发展，越来越多的微生物基因组被测序，为针对特定问题选择合适的"底盘"细胞，并对其基因组进行最小化研究提供了重要的基础。

5.2.4.3 基因组的设计、合成与组装

合成生物学研究，不管是生物模块构建还是最小基因组研究，归根结底都是对基因组序列的操作。要想实现"工程化生命"，对基因组的操作技术，尤其是基因组测序技术、DNA 合成技术必不可少。基因组测序技术使得我们能够"阅读"生命的"天书"，帮助我们认识复杂的生命系统；在此基础上，通过计算机建模与模拟，实现对生命体电子杂交（in silico）水平的设计与改造；而 DNA 合成技术则使得我们能够根据电子杂交设计重新"书写"生命的天书。这一技术体系的建立和完善是合成生物学发展的重要前提之一。

综上所述，围绕合成生物学研究目标，合成生物学各研究内容之间互为联系：生物元件标准化及生物模块的设计与构建使得我们在深入认识复杂生命体系的基础上，实现对生命体有目的的设计与改造；最小基因组研究为新设计的生物模块的功能实现提供了理想的表达载体；而合成基因组技术则为前面二者的实现提供了坚实的技术支撑，三者互为促进，从而最终实现了具有特定功能的、有实际应用价值的崭新生命体。

当前，合成生物学的产业化应用已经初现端倪，在医药、生物能源、化学品和农业领域展示了良好的发展前景，合成生物学的应用，正是"细胞工厂"理念的延伸。合成生物学可以通过构建"人工细胞"的方法，解决诸如能源、材料、环保等社会问题。

Zhang 等[30]利用合成生物学原理，将 13 个已知的酶组成一个新的催化体系，使淀粉和水在温和条件下产生氢，再通过燃料电池产生电能，这使生物制氢应用于汽车领域，生物氢气可能成为驱动汽车的绿色能源。Keasling 等[31]通过合成生物学方法对大肠杆菌进行改造，让它将单糖生成为更复杂的生物燃料——脂肪酯、脂肪醇和蜡。同时又让大肠杆菌来分泌半纤维素酶，进而将纤维素转化为生物燃料。Liao 等[32]在大肠杆菌中重新构建了异丁醇的产生途径，利用葡萄糖，

以非发酵途径合成支链高级醇类生物燃料。

设计和构建成功的基因线路需要植入底盘细胞内，利用最小化基因组信息构建的底盘细胞成为新功能合成途径的装配工厂，只有高效的工厂才能生产出来高价值的产品。在此过程中，底盘生物又与新生物功能途径协调进化，相互适配，最终达到新生命系统的自我融合，按照人们的意愿高效生产功能产品且具有比较高的可调性，这是生物质生化转化细胞炼制工厂平台研究者能够直接看到的、最梦寐以求的目标。

实际上细胞内部基因的表达调控、代谢网络如同蜘蛛网一样繁杂精细，往往是牵一发而动全身。功能基因的表达和细胞代谢网络的复杂程度也非电路板可比。正因如此，即便在生命科学高度发达的今天，文特尔将已经精简的"最小基因组"移植到掏空遗传物质的支原体体内，实验进展也不是一帆风顺。因此，合成生物学还有很长的一段路要走。

5.3 细胞功能全能性——人工细胞

生物质生化转化细胞炼制平台，利用细胞功能的全能性，在微生物细胞的作用下，将底物转化成特定产物的过程，实质是生物体系中酶的催化作用。微生物细胞催化由于多样性和易操作性的优点在工业上得到了迅速的应用，但是也存在以下几方面的问题：底物跨膜的通透性大小影响最终的转化率，副反应导致底物或产物的降解，存在旁路反应和副产物积累的问题，这些问题在一定程度上限制了微生物全细胞转化在工业上的应用。

从分子角度来看，基因和蛋白质是实现细胞功能的基本原件，蛋白质还是细胞功能的载体。因此，构建任何类型的细胞，都必须以蛋白质为核心。酶是细胞炼制活动的执行者（体现者），酶等生物大分子包裹或固定于半透膜中即构成了人工细胞。

酶催化转化与微生物转化是利用生物质可再生资源生产能源、化学品、材料等的两条重要的生物法途径。与微生物过程相比，酶催化转化过程的途径清楚、副产物少、操作简单、产率高、易于过程集成和优化。通过将微生物中涉及目标产物的酶提取出来用于催化反应，可限制副产物的产生，提高目标产物的转化效率。酶催化过程已经在工业中获得了较多的应用，但仍然存在以下障碍，限制了酶在工业上更广泛的应用[33]：（1）酶在细胞外由于脱离了细胞内的环境，往往很难保持长期的稳定性，容易失去活性，尤其在油相或油-水界面，更容易失去活性；（2）反应速率较化学反应慢；（3）由于酶需要提取和纯化，同时重复利用率低、成本高，涉及辅酶体系时成本进一步增高；（4）现有的工业应用大多局限于单酶催化体系，多酶体系应用困难，限制了更多高附加值产品的开发。

实现酶的大规模工业应用迫切需要克服影响酶工业化应用的障碍，实现酶的高效利用。这不仅需要使单个酶在各个体系（水相、油相、油-水界面等）发挥其最高活性，而且需要实现酶的重复利用、实现多酶的协调反应和辅酶再生。

5.3.1 多酶反应体系

现有人工生物转化大多由单酶和单细胞完成，效率较低，而天然生物转化的经济性和能量利用高效性是由多酶或多细胞系统完成的。多酶反应耦合普遍存在于自然界中，生物体中的物质代谢和自然界中生物的共生现象都是由各种各样的多酶体系所维系的。它是一个高效而精确的系统，高度协调地维持着一系列酶反应之间的平衡。微生物体内多酶体系在催化过程中表现出高选择性、高效率和高度协调性，为构建多酶反应体系、优化改造生物催化过程提供了借鉴。多酶反应体系越来越多的应用于需多步单酶催化完成的生化反应中，以提高反应的总收率，缩短反应时间，减少原料和能源的消耗。

目前多酶体系在氨基酸、有机酸、光学活性醇酮、核酸、甾体类化合物等生物合成方面应用的研究已有许多报道，包括了医药、食品、环境保护等领域，但国内成功应用于工业化的仅局限于淀粉、蛋白质水解和酒精发酵。因此多酶偶联反应体系具有良好的发展潜力。

在生物转化中，根据构建多酶体系所用酶的来源不同，可将多酶偶联反应体系划分为自偶联反应和种间偶联反应两个体系[34]。

5.3.1.1 自偶联反应体系

自偶联反应体系是指利用同一微生物体内的多个酶实现酶反应的偶联。该体系通过人工筛选得到同时具有多个高活性酶的单一菌株，或把不同来源的酶基因在同一菌株中重组表达获得高活性的菌株，实现细胞内的反应偶联和目标产物的高效生物转化。

自偶联多酶反应体系由于只利用一种微生物，要求一种微生物必须同时具有多种高活性酶，要提高整个体系的效率，就必须同时提高多个酶的催化活性，虽然通过基因重组技术可以实现不同酶在同一个菌株中的共表达，但由于微生物细胞本身遗传机制的保守性，使得改造的难度较大，在实际操作中很难达到预期目标，因此使自偶联多酶体系的应用受到了限制。

5.3.1.2 种间偶联反应体系

种间偶联反应体系是指反应所需的多个酶分别存在于不同微生物中，是在异种微生物之间构建的偶联反应体系。种间偶联反应体系可分为辅因子再生偶联体系和底物偶联反应体系。

辅因子偶联反应即在辅因子 ATP 和 NAD(P)H 参与下才能完成的酶反应过程

中，通过与辅因子再生偶联反应保证主反应的进行。

在底物偶联多酶反应体系中，可以从来源广泛或成本低廉的化合物出发，以一种酶催化得到合成中间体，中间体经另一种酶催化得到目标产物，该体系减少了中间体的分离提取步骤、缩短了反应流程，可以大大降低分离成本并减少环境污染。

种间偶联反应体系相对于自偶联多酶体系具有以下优点：首先，在辅因子再生体系的构建中，由于烟酰胺类辅因子是生物体代谢过程中电子传递的关键辅酶，其代谢和再生是受到微生物自身精确调控的，在单一细胞中以比较固定的比例作用于各个反应，采用单细胞自偶联多酶体系是很难满足其再生循环需求的。而对于种间的多酶偶联体系，由于异种微生物间的生长和代谢不存在关联，在一定的调控作用下完全有可能实现多酶反应之间的耦合，烟酰胺类辅因子再生系统的成功应用，使手性醇实现了规模化制备。其次，由于反应所需的多个酶系分别来自不同种类的微生物，构建种间多酶偶联体系所需微生物的选择具有很大的多样性、灵活性。同时，种间多酶偶联体系可以通过基因重组技术分别提高不同微生物中特定酶的活性，相对降低了技术难度。因此，种间偶联多酶体系具有更好的发展潜力。目前，对多酶偶联反应体系的研究主要集中于种间偶联反应体系。

借鉴自然界微生物中高度协调的多酶反应体系，利用不断发展的基因工程技术及酶定向进化技术，多酶体系的构建将趋向于各种酶反应因素的高度协调，这也将推动多酶体系在氨基酸、有机酸和医药中间体等精细化学品的产业化进程。

5.3.2 载体固定化

利用物理或化学手段将游离细胞定位于限定的空间区域（固定在合适的不溶性载体上）并使其保持活性和可以反复使用，这种技术称为细胞固定化技术。它是在固定化酶技术的基础上发展起来的。1959 年，Hattori 和 Furusaka 首次将大肠杆菌 *E. coli* 吸附在树脂上，实现了细胞的固定化。此后，这一技术在能源、环境、食品、医药、化学等领域显示出广阔的发展前景。固定化细胞也逐渐应用于生物质生化转化，沈雪亮等[35]将富含纤维二糖酶的黑曲霉孢子和德氏乳酸杆菌细胞共同固定在海藻酸钙凝胶珠中，偶联共固定化细胞体系与纤维素原料的酶水解体系，利用这种组建成新型串联式生物反应器发酵乳酸，反复分批协同反应试验表明共固定化细胞具有持续、稳定、高效的乳酸生产能力，可以重复利用。

5.3.2.1 传统固定化方法

目前经常采用的微生物固定化方法主要有吸附法、包埋法、交联法和共价结合法[36]。

吸附法是利用带电的微生物细胞和载体之间的静电作用使微生物细胞固定的

方法。该方法操作简单，反应条件温和，微生物固定过程对细胞活性的影响小，但结合不牢固，细胞易脱落，并且所固定的细胞数目受所用载体的种类及其表面积的限制。

包埋法是将微生物细胞包埋在水不溶性的凝胶聚合物孔隙的网络空间中，通过聚合作用，或通过离子网络形成，或通过沉淀作用，或改变溶剂、温度、pH值使细胞截留。凝胶聚合物的网络可以阻止细胞的泄漏，同时能让底物渗入和产物扩散出来。这种固定化方法操作简单，能保持多酶系统，且对微生物细胞的活性影响较小。这种方法是目前制备固定化微生物最常用、研究最广泛的方法。

交联法主要是使微生物细胞与带有两个以上的多官能团试剂进行反应，在它们之间形成共价键，从而把微生物细胞固定。此法反应条件比较激烈，对微生物细胞活性影响大。

共价结合法是微生物细胞表面的官能团（如氨基、羧基、巯基、羟基、咪唑基和酚基等）和载体的化学基团之间形成化学共价键连接，从而形成固定化细胞。该法微生物细胞与载体之间的连接键很牢固，使用过程中不会发生脱落，但反应条件激烈、操作复杂、控制条件苛刻。

5.3.2.2　固定化载体的选择

理想的微生物固定化载体应具备以下条件：寿命长，机械强度高，具备一定的容量，价格低廉；性质稳定，不易被生物降解；固定化过程简单，常温下易于成形，固定化过程及固定化后对微生物无毒；生化及热力学稳定性好；基质通透性好，沉淀分离性好；具有惰性，不能干扰生物分子的功能。

细胞固定化技术的关键在于所采用的固定化载体材料的性能，目前所采用的固定化载体材料主要有有机高分子载体、无机载体和复合载体、微胶囊固定化载体三类[37]。

A　有机高分子载体

有机高分子载体分为天然高分子载体和合成有机高分子载体，这类载体在包埋法中应用最为广泛。

（1）天然高分子载体，一般对微生物无毒性，传质性能好，但强度低，厌氧条件下易被微生物分解，寿命短。常见的有琼脂、明胶、角叉莱胶、海绵、甲壳素、海藻酸钠、壳聚糖等。

琼脂包埋细胞操作方法简单，对细胞无毒性，具有较大空隙，可以允许高分子物质的扩散，但机械强度和化学稳定性差。

海藻酸钠是一种应用广泛的固定化载体，具有化学稳定性好、无毒、包埋效率高等优点，适用于固定活细胞或敏感细胞，但其凝胶在使用过程中不能抵抗细胞生长所必需的高浓度的磷酸盐和 Na^+、K^+、Mg^{2+} 等阳离子，不耐热、易破碎溶解，凝胶强度不够，不利于固定化细胞的多次利用。

壳聚糖生物相容性好，可在室温下凝胶化，在磷酸盐缓冲液、Na^+、K^+、Mg^{2+}存在下均稳定，可得高密度、高活性固定化细胞，目前已逐渐作为细胞固定化载体用于工业生产。

（2）合成有机高分子凝胶载体，抗微生物分解性好，机械强度高，化学稳定性好，但传质性能较差，在包埋细胞的过程中会降低细胞的活性。常见的有聚丙烯酰胺、光硬化树脂、聚乙烯醇、聚丙烯酸凝胶等。

聚丙烯酰胺（ACAM）凝胶具有良好的机械、化学和热稳定性，但由于丙烯酰胺单体对细胞有一定的毒害作用，且交联过程中的放热以及交联试剂本身的毒性，细胞在固定化过程中往往失活，因此其作包埋剂的研究较少。对此，可采用先用琼脂包埋细胞后，再用ACAM包埋的二次固定法，以克服此缺点。

聚乙烯醇（PVA）凝胶强度较高，化学稳定性好，抗微生物分解性能强，相对于ACAM凝胶，对生物的毒性很小，细胞的活性损失小，是目前国内外研究最为广泛的一种包埋固定化载体。

B 无机载体和复合载体

无机载体如多孔陶珠、红砖碎粒、沙粒、微孔玻璃、高岭土、硅藻土、活性炭、氧化铝等，大多具有多孔结构，利用吸附作用和电荷效应将微生物或细胞固定。此类载体具有机械强度大、对细胞无毒性、不易被微生物分解、耐酸碱及寿命长等特性。这类载体多用于吸附法固定化细胞。

复合载体是由有机载体材料和无机载体材料结合而成，实现了两类材料在许多性能上的优势互补。有学者以玉米芯和海藻酸钠作为复合载体采用吸附包埋实现了对红曲霉菌细胞的固定。

C 微胶囊固定化载体

在众多固定化体系中，微胶囊固定化备受关注[38]，一层微囊外膜包裹着合适的液体环境，内部各种细胞协调生长和代谢，实现各种生化反应，外膜承担着隔离、保护和物质传递的功能。因此，微胶囊体系就像一个虚拟的"细胞工厂"，从外界吸收营养成分，通过内部复杂的代谢反应，合成特殊产物，最后排放到膜外。

硫酸纤维素钠（sodium cellulose sulfate，NaCS）/聚二甲基二烯丙基氯化铵（poly-dimethyl-diallyl-ammonium-chloride，PDMDAAC）微胶囊体系具有生物相容性好、制备方法简单、物理化学性质稳定、机械强度好等优点，采用该体系进行了多种细胞固定化培养研究，产物包括乙醇、乳酸、谷氨酸、1,3-丙二醇、苏云金杆菌、溶栓酶等，发现该体系尤其适用于厌氧培养。

5.4 细胞间协同作用

微生物是工业生物技术的核心。微生物的发酵转化需要性能优良的菌种。早期的微生物发酵转化研究主要是筛选天然的高产菌株，进而通过化学诱变和高效筛选技术来获得高效发酵能力的突变菌株。这些传统的菌种选育技术有着极大的局限性，导致微生物发酵产物种类非常有限，主要集中在乙醇、丙酮、丁醇、甘油、有机酸、氨基酸和抗生素等代谢物，鉴于此，研究人员开始关注转化过程中的混合培养。

在细胞炼制工厂平台中，两种或多种微生物细胞协调同步起作用获得竞争优势，其效果比每种微生物细胞单独作用的效果之和大得多，这种现象称为微生物细胞间协同作用，即微生物混合培养（发酵）。在长期的实验和生产实践中，人们不断地发现很多重要的生化过程仅靠单株微生物不能完成或只能微弱地进行，必须依靠两种或多种微生物共同培养来完成，简称混菌培养或混菌发酵。

微生物混合发酵在生产实践上应用广泛，它可以代替许多情况下单菌发酵所不能进行的生产，也会从不同菌株混合培养过程中产生新的物质，这主要是由于多菌发酵是一个生物混合体系，体系中的微生物之间大多具有生长代谢协调作用。

单一菌种发酵对原料、设备和能源的利用率较低，尤其相对于多菌种制剂发酵，在上述方面造成的浪费更大，将会大幅增加菌剂的生产成本，影响多菌种菌剂的发展，多菌种混合发酵可以克服上述缺点，但目前对混合发酵的研究以及混合培养条件优化方面较少。

5.4.1 混菌发酵的特点

混菌发酵的特点包括：

（1）获取某些纯种发酵无法获得的产物。现代发酵工业中，纯种发酵占了很大的比例，但在长期的生产实践中，人们发现有些产物只能是多菌混合发酵的产物，纯种发酵很难得到，如已广泛应用于生产的维生素 C 二步发酵法，其中的第二步发酵，即由 L-山梨糖转化形成 2-酮基-L-古龙酸是两种菌混合发酵的过程。一种菌是氧化葡萄糖酸杆菌，另一种菌是巨大芽孢杆菌，两种菌性状不同，作用也不一样，任一种菌单独培养，均不能转化形成古龙酸，两种菌混合培养，经适应协调，即可顺利完成古龙酸的转化。

（2）混菌发酵促进产物的转化，提高产率。混菌发酵中所用两种或多种菌之间有共生作用或营养作用，并能克服中间产物累积对发酵产物生成的不利影响，不同的菌株组合后，酶活大大提高，主要原因是采用混菌发酵利用了不同菌株作用效果的差异，使得混菌发酵产酶能力大大高于单一菌株，提高了产率。

利用微生物混合发酵产纤维素酶，已被证明是充分利用天然纤维素资源的有效方式，工业上多采用真菌作为生产菌种，其产生的纤维素酶通常是胞外酶，酶一般被分泌到培养基中，用过滤和离心等方法就可较容易地得到无细胞酶制品，其中木霉纤维素酶产量高、酶系全，故被广泛应用，以真菌混合发酵产纤维素酶为例，总结混菌发酵机理[39]如下：

1）混菌发酵减弱酶的反馈抑制作用。纤维素酶在水解纤维素产葡萄糖的过程中，葡萄糖和纤维二糖对纤维素酶有强烈的反馈抑制作用，这就影响了纤维素的水解速度和程度。如将能分解纤维素的菌与能利用葡萄糖和纤维二糖的菌混合发酵，在发酵过程中，由于葡萄糖和纤维二糖被另一种菌吸收利用，从而大大减弱了酶的反馈抑制。所以，就纤维素分解而言，混合发酵比单一纯种培养发酵更快、更彻底。

司美茹等[40]在研究假丝酵母对黑曲霉和烟曲霉固态发酵中纤维素酶及淀粉酶活性的影响，结果表明，接入少量假丝酵母，可大幅度提高两种曲霉菌纤维素酶体系中滤纸酶、羧甲基纤维素酶、微晶纤维素酶及淀粉酶的活性。其原因是酵母菌利用了水解形成的纤维二糖等小分子还原糖，解除了纤维二糖对纤维素酶和淀粉酶合成的阻遏，从而提高了发酵产物的酶活性。混合培养时，在黑曲霉和烟曲霉中，除黑曲霉的滤纸酶和淀粉酶外，其余纤维素酶和淀粉酶的产酶高峰期较单纯培养提前24h出现，接入酵母菌加快了发酵进程，使发酵周期缩短。而且接入酵母菌后，黑曲霉和烟曲霉固态发酵产物中细胞外可溶性蛋白质峰值含量较无酵母菌接入时分别提高34.8%和41%；且细胞外可溶性蛋白质含量随发酵时间的变化趋势与纤维素酶及淀粉酶的活性变化趋势吻合，揭示了混合培养时，纤维素酶及淀粉酶活性提高是酶蛋白合成与分泌量增加的结果。

2）酶系互补、总酶活力高。在真菌发酵生产纤维素酶研究过程中发现，虽然木霉是公认最好的纤维素酶生产菌，但它仍存在两方面不足，一是木霉的毒性嫌疑大，二是木霉普遍存在产生的β-葡萄糖苷酶活性偏低。许多曲霉属菌株，如黑曲霉（*Aspergillus niger*）等都能产生高活力的β-葡萄糖苷酶，而且，曲霉是公认的产纤维素酶活较强的安全菌株。有学者对木霉和曲霉混合培养，不仅使β-葡萄糖苷酶活力比单纯培养木霉时提高3.2倍，而且内切纤维素酶和纤维二糖水解酶活性也同时增长24%和5%。

3）互利共生。混合发酵菌种的组合选择常包括纤维素分解菌、木质素分解菌、增加蛋白菌等。产纤维素酶菌株多选用木霉包括康宁木霉、绿色木霉等，也可用曲霉、烟曲霉、黑曲霉。木质素分解菌有侧孢霉、白腐菌等。蛋白的提高常用酵母菌，如产朊假丝酵母、热带假丝酵母、啤酒酵母等不同的菌株组合后，混合菌间互利共生，使酶系比例协调，从而使得酶活可以大大提高。蒲一涛等[41]将固氮菌（*Azotobacter sp.*）和纤维素分解菌（*Trichoderma pseudokoningi* Rifi）进行混合培养，观察到两菌的生长及固氮菌的固氮作用均高于两种菌各自单独培养，与固氮菌在土壤中固氮能力比纯培养条件下高的实际情况相符。出现这种情况的原因是，固氮菌除了能固定大气中的氮素外，还能形成维生素和异生长素，不仅能刺激农作物的生长发育，也能加强其他根际微生物的生命活动，而土壤中的有机质约一半是纤维素，纤维素分解菌可以将这些物质分解成简单的物质，作为固氮菌的碳源，二者互利共生，产量均得到提高。

4）提高产率。涂璇等[42]研究了两种曲霉二元混菌体系对纤维素酶系3种酶组分活性的影响。结果表明，两种霉菌按一定比例接种进行混合发酵时，3种纤维素酶组分的活性较单菌发酵大幅度提高，滤纸酶、微晶纤维素酶和羧甲基纤维素酶的活性分别较单菌发酵时提高 $2.2\% \sim 51.1\%$、$20.7\% \sim 332.6\%$ 和 $29.4\% \sim 29.6\%$。

5.4.2 混合发酵的注意事项

相对于微生物单菌发酵，混合发酵可利用微生物的多样性实现菌种与菌种之间的协同作用，尽可能提高转化率和产量，但也有一些需要引起注意的地方[43,44]。

（1）菌种组合。混合发酵菌种组合常选择纤维素分解菌、木质素分解菌、蛋白增加菌等。产纤维素酶菌株多选用木霉，也可用曲霉、烟曲霉、黑曲霉或宇佐美曲霉等。木质素分解菌主要有侧孢霉、白腐菌等。常用酵母菌可提高蛋白含量，如产朊假丝酵母、热带假丝酵母、啤酒酵母等。菌种搭配时应注意菌株之间的相容性，尽量选用习性相近的微生物菌种。

（2）发酵条件。发酵过程中的温度、pH值、时间、水分等因素及其交互作用对发酵影响显著。对固态发酵而言，温度是首要因素。因此，首先必须根据所采用的菌种组合及原料的特点调整好培养基的起始pH值、含水量；其次，需根据微生物的最佳生长繁殖温度设定好培养温度；最后，需明确微生物产生目标代谢产物的最佳时间，并根据实际情况确定发酵时间。

（3）发酵原料预处理。由于一般混合发酵采用的原料多为纤维素类生物质资源，因此，在发酵前有必要对原材料进行充分的物理、化学处理，从而达到将纤维素、半纤维素、木质素等分离，使后续的酶解反应更顺利。通常采用的处理方法包括蒸煮法、酸/碱处理法、有机溶剂处理法、生物法和湿氧化法等。另外，秸秆材料中的营养成分并不能完全满足微生物生长繁殖的需要，因此还要添加适当的碳源（如麸皮等）和氮源（如尿素等），以便提高产物的酶活力和蛋白含量。对于好氧性较强的微生物，添加适量的膨胀剂（如膨润土等）也是必要的。

从工业化角度来看，混合菌群发酵比纯菌种发酵培养条件简单，操作方便，且可以利用不同菌群的协同效应扩大底物范围、提高产物转化效率，但混合菌群发酵的复杂程度显著增加，现有的研究需要更加深入、广泛。

5.5 细胞炼制工厂构建

细胞炼制是以可再生生物质资源为原料，利用复杂的微生物代谢网络与调控网络，分解利用生物质，合成一系列替代化石产品的能源与化工产品。微生物细胞工厂是细胞炼制技术的核心。

所谓"工厂"，就是能够生产或制造某种产品或者进行某种处理程序的场所。因此，一般意义上的"工厂"应该具备特定的生产线以及相应的动力等辅助系统，并且需要在一定的管理程序下才能正常运转，尤其重要的是"工厂"的各要素是根据人的意志"设计"进行的，可以根据需求设计生产线及辅助系统等，并调控生产进度。"细胞工厂"也具备相应的组成要素[45]。所谓细胞工厂（cell factories）是通过解析微生物的基因、蛋白、网络与代谢过程的本质，并经过人为的重组、优化，重新分配微生物细胞代谢的物质流和能量流，系统、深入、全面地改造细胞，构建一个能够生产替代石化给料产品的生物炼制微生物工厂，能够高效地制备生物能源和替代石油化工原料的平台化合物，用以解决人类面临的日趋严峻的能源、资源和环境问题。

微生物是地球上分布最广的物种，其种属多样性和遗传多样性决定了其代谢多样性。微生物在地球物质循环中起着不可替代的关键作用，在长期进化中获得了各式各样的营养吸取方式，利用其酶系可以分解利用生物质的全部组分，将生物质转化为生物能源（生物氢、生物乙醇、生物柴油等）、重要的化工原料（如乙烯、1,3-丙二醇等）或高分子聚合物等产品。当然，生物质原料组成丰富，包括多种物质并含有羟基、羰基、苯环等含氧基团，比石油原料只含—$(CH_2)_n$—线性聚合结构，能提供更多开发新产品的机会，更有利于进行化学改造、生产各类化工产品[46]，如图5-5所示。

微生物细胞工厂的生产能力是决定其能否和石化制造相竞争的最主要因素。一个高效的细胞工厂必须具备以下6点重要属性：

（1）生理遗传背景清晰、易于遗传改造，有很好的遗传稳定性。这样我们才能有效地对细胞工厂进行遗传改造，提高其生产能力，拓展其产品范围。因此，细胞工厂的构建多在遗传背景相对清晰的模式微生物（如大肠杆菌）的基础上进行。

（2）生长速度快，合成代谢能力强，有很高的生产产量、生产速率和产率，这样才能够降低生物制造的成本。

（3）发酵工艺简单，易于操作，从而降低设备投资和操作运营成本。

（4）能利用简单的无机盐培养基，能利用便宜的碳源，从而节约生产成本。

（5）能使用纤维素为原材料，不与人争粮。因此，细胞工厂要能利用木质纤维素中的所有糖组分。

（6）生理性能优越，能够耐高温、高渗透压、高产物浓度、低pH值，从而在各种生产环境下均能高效运转。

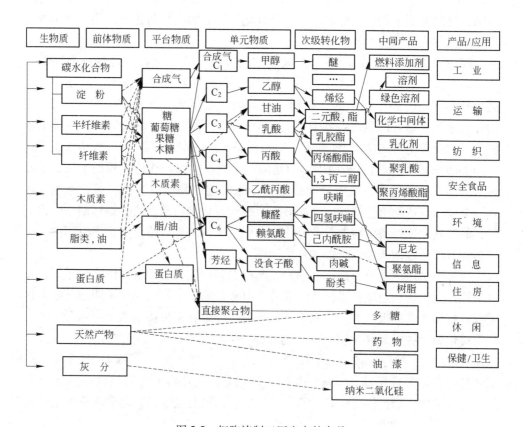

图 5-5　细胞炼制工厂生产的产品

5.5.1　微生物细胞特性的改造

生物炼制平行于石油炼制，主要借助于微生物的自然能力并重组微生物细胞，使之通过一系列的生物化学途径（类似于石油炼制中的裂解、裂化、重整等单元操作），利用生物质原料替代石油原料，高效转化为燃料、材料或平台化合物等各类化学品。这需要对微生物细胞特性加以改造，满足工业化生产的需要。

5.5.1.1　优化菌种耐受性能，减少代谢副产物合成

微生物在发酵生产过程中必然会遭受一些抑制细胞正常生长及产物合成的不利环境因素，细胞对不利环境的耐受性是一种非常复杂的表型，通过对不同环境中生长的菌株的转录组进行比较，往往可以发现那些和表型密切相关的基因，从而使研究者可以更好地通过代谢工程来增强菌种对不利环境的耐受性。Hirasawa 等[47] 比较了两株具有不同乙醇耐受性的 *S. cerevisiae* 转录组差异，利用聚类分析方法发现色氨酸合成基因的表达水平与乙醇耐受性紧密关联。过量表达色氨酸合

成基因可以使乙醇耐受性低的菌株对 5% （体积分数）的乙醇具有耐受性，而且外源添加色氨酸并同时增强表达色氨酸透性酶同样可以增加其对乙醇的耐受性。Hirasawa 等[48]还通过分析高盐条件下两株不同渗透压耐受性 *S. cerevisiae* 的转录组，发现钠离子泵与铜金属硫蛋白基因与菌体渗透压耐性密切相关，提高上述基因的表达水平可显著提高菌株的渗透压耐性。利用酿酒酵母通过厌氧发酵生产乙醇时，甘油是副产物。在厌氧条件下，甘油的形成使 NADH 转化成 NAD^+，由 GDP1 和 GDP2 基因编码 NADH 产生 NAD^+ 的 3-磷酸甘油脱氢酶，将磷酸二羟基丙酮转化成 3-磷酸甘油，Valadi 等通过打断 GDP2 基因从而减少了甘油的产生，但是细胞生长速度也减缓。而 GDP1 和 GDP2 基因双缺失型菌株不能在厌氧条件下生长，于是，Nissen 等[49]在 *Azotobactervinelandii* GDP1 和 GDP2 基因双缺失型菌株中构建了一个产生 NAD^+ 的新途径，从而使甘油的形成减少了 40%。

5.5.1.2 扩大底物利用范围

扩大菌株的底物利用范围对于利用生物质资源生产生物基化学品具有重要的意义，一些微生物对木糖、半乳糖等底物快速利用的表型（尤其是在厌氧条件下）也涉及复杂的基因表达变化。Bro 等[50]利用转录组分析了具有不同半乳糖摄取速率的 *S. cerevisiae* 菌株，鉴定出编码葡糖磷酸变位酶的 PGM2 基因为新的靶标，通过增强该基因的表达使工程菌半乳糖摄取速率提高了 70%，该研究还表明，如果对底物消耗速度不同的多株菌株同时进行转录组分析，则获得有用信息的效率将大为提高。Bengtsson 等[51]比较了 4 株具有不同木糖利用能力的 *S. cerevisiae* 与正常菌株的转录组差异，发现有 13 个基因的表达在 4 个菌株中都发生了变化。在正常菌株中相应过表达或缺失这些差异基因，发现有 5 个基因可有效提高菌株对木糖的利用能力。

5.5.1.3 生产异源代谢产物

Eliasson 等[52]从可以进行木糖代谢的 *P. stipitis* 中分离到 XYL1 和 XYL2 基因，这两个基因分别编码依赖于 NAD（P）H 的木糖还原酶和依赖于 NADH 的木糖醇脱氢酶，插入到 *S. cerevisiae* 后除编码这二者外，还可过量表达内生的 XKS1 基因（编码木酮糖激酶），允许 *S. cerevisiae* 菌株 TMB3001 厌氧生长并发酵产生乙醇，同时过表达导致了木糖利用的减少并降低了 ATP/ADP 比率[53]。

5.5.2 细胞炼制工厂的设计

为了获得一个高效的微生物细胞工厂，需要经过设计、构建和优化三个步骤。在明确了产品目标后，首先面临的问题是如何设计出高效生产目标产物的细胞工厂。微生物的代谢网络非常复杂，大部分微生物的发酵产物都是多种化合物的混合物，因此需要在系统研究微生物代谢网络的基础上对其进行改造，从而使它能高效专一地生产目标产品。系统研究微生物代谢网络最有效的方法是构建代谢网络模型。微生物全基因组序列的测定以及基因功能注释工具的开发使得我们可以构建基因组水平的代谢网络模型，从而大大提高了我们分析代谢网络结构的能力。到目前为止，科学家们已经完成了大约 20 个微生物的代谢网络模型。这些模型使我们能够从系统水平上认识复杂的微生物代谢网络、预测细胞生理属性、预测遗传改变或环境扰动后细胞的代谢应答、模拟筛选出遗传改造的靶点基因，从而为细胞工厂的设计奠定良好的基础。

5.5.3 细胞炼制工厂的构建

代谢网络模型的建立及计算机模拟分析为细胞工厂的设计提供了基础，细胞工厂构建的具体实施则需要通过对其进行遗传改造来完成。常用的遗传操作手段有基因敲除、基因高效表达、基因整合、基因表达调控（转录水平和转录后水平）等。基因敲除和基因整合是构建微生物细胞工厂时广泛使用的两个有力工具。基因敲除可以用于失活竞争途径，从而使代谢通量更多地流入目标产品的生产。基因整合则可以将外源基因片段引入到细胞工厂中，外源基因可以赋予细胞新的能力、形成新产物的合成、增强细胞的抗逆性等，从而使其能够生产以前不能合成的产品。基因表达调控是另一个常用的遗传改造策略。通过构建具有不同表达强度的启动子文库以及控制转录后的过程，如转录终止、mRNA 降解和翻译起始等，可以对基因表达的强度进行调控，从而控制代谢通量的分布，更有效地合成目标产品。

李寅等[54]通过二型内含子的方法失活丙酮丁醇梭菌的限制修饰系统，实现了非甲基化质粒在丙酮丁醇梭菌中的转化，进而分析了基于非复制型质粒的同源重组、基于复制性质粒的同源重组、反义 RNA 技术和二型内含子基因失活技术目前存在的缺陷，指出提高转化效率是丙酮丁醇梭菌遗传操作系统改造的关键突破口，并对如何发展丙酮丁醇梭菌的高效遗传操作系统提出了建议。

微生物的 DNA 转化是导入外源基因的方法，目前对微生物转化主要有化学法和电转化法。这些方法存在感受态细胞准备时间长、处理过程容易导致细胞活性降低、处理后要有温育等缺点。赵宗保等[55]开发了一种基于海泡石的微生物 DNA 转化的方法。海泡石是一种矿石纳米材料，价格便宜、来源丰富，且对人体无害。这种转化方法无需感受态制备和处理后的温育过程，可得到比钙转更高的转化率。该方法也可用于探索其他用钙转和电转未成功的微生物，从而拓宽了生物炼制细胞工厂的来源。

基因组混组是一种新的细胞工厂改造方法。通过循环原生质体融合等手段，使得不同菌株来源的基因组能够得到充分重组，增加将正向突变整合到同一重组子中的机会。杨晟等[56]考察了枯草芽孢杆菌多轮融合过程中基因组混组程度改变的影响。通过比较天蓝色链霉菌、乳杆菌基因组混组的结果，并结合计算机模拟循环融合过程指出，要达到较充分的枯草芽孢杆菌基因组混组效果，需要以突破微生物细胞间高频重组操作技术为基础。

表面展示（surface display）是一种有价值的基因操作技术，它使表达的外源肽以融合蛋白形式展现在细胞表面。芽孢表面展示技术作为微生物表面展示技术的一种，因所表达的异源蛋白无需经过跨膜过程及芽孢的抗逆性等独特优势而备受研究者的关注。徐小曼等[57]介绍了芽孢的生理结构和形成过程、芽孢表面展示系统构建原则及目前所构建的芽孢表面展示系统种类。由于枯草芽孢杆菌是安全的益生菌，因此枯草芽孢杆菌表面展示技术在生物催化和细胞工厂研究领域将越来越受重视，也为高附加值化合物的工业生产提供了重要参考。

5.5.4 细胞炼制工厂的优化

通过细胞工厂的设计和构建，可以获得一个初级的细胞工厂，然而其生产能力和生理性能还有很多不足，由于细胞工厂是人工设计的能够进行物质生产的微生物代谢体系，由于在细胞中引入多个基因或整条代谢途径，可能导致代谢失衡、部分代谢中间产物积累等问题，远不能达到工业化生产的要求，因此必须对细胞工厂进行优化。姜天翼等[58]从转录、翻译以及使用人工合成的支架蛋白质对代谢途径中的各个组件进行模块化控制三个层次阐述了协调优化多基因表达策略。通过添加人工支架蛋白优化各个组件是最近发展的细胞工厂优化新技术，该技术可以精密控制并优化代谢途径中多个酶的化学计量数比，平衡途径中各个环节的流量，还可以缩短各个酶之间的空间距离，形成底物通道，从而极大地提高细胞工厂的生物合成效率。

附加值较高的精细化学品的微生物合成已经是一种比较成熟的技术了，这些过程往往生产条件比较精细，生产量较小，生物合成具有一定优势。大宗化学品的生物炼制工艺往往不能达到这种精细的工艺条件，而且要求产量足够高，培养基组成及操作工艺足够简单。这就要求降低工业菌株的营养需求，并提高其底物及产物耐受性等，即提高细胞工厂的工业适应性。近年来，极端环境微生物的研究为细胞工厂的工业适应性改造奠定了一定的基础，但完全适应工业需求真正实现工业应用仍是未来细胞工厂研究的重要方向，研究并提高细胞工厂的工业适应性，才能真正应用于生物炼制领域，使之发展成为高产、高效、经济的现代工业生物技术产业。

生化转化产业化的进一步发展离不开核心生产装置——生物反应器，具有先进的生物过程优化和放大能力是生物反应器的核心性能。由于在生物反应器中所发生的反应是在分子水平的遗传特性、细胞水平的代谢调节和反应器工程水平的混合传递等多尺度（水平）上发生的。因此，如何利用生物反应器中的多参数检测技术和在线计算机控制与数据处理技术，将细胞在反应器中的各种表型数据与代谢调控有关的基因结构研究关联起来，是反应器过程优化与放大的重要内容，也是当前国内外竞相发展的、具有原创性的知识产权技术，其对促进生物技术产业的发展具有重要意义。

综上所述，开发高效微生物细胞工厂能够极大地提升目前工业微生物的生产能力和生理性能，降低生物制造的生产成本，拓展生物制造的产品范围。随着新技术的迅速发展，微生物细胞工厂的开发技术也将越发完善，其必将极大地推动传统石油化工制造行业的产业升级，为人类社会的可持续发展作出巨大的贡献。

参 考 文 献

［1］ Kamm B, Gruber P R, Kamm M. 生物炼制：工业过程与产品［M］. 北京：化学工业出版社，2007.

［2］ 张学礼. 构建高效细胞工厂 提升生物制造水平［OL］.［2010-05-17］. http：// news. sciencenet. cn/ sbhtmlnews/2010/5/232185. html.

［3］ Chen H Z, Li H Q, Liu L Y. The inhomogeneity of corn stover and its effects on bioconversion ［J］. Biomass and Bioenergy, 2011.

［4］ Chen H Z, Qiu W H. Key technologies for bioethanol production from lignocellulose［J］. Biotechnology Advances, 2010, 28：556～562.

［5］ Chen H Z, Qiu W H. The crucial problems and recent advance on producing fuel alcohol by fermentation of straw［J］. PROGRESS IN CHEMISTRY-BEIJING, 2007, 19：1116.

［6］ Jin S Y, Chen H Z. Superfine grinding of steam-exploded rice straw and its enzymatic hydrolysis ［J］. Biochemical Engineering Journal, 2006, 30：225～230.

［7］ Jin S Y, Chen H Z. Fractionation of fibrous fraction from steam-exploded rice straw［J］. Process Biochemistry, 2007, 42：188～192.

［8］ 陈洪章. 生物基产品过程工程［M］. 北京：化学工业出版社，2010.

［9］ 陈洪章. 生态生物化学工程［M］. 北京：化学工业出版社，2008.

［10］ 陈洪章. 生物质科学与工程［M］. 北京：化学工业出版社，2008.

［11］ 陈洪章, 等. 秸秆资源生态高值化理论与应用［M］. 北京：化学工业出版社，2006.

［12］ 王佳堃, 安培培, 刘建新. 宏基因组学用于瘤胃微生物代谢的研究进展［J］. 动物营养学报，2010，3：527～535.

［13］ Zehr J P, Bench S R, Carter B J, et al. Globally distributed uncultivated oceanic N_2-fixing cyanobacteria lack oxygenic photosystem II［J］. Science, 2008, 322：1110.

［14］ Mori T, Mizuta S, Suenaga H, et al. Metagenomic screening for bleomycin resistance genes ［J］. Appl. Environ. Microbiol. , 2008, 74(21)：6803～6805.

［15］ Wexler M, Bond P L, Richardson D J, et al. A wide host‐range metagenomic library from a waste water treatment plant yields a novel alcohol/aldehyde dehydrogenase［J］. Environmental microbiology, 2005, 7：1917～1926.

[16] 许跃强，段承杰，周权能. 造纸废水纸浆沉淀物中未培养微生物纤维素酶基因的克隆和鉴定[J]. 微生物学报，2006，46：783～788.

[17] 李寅. 代谢工程：一项不断发展的菌株改造技术[J]. 生物工程学报，2009，25：1281～1284.

[18] 张学礼. 代谢工程发展 20 年[J]. 生物工程学报，2009，25：1285～1295.

[19] 赵学明，王靖宇，陈涛，等. 后基因组时代的代谢工程：机遇与挑战[J]. 生物加工过程，2004，2：2～7.

[20] Galazka J M，Tian C，Beeson W T，et al. Cellodextrin transport in yeast for improved biofuel production[J]. Science，2010，330：84.

[21] 赵心清，白凤武，李寅. 系统生物学和合成生物学研究在生物燃料生产菌株改造中的应用[J]. 生物工程学报，2010，26：880～887.

[22] Hong S H，Kim J S，Lee S Y，et al. The genome sequence of the capnophilic rumen bacterium Mannheimia succiniciproducens[J]. Nature Biotechnology，2004，22：1275～1281.

[23] Bro C，Regenberg B，Forster J，et al. In silico aided metabolic engineering of Saccharomyces cerevisiae for improved bioethanol production[J]. Metabolic engineering，2006，8：102～111.

[24] Gardner T S，Cantor C R，Collins J J. Construction of a genetic toggle switch inEscherichia coli[J]. Nature，2000，403：339～342.

[25] Elowitz M B，Leibler S. A synthetic oscillatory network of transcriptional regulators[J]. Nature，2000，403：335～338.

[26] Gibson D G，Glass J I，Lartigue C，et al. Creation of a bacterial cell controlled by a chemically synthesized genome[J]. Science，2010，329：52.

[27] 王兆守，彭江海，方柏山. 合成生物学的工业应用[J]. 中国科学：化学，2011，41：709～716.

[28] 刘夺，杜瑾，元英进. 合成生物学在医药与能源领域的应用[J]. 化工进展，2011，62：2391～2397.

[29] 张柳燕，常素华，王晶. 从首个合成细胞看合成生物学的现状与发展[J]. 科学通报，2010，55：3477～3488.

[30] Zhang Y H，Evans B R，Mielenz J R，et al. High-yield hydrogen production from starch and water by a synthetic enzymatic pathway[J]. PLoS One，2007，2(5)：e456.

[31] Steen E J，Kang Y，Bokinsky G，et al. Microbial production of fatty-acid-derived fuels and chemicals from plant biomass[J]. Nature，2010，463：559～562.

[32] Atsumi S，Hanai T，Liao J C. Non-fermentative pathways for synthesis of branched-chain higher alcohols as biofuels[J]. Nature，2008，451：86～89.

[33] 马光辉，王平，苏志国. 纳米科学与酶[J]. 中国基础科学. 工业生物技术专刊，2009，5：49～54.

[34] 谢雪原，周华，高震，等. 多酶偶联反应体系的研究和应用[J]. 化工进展，2004，8：864～868.

[35] 沈雪亮，夏黎明. 共固定化细胞协同糖化发酵纤维素原料产乳酸[J]. 化工学报，2008，1：167～172.

[36] 王彩冬，黄兵，罗欢. 固定化微生物技术及其应用研究进展[J]. 云南化工，2007，34：79～82.

[37] 渠文霞，岳宣峰. 细胞固定化技术及其研究进展[J]. 陕西农业科学，2007，6：121～123.

[38] 马茜岚，林东强，姚善泾. 微胶囊固定化混合菌群发酵产氢——构建一种虚拟"细胞工厂"的尝试[J]. 生物工程学报，2010，10：1444～1450.

[39] 郑锐东. 微生物混合发酵产 SCP 饲料研究进展[J]. 江西农业学报，2011，23：133～135.

[40] 司美茹，薛泉宏，蔡艳. 混合发酵对纤维素酶和淀粉酶活性的影响[J]. 西北农林科技大学学报，2002，30：69～73.

[41] 蒲一涛，钟毅沪，郑宗坤. 混合培养对固氮菌和纤维素分解菌生长及固氮的影响[J]. 氨基酸和生物资源，2000，22：15～18.

[42] 涂璇，薛泉宏，司美茹. 多元混菌发酵对纤维素酶活性的影响[J]. 工业微生物，2004，34：30～34.

[43] 宋鹏，周美红，陈五岭. 混合微生物菌群发酵菌肥工艺条件研究[J]. 上海环境科学，2008，4：156～161.

[44] 张英，侯红萍. 微生物混合发酵生产纤维素酶的研究进展[J]. 酿酒，2010，3：20～23.

[45] 张延平，李寅，马延和. 细胞工厂与生物炼制[J]. 化学进展，2007，19：1076～1083.

[46] 陈洪章，王岚. 生物基产品制备关键过程及其生态产业链集成的研究进展——生物基产品过程工程的提出[J]. 过程工程学报，2008，8：676～681.

[47] Hirasawa T, Yoshikawa K, Nakakura Y, et al. Identification of target genes conferring ethanol stress tolerance to Saccharomyces cerevisiae based on DNA microarray data analysis[J]. Journal of biotechnology, 2007, 131: 34～44.

[48] Hirasawa T, Nakakura Y, Yoshikawa K, et al. Comparative analysis of transcriptional responses to saline stress in the laboratory and brewing strains of Saccharomyces cerevisiae with DNA microarray[J]. Applied microbiology and biotechnology, 2006, 70: 346～357.

[49] Nissen T L, Kielland-Brandt M C, Nielsen J, et al. Optimization of ethanol production in Saccharomyces cerevisiae by metabolic engineering of the ammonium assimilation[J]. Metabolic engineering, 2000, 2: 69～77.

[50] Bro C, Knudsen S, Regenberg B, et al. Improvement of galactose uptake in Saccharomyces cerevisiae through overexpression of phosphoglucomutase: example of transcript analysis as a tool in inverse metabolic engineering [J]. Applied and environmental microbiology, 2005, 71: 6465～6472.

[51] Bengtsson O, Jeppsson M, Sonderegger M, et al. Identification of common traits in improved xylose-growing Saccharomyces cerevisiae for inverse metabolic engineering[J]. Yeast, 2008, 25: 835～847.

[52] Eliasson A, Christensson C, Wahlbom C F, et al. Anaerobic Xylose Fermentation by Recombinant Saccharomyces cerevisiae Carrying XYL1, XYL2, and XKS1 in Mineral Medium Chemostat Cultures[J]. Applied and environmental microbiology, 2000, 66: 3381～3386.

[53] Toivari M H, Aristidou A, Ruohonen L, et al. Conversion of xylose to ethanol by recombinant Saccharomyces cerevisiae: importance of xylulokinase (XKS1) and oxygen availability[J]. Metabolic engineering, 2001, 3: 236~249.

[54] Jia K, Zhu Y, Zhang Y, et al. Group II intron-anchored gene deletion in Clostridium[J]. PLoS One, 2011, 6: e16693.

[55] 谭海东, 王磊, 赵宗保. 基于矿石纳米材料的 DNA 转化的机理初探及方法改进[J]. 生物工程学报, 2010, 26: 1379~1384.

[56] 杨俊杰, 范文超, 杨晟. 枯草芽孢杆菌基因组混组方法[J]. 生物工程学报, 2010, 26: 1385~1392.

[57] 徐小曼, 王啸辰, 马翠卿. 芽孢表面展示技术研究进展[J]. 生物工程学报, 2010, 26: 1404~1409.

[58] 姜天翼, 李理想, 马翠卿. 微生物细胞工厂中多基因表达的控制策略[J]. 生物工程学报, 2010, 26: 1419~1425.

6 生物质生化转化糖平台

所谓糖平台是指平均含有75%以上碳水化合物的生物质，这些碳水化合物可以用来制备糖分，也可以作为发酵工业的碳源用于生产化工产品[1]。

目前，发酵工业的糖平台主要由粮食构建。淀粉和淀粉质原料一直是发酵工业的基础原料，而降解得到的葡萄糖对微生物来说也是最普适的碳源，几乎所有的工业生产菌种都可以利用葡萄糖作为能源和合成细胞及产物碳骨架的碳来源。

在自然界中，葡萄糖单元最大量存在方式是纤维素，其总量远大于淀粉。如果能将部分天然纤维素降解作为发酵原料，不仅可以节省粮食，还可以充分利用大量的农林废弃物。理论上说，只要通过预处理和降解（酸水解、酶水解）得到了葡萄糖液，就等于建立了一个支撑发酵工业的新的糖平台，所以木质纤维素降解、发酵的新工艺体系可能会对发酵工业带来深刻的变化。

另外，天然木质纤维素中还大量存在着以木糖为代表的戊糖单元。这同样是发酵工业潜在的"碳库"。虽然不是所有微生物都具备利用戊糖的能力，但由于自然界戊糖磷酸途径的广泛存在，使人们对戊糖利用还是抱着很大希望。作为未来生物质转化糖平台的一部分，构建木糖利用菌种，建立葡萄糖、木糖同步利用的发酵工艺是未来发酵工业研究的一个重要方向（见图6-1）。

6.1 葡萄糖的全能性

葡萄糖是微生物发酵最普适的碳源。大多数工业微生物都可以利用它生长和生产。通过葡萄糖的分解，微生物可以获得能量、还原力和乙酰辅酶A等物质，用于维持代谢以及合成产物。因此木质纤维素降解得到的以葡萄糖为主的水解液可以作为发酵工业的糖平台[1,2]。

6.1.1 葡萄糖的分解代谢

微生物体内，葡萄糖代谢的主要途径包括 EMP 途径（embden-meverhef-parnus pathway）、HMP 途径（hexose-mono-phosphate pathway）、ED 途径（entner-doudorof pathway）、PK 途径（phosphoketolase pathway）等[3]。

6.1.1.1 EMP 途径

EMP 途径也称糖酵解途径。这个途径的特点是当葡萄糖转化成1,6-二磷酸

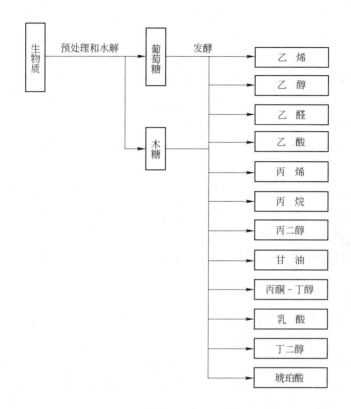

图 6-1　生物质糖平台及其转化模式

果糖后，在果糖二磷酸醛缩酶作用下，分解成两个 3C 化合物，再转化为 2 分子丙酮酸。EMP 途径的过程由以下 10 个连续反应组成：

（1）葡萄糖 + ATP —→6-磷酸葡萄糖 + ADP

（2）6-磷酸葡萄糖—→6-磷酸果糖

（3）6-磷酸果糖 + ATP —→1,6-二磷酸果糖 + ADP

（4）1,6-二磷酸果糖—→磷酸二羟丙酮 + 3-磷酸甘油醛

（5）磷酸二羟丙酮—→3-磷酸甘油醛

（6）3-磷酸甘油醛 + NAD + H_3PO_4 —→1,3-二磷酸甘油酸 + NADH

（7）1,3-二磷酸甘油酸 + ADP —→3-磷酸甘油酸 + ATP

（8）3-磷酸甘油酸—→2-磷酸甘油酸

（9）2-磷酸甘油酸—→磷酸烯醇式丙酮酸 + H_2O

（10）磷酸烯醇式丙酮酸 + ADP —→丙酮酸 + ATP

总反应式为：$C_6H_{12}O_6$ + 2NAD + 2(ADP + Pi)—→2$CH_3COCOOH$ + 2ATP + 2$NADH_2$

　　EMP 途径是生物体内 6-磷酸葡萄糖转变为丙酮酸的最普遍的反应过程，许多微生物都具有这条途径。EMP 途径的对生物体的意义主要在于为微生物代谢

提供能量（ATP），还原力及代谢的中间产物如丙酮酸等。厌氧微生物及兼厌氧性微生物在无氧条件下经糖酵解，$NADH_2$ 可以还原丙酮酸，产生乳酸、乙醛以及酒精等产物。

好氧性微生物和在有氧条件下的兼厌氧性微生物经 EMP 途径产生的丙酮酸进一步通过三羧酸循环，或者被彻底氧化生成 CO_2，或者积累某些中间产物比如柠檬酸、异柠檬酸、苹果酸等，或者经分支途径合成氨基酸等产物。

三羧酸循环，简称 TCA 环（tricarboxylic acid cycle）。TCA 循环的总反应式为：

$$CH_3COSCoA + 2O_2 + 12(ADP + Pi) \longrightarrow 2CO_2 + H_2O + 12ATP + CoA$$

葡萄糖经 EMP 途径和 TCA 循环彻底氧化成 CO_2 和 H_2O 的全部过程为：

(1) $C_6H_{12}O_6 + 2NAD + 2(ADP + Pi) \longrightarrow 2CH_3COCOOH + 2ATP + 2NADH_2$

   $2NADH_2 + O_2 + 6(ADP + Pi) \longrightarrow 2NAD + 2H_2O + 6ATP$

(2) $2CH_3COCOOH + 2NAD + 2CoA \longrightarrow 2CH_3COSCoA + 2CO_2 + 2NADH_2$

   $2NADH_2 + O_2 + 6(ADP + Pi) \longrightarrow 2NAD + 2H_2O + 6ATP$

(3) $2H_3COSCoA + 4O_2 + 24(ADP + Pi) \longrightarrow 4CO_2 + 2H_2O + 24ATP + 2CoA$

总反应式：$C_6H_{12}O_6 + 6O_2 + 38(ADP + Pi) \longrightarrow 6CO_2 + 6H_2O + 38ATP$

TCA 循环除了产生大量能量作为微生物生命活动的主要能量来源以外，还有许多生理功能。三羧酸循环中的某些中间代谢产物是一些重要的细胞物质如各种氨基酸、嘌呤、嘧啶及脂类等生物合成前体物。在工业上，很多有机酸、氨基酸都是微生物通过三羧酸循环产生的。

6.1.1.2 HMP 途径

HMP 途径也称磷酸戊糖循环途径。这个途径是当葡萄糖经一次磷酸化脱氢生成 6-磷酸葡萄糖酸后，在 6-磷酸葡萄糖酸脱酶作用下，再次脱氢降解为 1 分子 CO_2 和 1 分子磷酸戊糖。磷酸戊糖的进一步代谢较复杂，由 3 分子磷酸己糖经脱氢脱羧生成的 3 分子磷酸戊糖，3 分子磷酸戊糖之间，在转酮酶和转醛酶的作用下，又生成 2 分子磷酸己糖和 1 分子磷酸丙糖，磷酸丙糖再经 EMP 途径的后半部反应转为丙酮酸，这个反应过程称为 HMP 途径。

完全 HMP 途径的总反应式为：

$$6\text{-磷酸葡萄糖} + 7H_2O + 12NADP \longrightarrow 6CO_2 + 12NADPH_2 + H_3PO_4$$

不完全 HMP 途径的总反应式为：

$$6\text{-磷酸葡萄糖} + 7H_2O + 12NADP \longrightarrow CH_3COCOOH + 3CO_2 + 6NADPH_2 + ATP$$

所生成的 3-磷酸甘油醛经过 EMP 途径的后半部分，转化成丙酮酸。

HMP 途径为细胞生物合成提供大量的 C_3、C_4、C_5、C_6 和 C_7 等前体物质，特别是磷酸戊糖，它是合成核酸、某些辅酶以及合成组氨酸、芳香族氨酸、对氨基苯甲酸等化合物的重要底物。

微生物细胞普遍具备 HMP 途径，并且 HMP 和 EMP 途径往往同时存在。目前已知的以 HMP 途径作为唯一降解途径的微生物只有亚氧化乙酸杆菌（*Acetobacter suboxydans*）。

6.1.1.3　ED 途径

ED 途径也称 2-酮-3-脱氧-6-磷酸葡萄糖酸途径。这个过程是葡萄糖经过 6-磷酸葡萄糖、6-磷酸葡萄糖酸转变成 2-酮-3-脱氧-6-磷酸葡萄糖酸，然后在醛缩酶（KDPGaldolase）的作用下，裂解为丙酮酸和 3-磷酸甘油醛，3-磷酸甘油醛再经 EMP 途径的后半部反应转化为丙酮酸。总反应式为：

$$C_6H_{12}O_6 + ADP + Pi + NADP + NAD \longrightarrow 2CH_3COCOOH + ATP + NADPH_2 + NADH_2$$

ED 途径是糖的一个厌氧代谢途径，在革兰氏阴性细菌中分布很广，在好氧菌中分布不普遍。例如嗜糖假单胞杆菌（*Pseudomonas saccharophila*），发酵假单胞菌（*Zymomonas mobilos*）以及铜绿色假单胞杆菌（*Pseudomonas aeruginosa*）。一种微生物中一般是 ED 途径与 HMP 途径同时存在，但在某些细菌中这个代谢途径也可以独立存在。

6.1.1.4　PK 途径

PK 途径也称磷酸解酮酶途径。除了 EMP、HMP 和 ED 途径外，有些微生物还具有另外一个途径，即磷酸解酮酶途径（*phosphoketolase pathway*）。磷酸解酮酶有两种，一种是戊糖磷酸解酮酶，一种是己糖磷酸解酮酶。有些异型乳酸发酵的微生物，如明串珠菌属（*Leuconostoc*）和乳杆菌属（*Lactobacillus*）中的肠膜明串珠菌（*Leuconostoc mesenteulides*）、短乳酸杆菌（*Lactobacillus brevis*）、甘露乳酸杆菌（*Lactobacillus manitopoeum*）等，由于没有转酮-转醛酶系，而具有戊糖磷酸解酮酶，因此就不能通过 HMP 途径进行异型乳酸发酵，而是通过戊糖磷酸解酮酶途径进行的。

这个途径的特点是降解 1 分子葡萄糖只产生 1 分子 ATP，相当于 EMP 途径的一半，另一特点是几乎产生等量的乳酸、乙醇和 CO_2。总反应式为：

$$C_6H_{12}O_6 + ADP + Pi \longrightarrow CH_3CHOHCOOH + CH_3CH_2OH + CO_2 + ATP$$

6.1.2　初级代谢产物和次级代谢产物

6.1.2.1　初级代谢产物

葡萄糖等营养成分进入微生物体内后，通过分解代谢和合成代谢，可以生成维持生命活动所需要的物质和能量的过程。这一过程的产物和由这些化合物聚合而成的高分子化合物（如多糖、蛋白质、酯类和核酸等），被称为初级代谢产物。该过程所产生的产物即为初级代谢产物，如氨基酸、核苷类，以及酶或辅酶等。

初级代谢产物很多都是有用的生物化工产品，如：

（1）乙酸[4]。能够进行乙酸发酵的微生物称为乙酸菌。其中一些是好氧性微生物，例如纹膜乙酸杆菌（*Acetobacter aceti*）、氧化乙酸杆菌（*Acetobacter oxydans*）等；也包括一些厌氧性微生物，例如热乙酸梭菌（*Clostriolium themoacidophilus*）、胶乙酸杆菌（*Acetobacter xylinum*）等。

好氧性乙酸细菌在有氧条件下将乙醇氧化为乙酸，其总反应式为：

$$CH_3CH_2OH + O_2 \longrightarrow CH_3COOH + H_2O$$

厌氧性的乙酸细菌进行的是厌氧性乙酸发酵，将转化成乙酸，不经过乙醇氧化的过程。

化工上生产乙酸是通过合成得到的。但是乙酸发酵仍具有不可替代的地位，因为好氧乙酸发酵是制醋工业的基础。酿醋过程就是乙醇被乙酸细菌氧化后，发酵变成醋。

（2）柠檬酸[4]。柠檬酸发酵广泛被用于制造柠檬酸盐、香精、饮料、糖果、发泡缓冲剂等，在食品工业中起重要的作用。柠檬酸是好氧微生物三羧酸循环的中间体。能够累积柠檬酸的菌种很多，工业上常用霉菌。其中以黑曲霉（*Aspergillus niger*）、米曲霉（*Aspergillus oryzae*）等应用比较广泛。

（3）乙醇。乙醇发酵是酿酒工业的基础，它与酿造白酒、果酒、啤酒以及酒精的生产等有密切关系。乙醇也是生物能源关注的热点，利用木质纤维素降解得到的单糖生产乙醇是解决能源问题的重要手段之一。进行酒精发酵的微生物主要是酵母菌，此外还有少数细菌如发酵单胞菌（*Zymononas mobilis*）、嗜糖假单胞菌（*Pseudomonas saccharophila*）等。

乙醇发酵最重要的是酵母的发酵。酵母菌在无氧条件下，将葡萄糖经 EMP途径分解为 2 分子丙酮酸，然后在乙醇发酵的关键酶——丙酮酸脱羧酶的作用下脱羧生成乙醛和 CO_2，最后乙醛被还原为乙醇。总反应式为：

$$C_6H_{12}O_6 + 2ADP + 2Pi \longrightarrow 2CH_3CH_2OH + 2CO_2 + 2ATP$$

（4）乳酸[4,5]。乳酸是细菌发酵最常见产物之一。在乳酸发酵过程中，发酵产物中只有乳酸的称为同型乳酸发酵；发酵产物中除乳酸外，还有乙醇、乙酸及 CO_2 等其他产物的，称为异型乳酸发酵。

1）同型乳酸发酵。引起同型乳酸发酵的乳酸细菌，称为同型乳酸发酵菌，有双球菌属（*Diplococcus*）、链球菌属（*Streptococcus*）及乳酸杆菌属（*Lactobacillus*）等。其中工业上最常用的菌种是乳酸杆菌属中的一些种类，如德氏乳酸杆菌（*Lactobacillus delhruckii*）、保加利亚乳酸杆菌（*Lactobacillus bulgaricus*）等。

同型乳酸发酵的基质主要是己糖，同型乳酸发酵菌发酵己糖是通过 EMP 途径产生乳酸的。其发酵过程是葡萄糖经 EMP 途径降解为丙酮酸后，不经脱羧，而是在乳酸脱氢酶的作用下，直接被还原为乳酸，总反应式为：

$$C_6H_{12}O_6 + 2ADP + 2Pi \longrightarrow 2CH_3CHOHCOOH + 2ATP$$

2）异型乳酸发酵。异型乳酸发酵一般是通过磷酸解酮酶途径（即 PK 途径）进行的。其中肠膜明串球菌（*Leuconostos mesentewides*）、葡萄糖明串球菌（*Leuconostoc dextranicum*）、短乳杆菌（*Lactabacillus brevis*）、番茄乳酸杆菌（*Lactabacillus lycopersici*）等通过糖解酮酶途径将 1 分子葡萄糖发酵产生 1 分子乳酸、1 分子乙醇和 1 分子 CO_2，并且只产生 1 分子 ATP。总反应式为：

$$C_6H_{12}O_6 + ADP + Pi \longrightarrow CH_3CHOHCOOH + CH_3CH_2OH + CO_2 + ATP$$

双叉乳酸杆菌（*Lactobacillus bifidus*）、两歧双歧乳酸菌（*Bifidobacterium bifidus*）等是通过己糖磷酸解酮酶途径将 2 分子葡萄糖发酵为 2 分子乳酸和 3 分子乙酸，并产生 5 分子 ATP，总反应式为：

$$2C_6H_{12}O_6 + 5ADP + 5Pi \longrightarrow 2CH_3CHOHCOOH + 3CH_3COOH + 5ATP$$

乳酸发酵被广泛用于传统食品发酵过程中。泡菜、酸菜、酸牛奶、乳酪中的主要有机酸都是乳酸。除了食品工业上的应用外，乳酸也是合成可降解塑料的重要原料，以代替石化资源而开发的聚乳酸市场前景非常广阔。

6.1.2.2 次级代谢产物

次级代谢是指微生物在一定的生长时期，以初级代谢产物为前体，合成一些对于该微生物没有明显的生理功能且非其生长和繁殖所必需的物质的过程[6]。

次级代谢产物对微生物本身的生命活动没有明显作用，产生量也很少。阻断次级代谢途径对菌体生长繁殖没有影响，因此它们不是生物体生长繁殖的必需物质。不过它们对其他生物体往往具有不同的生理活性作用，人们常常利用具有生理活性的次级代谢产物作为药物，所以很多次级代谢产物是重要的工业产品。

重要的次级代谢产物包括以下几类：

（1）抗生素。由某些微生物合成的一类次级代谢产物或衍生物，是能抑制其他微生物生长或杀死它们的化合物，是临床上广泛使用的化学药品。

（2）毒素。有些微生物在代谢过程中产生的某些对人或动物有毒害的物质。

（3）激素。某些微生物能产生刺激动植物生长或性器官发育的激素类物质。

（4）色素。许多微生物在生长过程中能合成不同颜色的色素。

6.2 木糖的全能性

木糖是一种戊糖，分子式为 $C_5H_{10}O_5$，结构式如图 6-2 所示。天然 D-木糖是以多糖的形态存在于木质纤维素的半纤维素组分中。目前，木糖的工业生产已经比较成熟。大量的木糖被用作食品上的甜味剂，或者生产木糖醇的原料。近年来，世界范围内生物质利用特别是生物燃料的开发也提高了木糖以及半纤维素利用的关注度。作为一种自然界中广泛存在的糖单元，很多人希望它能够被微生物所利用，成为发酵工业的碳源。比如，目前以木糖为原料发酵生产木糖醇的工艺已经比较成熟。利用木糖发酵丙酮丁醇的工艺也是可行的。利用木糖生产乙醇的研究在世界范围内是一个研究热点。如果木糖作为普适碳源用于工业发酵的目的能够实现，对于解决能源危机和避免因为生物燃料开发导致的食品供应问题具有重要的战略意义。

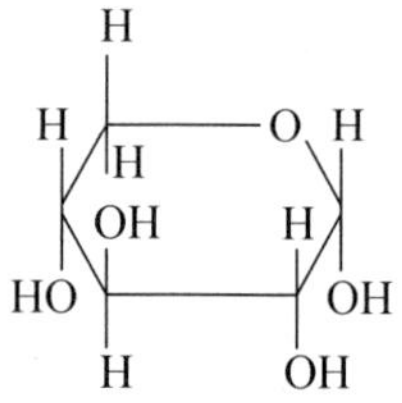

图6-2 木糖结构式

不过，在常见工业微生物中，基本都能够代谢葡萄糖，但是并不是所有都能够大量代谢木糖。以生物乙醇生产为例，目前使用最广泛的乙醇生产菌——酿酒酵母（*Saccharomyces cerevisiae*）不具备快速代谢木糖的能力[7]。为了解决这个问题，很多学者尝试使用基因工程的手段对现有微生物进行改造以期获得快速代谢木糖的菌种。

木糖在生物体内代谢的途径大致上经过如下过程：首先，木糖通过某些转运系统穿过细胞膜进入细胞，然后通过一系列酶的作用转化成木酮糖，进入磷酸戊糖途径。很多微生物利用木糖的瓶颈就在于转运和木糖到木酮糖的转化上，比如酿酒酵母就是典型的例子。这两个问题一方面说明了木糖利用的困难，另一方面也提示我们，只要解决了这两个问题，木糖就有可能成为一个普适性的碳源。也正是因为上述两个问题，目前木糖发酵乙醇的菌种构建主要是面向这两个问题展开的。

生物体内从木糖转化到木酮糖的途径有两类，第一类是木糖先被木糖还原酶（xylose reductase，XR）还原成木糖醇，然后在木糖醇脱氢酶（xylitol dehydrogenase，XDH）的催化下转化成木酮糖，之后木酮糖可以进入磷酸戊糖途径[8]。这条途径在酵母体内比较容易实现，可以在酿酒酵母中表达毕赤氏酵母的木糖还原酶基因与木糖醇脱氢酶基因，使木糖能够在其体内转化成木酮糖。不过，这条途径虽然能够打通木糖到酒精的代谢，但是效果却不够理想。主要原因是木糖还原酶对 NADPH 的亲和能力比 NADH 高，木糖醇脱氢酶仅利用 NAD^+，所以辅酶代谢会不平衡，这样重组的酿酒酵母发酵木糖过程中木糖醇累积难以有效转化。

赋予微生物木糖代谢途径的另一个办法是表达木糖异构酶基因（xylose isomerase，XI）[8]。木糖异构酶基因主要存在于一些细菌和低等真菌中，木糖通过木糖异构酶直接转化为木酮糖。这条途径虽然也很早受到人们关注，但是在酵母中的表达却直到近年来才获得突破，主要原因是来自细菌的异构酶基因很难在酵母中表达。2003 年，Kuyper 等[9]成功地将一种厌氧真菌 *Piromyces* sp. 的木糖异构酶在酿酒酵母中进行了表达。这些进展使得木糖成为发酵碳源的前景变得很乐观，不过要获得具有工业意义的发酵菌种，还需要使微生物在木糖基质上获得较高的生长和生产速率，这需要进一步的研究[8]。

需要指出的是，除了上述两条木糖代谢途径外，2007 年 Stephens 等[10]在新月柄杆菌（*Caulobacter crescentus*）第三条木糖的代谢途径（见图 6-3）——NAD 依赖的木糖脱氢酶（XDH）途径。D-木糖由木糖脱氢酶（xylB）脱氢催化生成 D-木糖酸内酯，再由 D-木糖酸内酯催化生成 D-木糖酸，D-木糖酸再由脱水酶催化脱水后生成 2-酮-3-脱氧-木糖酸，再经过进一步脱水及脱氢反应，最后生成 α-酮戊二酸盐进入 TCA 循环。这条途径中的酶能否被基因工程利用强化木糖产乙醇的发酵过程尚待研究。

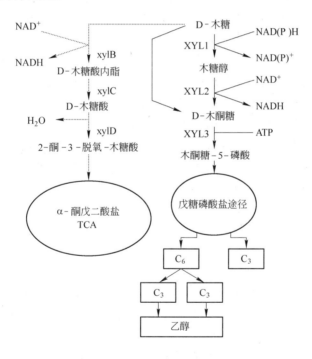

图 6-3　木糖代谢途径[11]

6.3　葡萄糖制备途径

木质纤维素制备降解得到单糖的主要障碍在于木质纤维素的结构复杂性和纤维素本身的难降解性。因此，突破手段也就来自于两个相辅相成的思路，即预处理破坏结构和提高酶的可及性和比活力。

6.3.1 木质纤维素的预处理

木质纤维素原料的主要成分包括纤维素、半纤维素和木质素三大组分。三者相互缠绕形成复杂的网状结构。这种网状结构阻碍着纤维素的水解。同时纤维素链之间由于氢键作用形成较为致密的结晶区，这也是天然木质纤维素难以降解和有效利用的一个重要原因。因此，不论使用什么样的手段降解纤维素发酵糖平台，都必须在处理之前对原料进行预处理[12,13]。

预处理主要是为了除去木质素和半纤维素，降低纤维素的结晶度和提高基质的孔隙率。适合实际应用的预处理应该满足以下几个必要条件[11]：（1）提高酶结合率；（2）避免糖的降解和损失；（3）避免产生对水解和发酵起抑制作用的物质；（4）性价比高。目前，针对木质纤维素的预处理已经有很多报道，大致包括四类：物理法、化学法、物理-化学法和生物法。

物理法主要包括研磨、粉碎和辐射法[14]。前两者是将纤维素原料进行破碎处理，可以部分打断木质素、半纤维素与纤维素的联结，同时使得纤维素和木质素的聚合度降低，因此可以提高水解糖化率，有利于酶解过程中纤维素酶或木质素酶发挥作用。不过粉碎处理能耗较高，一般的纤维素乙醇示范工程都没有使用这类工艺。辐射法使用的辐射源很多，包括微波、γ射线、电子辐射等。这类方法同样可以起到降低纤维素结晶度的作用，但是操作不方便限制了其应用。一般来讲，物理法处理木质纤维素材料的优点。总的来说，物理预处理对环境污染较小，过程也比较简单，但需要较高的能量和动力，因此会增加生产成本。

化学法是使用酸、碱以及有机溶剂等处理原料的一类方法[14]。这类方法主要是使纤维素、半纤维素和木质素吸胀，并破坏其结晶结构，使其部分组分降解以破坏其致密的结构。常用方法包括酸处理、碱处理、臭氧处理、氨处理、有机溶剂处理等等。酸处理可以是浓酸也可以是稀酸，目前稀酸处理工艺比较可行。比如，将纤维素原料用1%左右的稀酸在106～110℃经几个小时的处理可以使半纤维素水解成单糖进入水解液而木质素含量不变，纤维素的平均聚合度下降，酶水解率大幅提高[14]。碱处理是通过碱的作用来削弱纤维素和半纤维素之间的氢键及皂化半纤维素和木质素之间的酯键。可以使用 NaOH 处理，因为其具有较强的脱木质素作用[15]。氨处理是将纤维素在质量分数为10%左右的氨溶液中浸泡24～48h 以脱除原料中大部分木质素[16]。臭氧处理的处理剂使用臭氧，它可以降解木质素和半纤维素。臭氧分解的优点在于：能有效去除木质素，不产生有毒物质，可在室温和常压下进行。不过由于降解过程中需要大量的臭氧，所以处理成本较高[17]。部分有机溶剂可以溶出木质素，使用有机溶剂或者有机溶剂与无机酸催化剂（HCl 或 H_2SO_4）的混合溶液还可以破坏木质纤维素原料内部的木质素和半纤维素之间的连接键。常用的有机溶剂是甲醇、乙醇、丙酮、乙烯乙二醇和三乙烯醇；有机酸例如乙二酸、乙酰水杨酸和水杨酸等在有机溶剂处理过程中均可作为催化剂。陈洪章等曾经使用甘油作为处理剂处理麦草，在提高了麦草酶解率的同时还可以将生物柴油生产得到的粗甘油变废为宝[18]。

物理-化学法兼具物理法和化学法的特点，处理过程既包括了物理处理也包含了化学变化。典型的物理-化学法处理是蒸汽爆破。蒸汽爆破用高压水蒸气处理原料，处理适当时间后立即降至泄压，在维持高压的过程中，高压蒸汽渗入至纤维内部，在泄压时体积快速膨胀撕裂原料，同时高温、高压加剧纤维素内部氢键的破坏，游离出新的羟基，纤维素内的有序结构发生变化，增加了纤维素的吸附能力[19]。蒸汽爆破技术根据不同的需要可以适当添加酸、碱、氨等物质强化处理效果[19]。

生物法是利用分解木质素的微生物或者其产生的漆酶等酶类除去木质素以解除其对纤维素的包裹作用。生物法能耗低、操作简单、环境友好。白腐菌（*Pharerochaete chrysosporium*）[20]、彩绒革盖菌（*Coriolus versicolor*）[21]等白腐菌都是比较好的菌种，它们能产生木质素分解酶系对物料中的木质素进行分解。

6.3.2 天然纤维素的水解

纤维素水解方法包括两类，一类是酸水解法，另一类是酶水解法。前者出现较早，相对比较成熟。后者条件温和，环境友好，是水解工艺的发展方向，但是目前尚不够经济。

酸水解法就是用酸作为催化剂催化纤维素的糖苷键使其键断裂生成单糖。纤维素和半纤维素都是以有糖单元间的糖苷键连接而成的。在氢离子及适当温度作用下，这些糖苷键会发生水解，使多糖的聚合度降低甚至变成单糖。假定其水解的产物全部为单糖，其方程可表示为：

$$(C_6H_{10}O_5)_n + nH_2O \longrightarrow nC_6H_{12}O_6$$

根据使用的酸及其浓度的不同，酸水解工艺有很多类型，既包括无机酸水解，也包括有机酸水解。其中无机酸研究较早，而且相对廉价，其中最常见的是硫酸和盐酸。

典型的浓硫酸水解工艺例子如岑沛霖等[22]用浓硫酸水解黄麻秆，最佳水解条件为：硫酸浓度 70%，水解温度 40~50℃，固液比 5%，粒度 0.370~0.833mm（20~40目），反应时间 10~20min。最优条件下黄麻秆中的半纤维素和纤维素几乎全部水解[22]。有文献报道，美国 Masada Resource 公司和 Arkenol 公司已经采用浓酸水解工艺投资兴建了纤维素乙醇工厂[23]。一般认为，浓硫酸水解工业化时间较早，研究较为深入，工艺较成熟，而浓盐酸水解法在经济上可与浓硫酸法竞争，但是浓盐酸的回收能耗大、成本高[24]。

稀酸水解顾名思义是使用浓度较低的酸处理木质纤维素原料。稀酸水解大部分研究集中在硫酸作为催化剂上，也有用其他酸（比如盐酸、磷酸和有机酸等）的报道。早期稀酸水解条件多在酸浓度为 0.5%～2.0% 和温度在 170～200℃之间。20 世纪 80 年代后，反应器材料和控温技术的进步，使很多实验室将反应温度提高到200℃以上。近年来，有人将研究的温度范围提高到230℃，这样可以使用超低浓度的酸进行水解实验[25]。稀酸法也是有效的木质纤维素预处理方法之一。这种方法不仅可以破坏原料中纤维素的晶体结构，还可以水解半纤维素实现木质纤维素原料的分级利用[24]。

另一种纤维素水解方法是酶水解法，也就是使用纤维素酶水解纤维素制备糖液。相比酸水解法，酶水解法条件温和，环境友好。目前，纤维素酶是世界上第三大工业酶，在植物性农产品加工、食品酿造、纺织工业、纸张回收、清洁剂酶、动物饲料添加剂等领域应用广泛。工业上使用的酶主要来自真菌，特别是来自里氏木霉（*Trichoderma reesei*）的纤维素酶[26]。

针对真菌纤维素酶如何将纤维素酶转化成葡萄糖的问题，很多学者提出了自己的理论，最初是 Reese 等[27] 提出的，也就是（C_1/C_x）学说，它的基本内容是：

$$结晶纤维素 \xrightarrow{C_1} 无定形纤维素 \xrightarrow{C_x} 纤维二糖 \xrightarrow{\beta\text{-葡萄糖苷酶}} 葡萄糖$$

Reese 等[27]认为：当纤维素酶作用时，C_1 酶首先作用于结晶纤维素使其变成无定形纤维素，然后无定形纤维素被 C_x 酶进一步水解成可溶性产物，即 C_1 酶的作用是 C_x 酶水解的前提。陈洪章等研究认为 C_1 是 CMC 酶、CBH 酶、CB 酶自组织的一个复合体，作用于结晶区[28]。目前，普遍接受的酶解机制是协同作用模型，如图 6-4 所示。纤维素内切酶首先内切无定形纤维素产生新的末端（还原端或非还原端），然后纤维素外切酶从还原端或非还原端外切纤维素链，产生纤维二糖（或葡萄糖）[29]。

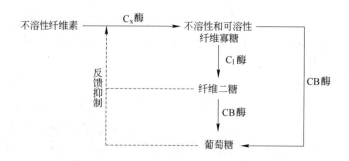

图 6-4 协同降解模型[29]

在酶法水解木质纤维素的工艺中，纤维素酶成本所占比例较高，甚至可以达到一半左右，因此纤维素乙醇和其他生物基产品的产业化突破点之一就是纤维素酶。为了强化纤维素酶的水解效率，除了对原料进行预处理之外，科学家和工程师们也尝试了很多方法（见表6-1）。

表6-1　常用的强化纤维素酶水解效率的方法[30]

方　法	机　理
超声波处理	提高纤维素酶分子的动能，使酶分子的碰撞频率增加，使反应速度加快，同时加快纤维素酶在底物表面的更新速度
添加反应助剂	在酶解体系中添加一些物质，如蛋白、表面活化剂、聚合物等，可以有效增加酶解过程中的糖得率；机理尚不清楚，推测可能是这些物质减少了酶的无效吸附，增加了酶的可及性，稳定酶活
添加反应因子（某些金属离子）	一些金属离子构成酶活性中心，在酶蛋白与底物中起桥梁作用；部分离子可以稳定酶蛋白的空间构象；有些在氧化还原反应中参与电子的传递
使用复合酶（协同酶解）	酶复合制剂使各种不同性质的酶协同作用，可以减小纤维二糖、产物还原糖和半纤维素水解产物对酶水解过程的抑制作用；可以同时降解半纤维素、木质素等组分，使纤维素酶的可及性增加

6.4　木糖制备途径

　　半纤维素的降解相比纤维素要容易得多，通过酸等方法可以较容易地得到木糖和其他戊糖。木糖早已成为重要的工业产品，因此本节以木糖工业生产工艺为核心，讨论其制备途径和突破点。

6.4.1　木糖制备工业概况

　　木糖作为发酵原料近年来受到了人们关注，但实际上利用木质纤维素制备木糖却已经是比较成熟的工艺。在20世纪90年代，木糖作为一种重要的化工原料已经被广泛应用。作为一种功能性食品的基料，木糖具有以下主要功能[31]：

　　（1）不被人体吸收，能满足爱吃甜品又担心发胖者的需求，也可以作为无热量甜味剂供给糖尿病患者；

　　（2）能促进人体肠道内的双歧杆菌生长，有益人体健康；

　　（3）不被口腔微生所利用，减少龋齿发生的可能；

　　（4）具备膳食纤维的部分生理功能，有降血脂、降低胆固醇及预防肠癌的作用[32]。

　　同时，木糖也是加氢制备木糖醇的原料。在其他诸如食品、医药、化工、皮革、染料等领域，木糖也有着广泛的用途。具备木糖生产的国家包括俄罗斯、美国、日本、芬兰、意大利等，现有的主要生产厂家有日本的油脂公司、荷兰的阿克苏公司、美国的 Lucidol 公司等等[31]。

我国生产木糖原料较广泛采用玉米芯、蔗渣、稻壳等，这些原料半纤维素含量高、产量大、成本低、木糖收率也较高（见表6-2）。

表6-2 我国目前主要木糖原料的组分含量[31]

种 类	纤维素/%	半纤维素/%	木质素/%
玉米芯	32～36	35～40	25
甘蔗渣	40～45	24～25	24
棉籽壳	35～44	25～28	28
稻 壳	35～44	16～22	24～32
麦 秆	36～40	17～20	14～15
油茶壳	38～43	25～28	24～32

6.4.2 工业上木糖产品制备工艺

目前，工业上使用的木糖制备工艺主要是酸水解法。将无机稀酸加入到富含半纤维素的原料中高温处理，原料中的半纤维素可以水解为木糖，溶解在木糖母液中。其反应式如下：

$$(C_5H_8O_4)_n + nH_2O \xrightarrow[\text{加热}]{H^+} nC_5H_{10}O_5$$

从木糖母液中得到木糖的常用方法主要有两种：中和法脱酸工艺和离子交换脱酸工艺，另外电渗析脱酸法、结晶木糖法以及层析分离法也是可行的制备方法。

中和脱酸工艺制备木糖的工艺路线[31]为：原料先后经过预处理、酸水解、中和脱色、浓缩结晶，最后分离得到木糖晶体。其中，预处理除去了原料中的胶质、果胶、灰分等成分；在酸催化下水解成单糖，一般使用无机酸。中和工序主要是除去水解液中的无机酸；脱色除杂工序包括使用活性炭等除去木糖母液中的色素与部分杂质，浓缩结晶工序通过蒸发除去少量的酸成分并控制浓缩后木糖液的浓度与结晶时间得到木糖晶体。中和脱酸工艺是传统的木糖提取工艺，它比较简单、酸碱消耗低、易操作、投资少。但中和工序生成的 $CaSO_4$ 会在蒸发器的管壁上结垢且很难用化学方法除去，因此劳动强度很大；同时用石灰中和水解液，局部 pH 值可能会使一些木糖变性而影响成品质量。

离子交换脱酸的工艺过程与中和法相似，只是使用离子交换的方法除去酸，而不使用氢氧化钙中和。木糖在酸性条件下性质稳定，在碱性条件下性质极不稳定。使用离子交换除酸解决了中和脱酸工艺中设备结垢的缺点，也提高了水解液的质量，相应地提高了产品质量。

下面是文献中报道的某企业以玉米芯为原料生产木糖的工艺实例[33]：

（1）玉米芯原料的预处理。

筛选处理：通过筛选、风选，以除去原料中的杂质。

原料粉碎：将含水量 12.18% 以下的玉米芯用粉碎机粉碎至粒径不大于 5mm。

水预处理：将已粉碎的原料加入不锈钢釜内 120℃ 处理 120min，不时搅拌，以除去胶质、果胶、灰分等杂质。

（2）水解。预处理完毕，放掉废水，玉米芯颗粒送入水解锅进行水解。水解操作工艺可分为两大类，包括稀酸常压水解和低酸高压水解。稀酸常压水解是在硫酸浓度为 1.5% ~2.0%，100~105℃ 条件下进行水解，低酸加压水解是在酸浓度为 0.5% ~0.7%，120~125℃ 条件下进行水解。其中稀酸常压水解具体操作方法为：当经预处理好的原料进入水解罐后，加入 2% 硫酸溶液，从水解釜底通入蒸汽至内容物沸腾，并开始计算水解时间。一般容积为 1m³ 的水解罐整个水解操作过程 2~3h 即可完成。水解完成后，用板框压滤机过滤，滤液送往中和罐进行中和操作。

（3）中和。中和的目的主要是除去水解液中的硫酸。常选用石灰或碳酸钙作为中和剂。根据经验，在水解液的 pH 值为 1.0~1.5，加入中和剂到 pH 值为 2.8~3.0 时，即相当于残余硫酸只有 0.05% ~0.1%。此时液中的无机酸已经绝大部分被中和掉。当 pH 值达到 4.0 时，无机酸全部中和完毕。因此中和操作工艺中以石灰为中和剂时，首先将其配制成 15B'、相对密度为 1.10~1.16 的乳状液。中和温度采用 80℃，中和时间为（以 5m³ 中和罐计）需要加乳液 1h、搅拌 1h、沉淀 4h 左右。当检查 pH 值为 3.5 时，其中和液中的无机酸含量一般为 0.03% ~0.08%，这时可以认为到达了中和的终点。

（4）脱色。脱色的目的是脱除掉来自原材料和水解中和液中的色素。常用的脱色剂有活性白土、活性炭、焦木素等几种。水解中和液脱色时的具体操作是以每批 3.5m³ 液量计，焦木素 15% 或活性炭 1%，脱色温度 75℃，保温搅拌 45min。脱色剂（焦木素还是活性炭）可以回收处理后重复使用。

（5）浓缩。浓缩的目的是要提高糖浆浓度（使含糖量达 35% ~40%），同时使水解中和脱色液中微量的酸分蒸发，另外析出硫酸钙沉淀有利于离子交换除杂。

（6）除杂。经蒸发浓缩后的糖液中还含有前面各工序中未能清除掉的杂质，主要是灰分、酸分、含氮物、胶体、色素等。为此需经离子交换除杂净化，使其中所含杂质尽可能地被除去，使其纯度提高到 95% 以上，并使木糖溶液尽可能地接近无色透明，不带酸性。采用阳树脂 732 号和强碱多孔 717 号阴树脂联合进行处理，其体积比例可选用阳：阴 = 1：1.5。

（7）结晶。除杂完成后的木糖溶液送入减压浓缩罐中，系统的真空度不小于99kPa，液温应控制不大于75℃。经再次蒸发浓缩至溶液体积减为原来的1/4时停止浓缩。趁热放料入结晶器中，当木糖溶液降至室温后，白色木糖晶体即会纯析出。将该晶体用上悬式离心机分离除尽母液，即得木糖晶体。母液经适当稀释和脱色处理后重复除杂工序回收。

（8）干燥。将木糖晶体摊在瓷盘上进行干燥，烘房温度不大于100℃。当水分含量不大于0.5%时，即得木糖成品。

6.5 抑制物作用机制及其破解途径

降解木质纤维素原料中的纤维素和半纤维素构建糖平台作为进一步生物转化的碳源是这类原料一种非常有前景的利用方式。理论上说，把纤维素和半纤维素变成了单糖，就可以像微生物利用淀粉进行发酵生产一样生产各种发酵产品。但是，在科研和生产实践中发现，与淀粉基质发酵相比，木质纤维素原料的降解和生物转化要解决更多现实问题——预处理副产物的抑制作用就是构建糖平台转化路线中一个非常重要的问题。

6.5.1 抑制物及其作用机制

前已述及，降解纤维素和半纤维素得到单糖的常见方法大致分为两类——酸水解和酶水解。酸水解是通过无机酸（如硫酸、盐酸等）对原料进行高温高压蒸煮，可以把纤维素和半纤维素降解成单糖。这个过程中酸的作用除了催化糖苷键的断裂以外，往往还起到催化呋喃类物质生成的作用。比如，葡萄糖在酸的作用下可以脱水产生5-羟甲基糠醛，木糖在酸性条件下可以产生糠醛。而且在酸的作用下，呋喃类物质可以进一步降解，产生一些有机酸，比如甲酸、乙酰丙酸等。酶水解相比之下要温和得多，同时跟酸水解相比，酶水解的选择性也很好，不像酸水解那样易产生副产物。不过，由于木质纤维素原料结构致密，成分复杂，因此，在酶解前一般应对其进行预处理以破坏其天然的致密结构，从而强化酶解，同时方便多组分综合利用。由于预处理的条件往往比较剧烈，因此也可能产生一些副产物。比如，在水热或者蒸汽（包括蒸汽爆破）处理过程中，半纤维素上的乙酰基可能脱落产生乙酸，乙酸高温下也起到了催化其降解和转化成呋喃类物质的作用。总之，已知的、来自纤维素和半纤维素降解及转化的副产物，主要包括了上述有机酸和呋喃类物质两大类。从文献报道和经验来看，这两类副产物（有机酸和呋喃类物质）对于微生物的生长是有明显抑制作用的[34]。云杉木水解液中的抑制成分如图6-5所示。

预处理和酸水解得到的有机酸副产物一般是一些弱酸，这类物质对微生物的抑制作用是显而易见的，很多弱酸都可以用来作为食品工业的防腐剂。与强酸相

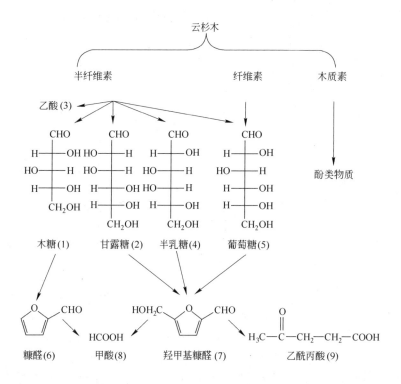

图 6-5 云杉木水解液中的抑制成分[34]

比,弱酸的解离度很小,而未解离的弱酸是脂溶性的,可以透过细胞膜进入细胞内部并且改变细胞质的 pH 值,这可能是弱酸抑制微生物生长的一个重要原因。除了未解离的弱酸的透过作用,解离的弱酸同样抑制微生物的生长和生产。

木质素经过预处理和水解会产生比较复杂的产物,其中很多是酚类物质[34]。对于发酵来说,酚类物质是比较重要的抑制成分之一。其中,小相对分子质量的酚类物质毒性尤其大[35,36]。一般认为,酚类物质可以破坏生物细胞膜的完整性,使细胞膜失去作为选择性膜和膜蛋白载体的作用[37]。遗憾的是,到目前为止,尚缺乏对水解液中酚类物质的详细研究和分析,对其确切的作用机制也缺乏了解。这主要是因为原料复杂、处理过程往往很剧烈,以至于水解液成分复杂,且预处理和水解过程重复性也差。很多研究用一些可能的模型化合物,如香草酸、香草醛、4-羟基苯甲酸等作为抑制剂对分析酚类物质对发酵的影响进行评价,不过这些结论只能作为参考。毕竟水解液中浓度变化很大,不同的酚类物质以及酚类物质跟其他成分之间还可能存在交互作用。

根据文献报道,酚类物质对于酿酒酵母的抑制作用是比较明显的。按照 Ando 等[38]的报道,加入 1g/L 的 4-羟基苯甲醛,可以使酿酒酵母的产酒精量降低 30%。作者也曾以香草醛为模型化合物研究了酚类物质对黄原胶发酵的作用,发现当香草醛浓度大于1g/L时，微生物的生长完全被抑制（见图6-6）。

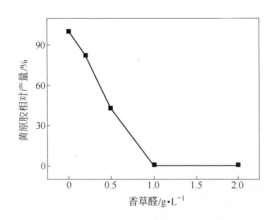

图 6-6 香草醛对黄原胶发酵的影响

由于微生物不同，发酵条件不同，文献报道的上述成分对微生物发酵的抑制作用往往并不一致。按照一些文献和作者的研究结果，水解液中酚类物质的抑制作用可能是最主要的[34]。另外，除了弱酸、糠醛以及酚类物质各自的抑制作用外，在复杂的水解液中，各种抑制成分可能还存在着交互作用。总之，对于木质纤维素预处理和水解过程产生的抑制物成分和各自的作用机理还需要进一步研究。

6.5.2 破解途径

为了使得微生物能够顺利生长和生产，降低抑制成分对于微生物的抑制作用，在工艺的设计选择上必须引入一些相关措施。比如，一些抑制物对微生物生长的作用大于其对产物生产的抑制作用，因此加大接种量，使微生物量在较短时间内达到发酵所需要的最大生物量是强化发酵，减少毒性危害的可行方法。Palmqvist等[39]曾经报道，使用6g/L的细胞浓度，乙醇生产强度为3.4g/(L·h)，最终的乙醇得率为0.41g/g。

不过在大多数情况下，单纯通过加大接种量的方式可能是不够的，我们可能需要引入一些脱毒方法降低木质纤维素水解液中的抑制物含量。水解液中的抑制成分可以通过一些方法去除，其中有一些比较简单可以工业应用。常见的脱毒方法包括三大类：物理脱毒、化学脱毒和生物脱毒[40]。

（1）物理法。物理脱毒的方法包括旋转蒸发、萃取等方法去除抑制成分。其中旋转蒸发的方法主要去除的是一些挥发性物质，萃取可以去除非挥发性物质。前者对于脱毒的作用是有限的，因为大部分的抑制物沸点并不低。在适当的条件下进行乙醚、乙酸乙酯等有机溶剂萃取是有效的脱毒方法，这种方法可以提取水解液中的部分弱酸、糠醛以及酚类物质[40]。

（2）化学法。相对来说，化学法是比较成熟也适合工业应用的方法。对于酸水解液，过碱化处理（overliming）是一种有效且简单的化学处理手段。这种方法是使用氢氧化钙为中和剂，将水解液的 pH 值调到 9～10，然后再用硫酸回调到 pH 值为 5.5。文献报道显示，换用氢氧化钠也能起到脱毒效果，且使用氢氧化钠的效果更好。过碱化处理脱毒机理包括两方面：一方面是产生的硫酸钙沉淀可能具有絮凝的作用，另一方面是在高 pH 值条件下一些抑制成分稳定性差[40]。

除了过碱化以外，使用亚硫酸盐等还原剂处理也可以起到脱毒的作用，这种方法可以降低呋喃衍生物的浓度[40]。按照文献报道，过碱化和亚硫酸盐两种化学方法结合可能效果更好，比如，Olsson 等[41]用 Ca(OH)$_2$ 将水解液 pH 值从 3.1 调到 10.5，再加入 1g/L 亚硫酸钠，在 90℃维持 30min，其脱毒效果好于单独使用过碱化处理。这种组合方法处理的水解液培养重组大肠杆菌，其发酵速率是单纯使用过碱化处理的 4 倍。

（3）生物法。生物法脱毒主要是使用白腐菌、软腐菌等具有木质素降解能力的微生物处理水解液[40]。白腐菌的作用在于其可以分泌降解木质素的相关酶类，比如漆酶，因此也可以考虑直接使用漆酶处理水解液。Jonsson 等[42]认为，漆酶处理并没有减少芳香环，却增加了大相对分子质量物质的含量，因此可能是小分子的酚和酚酸发生了氧化聚合，从而使得水解液毒性降低。也有学者使用软腐菌处理水解液，这种方法的机理跟白腐菌不同，可能是同时去除了弱酸、呋喃衍生物和酚酸等物质而不是使得小分子的酚类发生了聚合。

生物法相对来说比化学法和物理法更容易操作，比如使用漆酶或者过氧化物酶可以直接在接种前向发酵罐中加入酶进行处理，不需要其他单元操作。另外，由于酶的成本比较高，将酶固定化重复使用可能是比较好的策略。

参 考 文 献

[1] 陈洪章. 纤维素生物技术[M]. 北京：化学工业出版社，2011.

[2] 陈洪章. 生物质科学与工程[M]. 北京：化学工业出版社，2008.

[3] 王镜岩. 生物化学[M]. 北京：高等教育出版社，2002.

[4] 王博彦，金其荣. 发酵有机酸生产与应用手册[M]. 北京：中国轻工业出版社，2000.

[5] 张刚. 乳酸细菌：基础、技术和应用[M]. 北京：化学工业出版社，2007.

[6] János Bérdy. Bioactive microbial metabolites[J]. The Journal of Antibiotics, 2005, 58: 1～26.

[7] Hamacher T, Becker J, Gardonyi M, et al. Characterization of the xylose-transporting properties of yeast hexose transporters and their influence on xylose utilization[J]. Microbiology, 2002, 148: 2783.

[8] Dumon C, Song L, Bozonnet S, et al. Progress and future prospects for pentose-specific biocata-

lyts in biorefining[J]. Process Biochemistry, 2011.

[9] Kuyper M, Harhangi H R, Stave A K, et al. High level functional expression of a fungal xylose isomerase: the key to efficient ethanolic fermentation of xylose by Saccharomyces cerevisiae[J]. FEMS yeast research, 2003, 4: 69~78.

[10] Stephens C, Christen B, Fuchs T, et al. Genetic analysis of a novel pathway for D-xylose metabolism in Caulobacter crescentus[J]. Journal of bacteriology, 2007, 189(5): 2181~2185.

[11] 张颖, 马瑞强, 洪浩舟, 等. 微生物木糖发酵产乙醇的代谢工程[J]. 生物工程学报, 2010, 26: 1436~1443.

[12] Chen H Z, Qiu W H. Key technologies for bioethanol production from lignocellulose[J]. Biotechnology Advances, 2010, 28: 556~562.

[13] Galbe M, Zacchi G. Pretreatment of lignocellulosic materials for efficient bioethanol production [J]. Biofuels, 2007: 41~65.

[14] Mosier N, Wyman C, Dale B, et al. Features of promising technologies for pretreatment of lignocellulosic biomass[J]. Bioresource Technology, 2005, 96: 673~686.

[15] Hu Z, Wang Y, Wen Z. Alkali (NaOH) pretreatment of switchgrass by radio frequency-based dielectric heating[J]. Biotechnology for Fuels and Chemicals, 2008: 589~599.

[16] Kim T H, Kim J S, Sunwoo C, et al. Pretreatment of corn stover by aqueous ammonia[J]. Bioresource Technology, 2003, 90: 39~47.

[17] Sun Y, Cheng J. Hydrolysis of lignocellulosic materials for ethanol production: a review[J]. Bioresource Technology, 2002, 83(1): 1~11.

[18] Sun F B, Chen H Z. Enhanced enzymatic hydrolysis of wheat straw by aqueous glycerol pretreatment[J]. Bioresource Technology, 2008, 99: 6156~6161.

[19] 陈洪章, 刘丽英. 蒸汽爆碎技术原理及应用[M]. 北京: 化学工业出版社, 2007.

[20] Shi J, Chinn M S, Sharma-Shivappa R R. Microbial pretreatment of cotton stalks by solid state cultivation of Phanerochaete chrysosporium [J]. Bioresource Technology, 2008, 99: 6556~6564.

[21] Zhang X, Xu C, Wang H. Pretreatment of bamboo residues with Coriolus versicolor for enzymatic hydrolysis[J]. Journal of bioscience and bioengineering, 2007, 104: 149~151.

[22] 岑沛霖, 吴健, 张军. 植物纤维浓硫酸水解动力学研究[J]. 化学反应工程与工艺, 1993, 9: 34~41.

[23] Mielenz J R. Ethanol production from biomass: technology and commercialization status[J]. Current Opinion in Microbiology, 2001, 4: 324~329.

[24] 张毅民, 杨静, 吕学斌, 等. 木质纤维素类生物质酸水解研究进展[J]. 世界科技研究与发展, 2007, 29: 48~54.

[25] 李琰, 任秀珍, 元伟, 等. 生物质稀酸水解技术研究进展[J]. 吉林化工学院学报, 2009, 26: 29~34.

[26] Henrissat B, Driguez H, Viet C, et al. Synergism of cellulases from Trichoderma reesei in the degradation of cellulose[J]. Nature Biotechnology, 1985, 3: 722~726.

[27] Reese E T, Siu R G H, Levinson H S. The biological degradation of soluble cellulose deriva-

tives and its relationship to the mechanism of cellulose hydrolysis [J]. J Bacteriol. , 1950, 59: 485.

[28] 陈洪章, 李佐虎. 影响纤维素酶解的因素和纤维素酶被吸附性能的研究[J]. 化学反应工程与工艺, 2000, 16: 30~35.

[29] Woodward J. Synergism in cellulase systems[J]. Bioresource Technology, 1991, 36: 67~75.

[30] 刘媛媛, 孙君社, 裴海生, 等. 提高木质纤维素酶水解效率的研究进展[J]. 中国酿造, 2011, 5: 16~20.

[31] 谭世语, 黄诚. 木糖生产工艺的研究进展[J]. 食品科技, 2006, 12: 103~105.

[32] 陈瑾. 木糖的生产与推广前景[J]. 安徽化工, 2001, 27: 13~14.

[33] 秦玉楠. 木糖的生产工艺及其效益[J]. 精细化工, 1996, 3: 24~26.

[34] Palmqvist E, Hahn-H gerdal B. Fermentation of lignocellulosic hydrolysates Ⅱ: inhibitors and mechanisms of inhibition[J]. Bioresource Technology, 2000, 74: 25~33.

[35] Buchert J, Puls J, Poutanen K. The use of steamed hemicellulose as substrate in microbial conversions[J]. Applied Biochemistry and Biotechnology, 1989, 2: 309~318.

[36] Clark T A, Mackie K L. Fermentation inhibitors in wood hydrolysates derived from the softwood Pinus radiata. Journal of Chemical Technology and Biotechnology[J]. Biotechnology, 1984, 34: 101~110.

[37] Heipieper H J, Weber F J, Sikkema J, et al. Mechanisms of resistance of whole cells to toxic organic solvents[J]. Trends in Biotechnology, 1994, 12: 409~415.

[38] Ando S, Arai I, Kiyoto K, et al. Identification of aromatic monomers in steam-exploded poplar and their influences on ethanol fermentation by Saccharomyces cerevisiae[J]. Journal of fermentation technology, 1986, 64: 567~570.

[39] Palmqvist E, Hahn-Hagerdal B, Galbe M, et al. Design and operation of a bench-scale process development unit for the production of ethanol from lignocellulosics[J]. Bioresource Technology, 1996, 58: 171~179.

[40] Palmqvist E, Hahn-Hagerdal B. Fermentation of lignocellulosic hydrolysates Ⅰ: inhibition and detoxification[J]. Bioresource Technology, 2000, 74: 17~24.

[41] Olsson L, Hahn Hagerdal B, Zacchi G. Kinetics of ethanol production by recombinant Escherichia coli KO11[J]. Biotechnology and Bioengineering, 1995, 45: 356~365.

[42] Jonsson L J, Palmqvist E, Nilvebrant N O, et al. Detoxification of wood hydrolysates with laccase and peroxidase from the white-rot fungus Trametes versicolor[J]. Applied microbiology and biotechnology, 1998, 49: 691~697.

7 生物质生化转化发酵平台

生物质生化转化发酵平台指的是利用微生物发酵转化生物质的过程。木质纤维素经预处理后，后续工艺要经过四个典型的生物过程：纤维素酶和半纤维素酶的生产、酶催化纤维素水解、己糖发酵和戊糖发酵。若将四个工艺组合，则过程繁琐、生产周期较长，并且多步工艺步骤增加了发酵生产设备的投资成本。按照以上四个过程是否在同一过程、同一反应器中进行，可将木质纤维素制备乙醇的过程分为以下几种工艺（见图7-1）。

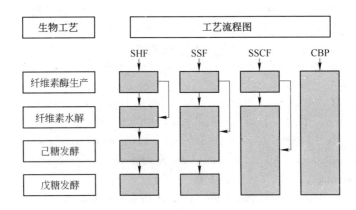

图 7-1　不同生物工艺流程图
SHF—分级水解发酵工艺；SSF—同步糖化发酵工艺；
SSCF—同步糖化与共发酵工艺；CBP—统合生物工艺

本章分析比较了几种工艺，并以纤维素发酵乙醇为例探讨生物质生化转化发酵平台的研究，最后重点介绍了具有发展前景的固态发酵工艺。

纤维素物料生产乙醇的传统研究一般采用酶解后再发酵的"两步法发酵"来实现。虽然酶水解后再发酵的工艺已经取得很大的进展，但是从经济与技术的角度考虑，与之相对应的将水解与发酵合二为一的发酵即"一步法发酵"具有更大的潜力。一步法发酵是将各自独立的过程在同一反应器内完成。

若按照水在发酵过程中是否为流动相或基质是否呈现固态特性，发酵可分为固态发酵和液态发酵。本章首先介绍一步法发酵方式：同步糖化发酵、组合生物转化工艺、统合生物工艺和共培养发酵技术。然后基于作者的研究，分析固态发酵技术的优势和前景。

7.1 同步糖化发酵

7.1.1 同步糖化发酵（SSF）工艺特点

Gauss 等[1]于 1976 年提出了在同一个发酵罐中进行纤维素糖化和乙醇发酵的同步糖化发酵法以克服产物反馈抑制作用。同步糖化发酵工艺如图 7-2 所示。纤维素酶解和己糖发酵在同一个反应器中进行，纤维素酶解过程中产生的葡萄糖被微生物迅速利用，解除了葡萄糖的反馈抑制作用，提高了酶解效率，减少了纤维素酶的用量，所需要的反应设备减少了，污染的可能性也降低了。

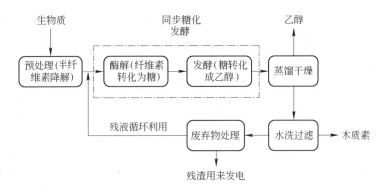

图 7-2 生物质同步糖化发酵乙醇系统[6]

应用 SSF 法也不必将葡萄糖与木质素分离，避免了糖的损失，而且可以减少反应器的数目，降低投资成本（约 20%）。此外应用 SSF 还可以进行己糖和戊糖的协同发酵，在脱毒处理方面也有明显优势。通过对影响同步糖化发酵的因素进行研究，结果表明酶解仍然是同步糖化发酵的主要限制性因素，造成这种现象的原因就是酶解与发酵的最适作用温度不一致[2]。纤维素酶解的最适温度一般约为 50℃，而普通酿酒酵母的最适发酵温度通常约为 30℃，选择耐高温酵母有利于 SSF 技术的应用。SSF 技术的关键是选择最合适的酵母。SSF 研究中，使用最多的酵母菌，如 *Saccharomyces cerevisiae*、*Candida qrassicae* 都是常用的酵母。

SSF 工艺目前采用的、最好的纤维素酶是由里氏木霉（*Trichoderma reesei*）的诱变株所分泌的。20 世纪 70 年代以来，Natgck 美国陆军实验室和 Rutgers 大学分别以野生型的绿色木霉（*Trichodema Viride* QM6a）为出发菌株经育种得到高产纤维素酶的菌 QM9414 与 Rut-C30、Rut-NG-14，并将种名更改为 *Trichodema reesei*，以纪念纤维素酶的创始人 E. T. Reese。以上菌株的纤维素酶活力已高出野生菌株的 10 至 15 倍，是目前公认的活力最强的纤维素酶。

除酵母与 *Trichodema reesei* 纤维素酶用于 SSF 过程外，也有人研究了一些其他的菌种和酶，例如一种嗜热单孢菌（*Thermonmnospora* sp.）产生的纤维素与酶嗜热纤维素梭菌（*Clostridium thermocellum*）的组合。使用的发酵菌种最值得注意的应当是游动单孢菌（*Zymomonas moqilis*），它产生乙醇的速率约等于酵母的3倍，乙醇得率也比酵母略高，可达理论值的96%～97%，其糖代谢途径为恩杜氏途径，理论上由1分子葡萄糖生成2分子乙醇及2分子二氧化碳和1分子ATP，*Z. moqilis* 产生乙醇的最适 pH 值为4.5～6.0，与 *T. reesei* 产生纤维素酶的最适 pH 值一致，它的最适生长温度与发酵温度均为30℃，并有一不同于酵母的特点，即在适当提高温度或限制营养的条件下，其细胞虽然停止生长，但仍可照常发酵。例如37℃时，*Z. moqilis* 的乙醇产量与30℃时基本相同，但在此温度下，细胞的生长已经停止。*Z. moqilis* 的这一特点，可以进一步提高底物转化率（即乙醇得率）。对于周期相对较长的纤维素发酵，这在经济上来说是重要的。

采用 SSF 工艺应注意两个问题：

第一个问题是酶作用的温度与酵母发酵的最适温度是否统一。一般分别为50℃和30℃，*T. reesei* 所产生的纤维素酶最佳作用范围为45～50℃，而一般酵母发酵温度在30℃上下，高于37℃，一般酵母即不再生长和发酵；如在30℃下发酵，又会大大降低酶活力。由于 SSF 中酶的水解作用是限速的一步，所以降低 SSF 的发酵温度不是较好的方案。为了二者兼顾，同步糖化发酵一般采用的温度为37～38℃，但是仍无法实现最优化的酶解和发酵条件。因此，挑选耐高温同时耐高产乙醇的酵母是 SSF 研究的一个重要课题。

针对以上问题，人们分别从工艺和育种等方面对其进行了研究。如采用耐热酵母和细菌取代传统的酿酒酵母，可使反应温度提高，与纤维素酶的最佳反应温度接近，提高纤维素的水解速度。Szczodrak 等于1988年从12个不同的耐热酵母属中挑选了58种，测试这些酵母在温度高于40℃的条件下生长和发酵的能力。结果发现，在43℃的条件下培育的 *Fabospora fragilis* CCY51-1-1 可使140g/L 葡萄糖转化成56g/L 乙醇，达到理论转化率的74%。但当温度升高到46℃时，该菌株的发酵能力显著下降，乙醇转化率为46%[3,4]。目前，在40～46℃正常发酵的酵母已初步选育成功，例如：*Kluyveromyces marxiannus*、*Kluyveromyces qrayilis*、*Faqorpora qragilis* 等，这三种菌株的发酵温度几乎正好是酶作用的最适温度。除了选择耐热酵母这一途径外，日本人提出用常温发酵酵母进行同时糖化发酵的方法，即所谓"东方发酵法"，此法也取得了相当成效，但发酵时间过长。

另外有研究者利用改进的装置与工艺实现同步糖化发酵，肖炘[5]提出了纤维素生物转化制备乙醇的分散、耦合、并行系统，其装置如图 7-3 所示。在这一系统中，糖化、发酵和酒精的分离分别单独进行。在糖化部分，酶解可以在较高温度下进行，酶解液经过核孔膜把酶和酶解液分离开，纤维素酶返回糖化部分继续酶解，糖液进入发酵段进行酒精发酵。这样既解决了酶解温度和发酵温度不一致的问题，又解除了糖对酶解的抑制作用。同样，在发酵部分，发酵液依靠膜使酵母细胞和发酵液分离，酵母细胞返回发酵段继续发酵，分离得到的发酵液可进行蒸馏得到酒精，去除了酒精对酵母活性的抑制作用。利用该系统对纤维素进行酶解，纤维素的转化率可达 81%，而由一般纤维素酶解过程获得的最终转化率为 66%，且前者的效率是后者的 3.9 倍。由该系统进行的纤维素制酒精方法获得的酒精浓度、发酵速率和纤维素转化率分别为 8.14%、0.66g/（L·h）和 80.1%，分别是同步糖化发酵的 1.8、1.3 和 1.7 倍。

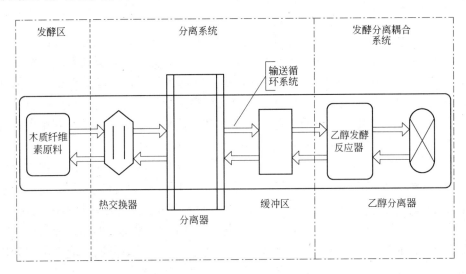

图 7-3　纤维素生物转化制备乙醇的分散、耦合、并行系统

　　SSF 发酵中应注意的另一个问题是菌种与酶制剂的其他不相容之处。例如，细胞裂解物或细胞分泌物（如蛋白酶）可能会破坏纤维素酶，而粗酶制剂中的若干成分可能会影响到细胞的生长乃至糖的利用和乙醇得率。

　　关于 SSF 发酵的影响因素，可大致归纳如下[7]：

　　（1）酶浓度。酶浓度高，所产乙醇浓度也较高，在低的酶浓度范围尤其如此。

　　（2）酵母细胞的初始浓度。当接种时发酵液中细胞浓度在 $(2.5 \sim 10) \times 10^7$ 个/mL 时，乙醇的产生不受影响。

　　（3）温度与 pH 值。酵母和纤维素酶的最适温度、pH 值各异。

　　（4）预处理的影响。纤维素物料在水解之前的预处理通常是十分必要的，不进行预处理，往往发酵效率降低，转化得率不高，但预处理工艺往往是成本上升的重要原因。

　　（5）底物浓度的影响。底物浓度较大时乙醇产量与浓度上升，底物降解率略降低，总体来说对发酵有利。但浓度大时，水分难以浸透物料，给培养造成困难。解决方法之一是在发酵过程中，适时补加纤维素底物与酶，采用此法可有效提高乙醇浓度。

在一般的 SSF 工艺中，预处理所产生的富含五碳糖的液体是单独发酵的。随着能同时发酵葡萄糖和木糖的新型微生物的开发，又发展了 SSCF（组合生物转化）工业，预处理得到的糖液和处理过的纤维素放在同一个反应器中处理，这就进一步简化了流程。

7.1.2　同步糖化发酵的抑制性因素

同步糖化发酵存在一些抑制性因素：如木糖的抑制作用，糖化和发酵温度不协调等。在同步糖化发酵中，半纤维素产生的木糖将会存留在反应液中，当浓度达到 5% 时，木糖对纤维素酶的抑制作用可达到 10%。消除木糖抑制的方法是使用能转化木糖为乙醇的菌株，如假丝酵母、管囊酵母等。现在研究较多的是利用葡萄糖与利用木糖的菌株混合发酵，与单纯利用葡萄糖发酵菌和单纯利用戊糖菌发酵相比，其乙醇的产量分别提高 30% ~38% 和 10% ~30%[8]。

由于木质纤维素的结构非常复杂，导致微生物对该类原料的利用过程也很复杂。陈洪章等[9]对不同组成的纤维素原料的酒精同步糖化发酵和补料-分批同步糖化发酵进行了系统研究，发现木质素对纤维素的同步糖化发酵具有阻碍作用，而半纤维素对纤维素的同步糖化发酵具有双重作用：一方面，半纤维素的存在降低了纤维素的结晶度，有利于纤维素的同步糖化发酵；另一方面，酵母不能利用的半纤维素酶解产物木糖和木寡糖的积累会反馈抑制半纤维素的酶解，并进一步阻碍纤维素的酶解，降低纤维素同步糖化发酵酒精的速率。在这两种作用中促进作用是主要的，抑制作用仅在分批同步糖化后期和补料-分批同步糖化发酵时产生，因此，去掉原料中的木质素，保留半纤维素有利于提高纤维素同步糖化发酵酒精的速率。

在同一反应器内使用纤维素酶和发酵菌株，该法可提高纤维素水解速率并增加乙醇得率。其工艺影响因素为酶浓度、温度、pH 值、底物浓度及预处理工艺等。在通常的酶水解过程中，纤维素水解产物葡萄糖和纤维二糖抑制纤维素酶的作用。在 SSF 工艺中，由于水解产物被乙醇发酵菌株连续利用，发酵液中还原糖浓度极低，所以有效地解除了这种抑制，加快水解速率、缩短发酵时间、纤维素水解率与乙醇得率（即每克降解纤维素转化为乙醇的克数）提高，并可得到较高的乙醇浓度。此外，传统的糖化加发酵工艺中，糖化阶段产生的纤维二糖在发酵液中占有相当大的比例，这些纤维二糖不能被该工艺通常采用的酵母菌所利用。因此，纤维素转化为乙醇的转化率比较低。而在 SSF 工艺中，由于葡萄糖被连续利用，纤维素酶系统中的纤维二糖酶得以保持较高的活力，纤维二糖因此立即被酶解为葡萄糖而进一步被利用，乙醇得率得以大幅度提高。

7.2 组合生物转化工艺

7.2.1 组合生物转化工艺（SSCF 工艺）的优势和突破点

微生物转化的本质是某种微生物将一种物质（底物）转化成为另一种物质（产物）的过程。这一过程是由某种微生物产生的一种或几种特殊的胞外或胞内酶作为生物催化剂进行的一种或几种化学反应。简而言之，即为一种利用微生物酶或微生物本身的合成技术。

某种特殊的微生物能够将某种特定的底物转化成为某种特定的产物，其本质是酶的作用。因此，对酶转化无需多作解释，它与微生物转化的差别仅在于：前者是一个单一的酶催化的化学反应；而后者为了实现这一酶催化反应，需要为微生物提供一个能够生物合成这些酶的条件。因此，从这一角度来看，这似乎是真正的生物转化。另外，尽管用于生物转化的酶大多来自于微生物，但也可以是来自于动物和植物的酶。而对于一个具体的生物转化来说，究竟是采用微生物转化技术，还是采用酶转化技术，都要综合考虑实现这一过程的诸多因素，如成本、环境、技术装备和质量要求等。

在研究一个微生物（或酶）转化过程时，需要仔细地考虑诸多方面的问题，如所用转化底物的选择、所用微生物对不同底物转化能力的考察、转化路线或转化反应的选择等。其中最主要的是寻找适合于所设计转化过程的微生物，以及如何来提高这种微生物的转化能力，即提高这种酶活力。再则是发现一种新的酶或一种新的反应以便为设计一个新的微生物转化过程提供一条线索。为了寻找能够适合作为生物催化剂的微生物酶，除了有必要对原来已知的一些重要的酶或反应进行重新评价外，一种更为有效的方法是筛选新的微生物菌株或酶。

组合生物转化是指利用一种以上的、具有特殊转化功能的微生物或酶，对同一个母体化合物进行组合转化，以得到化学结构的多样性，它是从已知化合物中寻找新型衍生物的有效手段。从某种角度上讲，它比化学合成的方法更为有效。这是一个新的研究领域。

这里的组合生物转化指的是将纤维素原料的水解产物己糖和戊糖进行共转化过程，即同步糖化与共发酵工艺。

7.2.2 木质纤维素组合生物转化

众所周知，木质纤维素是一种非常有吸引力的工业制乙醇的原料，它主要来源于农作物废弃物，包含35%～50%的纤维素、20%～35%的半纤维素和10%～15%的木质素，其水解产物中富含大量的糖类，包括葡萄糖、木糖、阿拉伯糖、甘露糖、半乳糖等混合糖。六碳糖较容易经微生物酵解生成乙醇，而占总糖量10%～40%的木糖则不能被充分利用。因此，如果找到一种能利用混合糖产乙醇的工程菌，理论上则可以提高乙醇产量25%[10]。

同步糖化共发酵，即纤维原料酶解、己糖发酵和戊糖发酵同时进行，可采用混菌发酵或木糖代谢工程菌进行。即木质纤维素前处理完成后，半纤维素水解产生的戊糖不与纤维素分离，而是与其一起进入后续发酵产乙醇。与前面两种工艺相比，SSCF不仅减少了水解过程的产物反馈抑制，而且去除了单独发酵戊糖这一步，将其融入己糖的发酵。可见，戊糖己糖共发酵，不仅能提高底物利用率和乙醇产率，还有助于生产成本的降低。

同步糖化共发酵工艺最重要的突破点是寻找能够同时高效转化己戊糖的菌株，主要可包括两种方法：菌种筛选和基因工程改造。

(1) 天然菌种筛选。Koskinen等分离到两株嗜热厌氧菌，分别命名为K17、K15，将两株厌氧菌共发酵木质纤维素，能同时利用葡萄糖和木糖产生酒精和H_2，菌株K17在酒精的体积分数达到4%时仍没有明显抑制[11,12]。Ryabova等从毕赤酵母属的多形汉逊酵母中筛选出维生素B_2缺陷型突变株，该菌株能在45℃的高温下利用木糖和纤维二糖产酒精，从而提高了木质纤维素产酒精的总得率[11,13]。Kim等利用经氨水预处理后的大麦壳，加入3%的葡聚糖、4%木聚糖酶和浓度为15FPU/g的滤纸酶，以重组大肠杆菌KO11同步糖化共发酵生产乙醇。乙醇最终浓度可达24.1g/L，可达到最大理论产量的89.4%[14,15]。Zhang等利用木糖的酿酒酵母RW B222和商业纤维素酶，建立了一种动力学模型来预测同步糖化共发酵生产燃料乙醇。这种模型描述了纤维素和木聚糖的酶促水解反应葡萄糖和木糖的竞争性吸收[16]。

张根林等[17]针对利用葡萄糖和木糖合成2,3-丁二醇的肺炎克氏杆菌（*Klebsiella pneumoniae* XJ-Li），优化培养基组成与发酵条件，围绕五、六碳糖共代谢的特点，探讨简单可行的代谢调控方法。结果表明，60g/L葡萄糖和40g/L木糖为碳源，5.75g/L $NH_4H_2PO_4$为氮源，pH值维持在5.5，培养温度38℃，2,3-丁二醇浓度可达19.24g/L。确定了pH值调控和外源添加维生素C的调控方式，通过调节发酵过程中pH值于5.5左右，使2,3-丁二醇的产量提高了16.4%；添加60mg/L维生素C调节培养基的氧化还原状态，可使2,3-丁二醇的产量提高44.3%，批式发酵48h，2,3-丁二醇终浓度可达33.47g/L。

(2) 基因工程改造。但是，如果不加改造，目前用于乙醇发酵的微生物（主要是酿酒酵母 *S. cerevisiae*）利用戊糖的能力较差，这就阻碍了SSCF的应用，也是SSCF应重点研究的方面[18]。一般来说，木质纤维素中，己糖主要是葡萄糖，戊糖主要是木糖。在大多数真菌和细菌细胞内，木糖要经过一系列的生化反应，转变为5-磷酸木酮糖，才能通过戊糖磷酸途径（pentose phosphatepathway，PPP）产生糖酵解中间产物，从而进入糖酵解，最终转变为乙醇。其中，木糖还原酶、木糖醇脱氢酶（真菌）和木糖异构酶（细菌）最为关键，基因工程主要就是将编码前两个酶或第 3 个酶的基因正确导入目的菌株，使其能利用木糖产乙醇。

现在已报道了不少关于基因重组后能利用木糖产乙醇的微生物，部分乙醇产率较高。其中，S. cerevisiae 作为最常用的乙醇发酵菌，有较高的乙醇产量和产率（最优条件下，产量为 0.45g/g，产率为 1.3g/(g·h)），对乙醇和抑制物的耐受力也较好，曾有报道能耐 100g/L 乙醇的 S. cerevisiae 菌株。但是，野生的 S. cerevisiae 不能利用木糖产乙醇，仅能少量地将其还原为木糖醇。为了能使用 S. cerevisiae 进行共发酵，Karhumaa 等[19]将编码木糖还原酶和木糖醇脱氢酶的基因插入其基因组，得到乙醇产率为 0.13g/(L·h)的基因重组菌株。但木糖还原酶所依赖的共底物 NADPH 存在不完全循环，会导致木糖醇积累。于是，Petschacher 等[20]运用基因定点突变使木糖还原酶转为以 NADH 为共底物，与未突变的重组菌株相比，同时对 20g/L 木糖发酵后，含有突变木糖还原酶的重组酵母乙醇产量提高 42%。Kuyper 等[21]介绍了木糖异构酶在 S. cerevisiae 中的异源表达，最终获得乙醇产量为 0.42g/g 木糖的基因重组菌株。

运动发酵单胞菌（Zymomonas mobilis）由于利用 2-酮-3-脱氧-6-磷酸葡糖酸裂解途径（ED 途径）代谢葡萄糖，ATP 产生较少，细胞生长量就较少。与 S. cerevisiae 相比，就能利用更多的葡萄糖产乙醇，而且乙醇耐受力最高能达到 120g/L[22]。该菌株的主要缺点是对抑制物较敏感，同时也不能利用戊糖。因此，Z. mobilis 也被作为基因重组的目的菌。早期的研究主要是将木糖异构酶和木糖醇激酶的基因转入 Z. mobilis，但由于较低的转酮醇酶和转酰酶活力，所得重组菌不能在以木糖为唯一碳源的培养基上生长。之后，Zhang 等[23]将编码木糖利用和 PPP 途径有关酶的两个操纵子导入 Z. mobilis，得到能有效发酵葡萄糖和木糖的改造菌。美国国家可再生能源实验室（NREL）也在进行同时糖化和共发酵工艺（SSCF）的研究，即把葡萄糖和木糖的发酵液放在一起，用于发酵的微生物即转基因的运动发酵单孢菌，与单纯用葡萄糖发酵菌和单纯利用五碳糖发酵菌相比，乙醇的产量分别提高 30% ~38% 和 10% ~30%。

由于木糖能利用和葡萄糖相同的转运蛋白进入细胞，而这些蛋白对葡萄糖的亲和力大约是对木糖的 200 倍，结果细胞对木糖的利用受到抑制，这是重组菌株的另一问题[24]。对此，可以通过控制纤维素酶的添加量来改善。Olofsson 等[18]通过调节纤维素酶的用量，控制葡萄糖从纤维素的释放和菌的吸收，使木糖的吸收从 40% 增加到 80%。此外，还可对葡萄糖进行前发酵来减少竞争性抑制。Bertilsson 等[25]在酶水解糖化之前对底物中的葡萄糖进行了前发酵，从而提高了木糖的利用。Ohgren 等[26]发现，采用补料发酵使发酵液中的葡萄糖保持在较低的浓度，对木糖的发酵很有利。Chandrakant 等[27]还介绍了其他方案，包括加入木糖异构酶，酶和细胞的固定化，接种木糖发酵微生物与葡萄糖发酵微生物共同作用等。Fu 等[28]利用运动发酵单胞菌（*Z. mobilis*）和毕赤酵母（*Pichia stipitis*）共同发酵葡萄糖和木糖混合物，乙醇产量达 0.49~0.50g/g，与目前最好结果相差不大。当然，也可通过数学模型的建立来优化此工艺。Zhang 等[16]介绍了 SSCF 的数学模型，指出水解糖化相关常数中纤维素的水解常数最为重要，而发酵相关常数中最重要的是乙醇产量和微生物的乙醇耐受力。

但是，这些菌株主要是用可溶性糖作为底物筛选出来的，在这种条件下，糖浓度较高，生长也快，与 SSCF 中低糖浓度和高底物浓度的情况不相符。一个好的可溶性糖发酵微生物不一定是好的 SSCF 菌株，因为用于 SSCF 的菌株不仅要求能较好地发酵戊糖和己糖，还要对乙醇和其他抑制物有较好的耐受力。

同步糖化共发酵在同步糖化发酵的基础上，进一步简化了设备，缩短了发酵周期，因而该工艺的研究越来越多，应用前景看好。

7.3 统合生物工艺

统合生物工艺（CBP），以前被称为直接微生物转化，可将纤维素酶和半纤维素酶生产、纤维素水解和乙醇发酵组合，通过一种微生物完成。自然界中的某些微生物（多为梭菌与瘤胃菌）具有直接把生物质转化为乙醇的能力。此类菌皆为厌氧菌，它们可以水解纤维素，同时利用其自身降解产物来产生乙醇。直接微生物转化将三个过程（纤维素酶的生产，纤维素酶解糖化，己糖、戊糖发酵）耦合成一步，这样减少了反应容器，节约了成本。据估算，与传统的纤维素酶解方案相比较，CBP 生产乙醇的价格可降至传统方法的 1/4。目前，统合生物工艺在国际上越来越受到关注，各国科学家纷纷展开了各种研究。但该工艺菌种耐乙醇浓度低，并有多种副产物产生，发酵液中乙醇浓度低、得率低。因此利用统合生物工艺转化木质纤维素的核心技术是选育出一株既能直接利用木质纤维素又能发酵生产乙醇等化工产品的工业微生物菌群或菌株。目前研究较多的微生物包括热纤维端孢菌、热硫化氢梭菌和产乙醇热厌氧杆菌等[29]。梭菌属（*Clostridium*）的一些菌种与瘤胃菌（*Rumin qacterium*）的某些菌种也存在着这样的特点。这种直接由纤维素水解菌的发酵可以进一步简化发酵工艺，实际上它将酶制备、水解、酶回收、乙醇发酵诸过程合为一体，并因此使杂菌污染减少到最低程度，特别是对嗜热菌的发酵更是如此。

1989 年，Christakopoulos 等发现纤维素酶生产菌株尖孢镰刀菌（*Fusarium oxysporum*）F3 可以直接把葡萄糖、木糖、纤维二糖、纤维素发酵成乙醇，在有氧阶段和厌氧阶段 pH 值分别为 5.5 和 6 时，纤维素转化为乙醇浓度分别为 9.6g/L 和 14.5g/L，相当于理论产量的 89.2% 和 53.2%[15,30]。

另一种有代表性的菌——梭状芽孢杆菌（*Clostridium thermocellum*）这一菌种是严格厌氧的嗜热菌，其最适生长温度约 60℃。它具有纤维素降解率高，生长

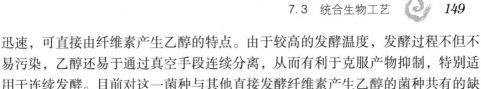

迅速，可直接由纤维素产生乙醇的特点。由于较高的发酵温度，发酵过程不但不易污染，乙醇还易于通过真空手段连续分离，从而有利于克服产物抑制，特别适用于连续发酵。目前对这一菌种与其他直接发酵纤维素产生乙醇的菌种共有的缺陷是它们的野生型菌株对乙醇的耐性较差，因此难以得到高浓度的乙醇发酵液。梭状芽孢杆菌野生型菌株的特点可大致归纳如下：在 1% 纤维素培养基中，以大约 1∶1 的比例产生乙醇与乙酸，乙醇浓度在大约 24h 后达 1~2g/L，至 72~96h，还原糖的积累可达 3~4g/L，降解纤维素约 70%~90%。理论上梭状芽孢杆菌可将 1 分子葡萄糖产生 2 分子乙醇。它还可降解聚木糖，但不能利用木糖及除葡萄糖以外的其他半纤维素降解产物，例如甘露糖、阿拉伯糖、半乳糖等[31]。

尽管梭状芽孢杆菌野生型菌株发酵性能较差，但通过诱变、驯化等育种手段以及工艺和培养条件的改善，有希望使发酵过程得以改进。例如美国麻省理工学院通过驯化诱变得到的 S-7 菌株对乙醇的耐性大大增加。生长受到 50% 抑制的乙醇浓度由 0.8% 上升至 6.5%，产物中乙醇与乙酸的比值由 1∶1 上升至 5∶1，在底物浓度为 40g/L、过程调节 pH 值的情况下，乙醇浓度在 40 多小时达到 5g/L，还原糖积累为 24g/L。仅仅改变工艺条件也可以显著改变发酵结果，美国康奈尔大学的实验表明较高浓度的连续发酵可以较大幅度地增加乙醇浓度[32]。2005 年，Balusu 等用梭状芽孢杆菌 SS19 厌氧发酵分解纤维素产乙醇。当培养基中的滤纸、玉米浆、半胱氨酸盐酸盐和硫酸亚铁的浓度分别为 4.5g/L、8.0g/L、0.25g/L、0.01g/L 时，产量为 0.41g/g（乙醇/底物），产率为 81%[15,33]。

袁文杰等[34]研究使用具有菊粉酶生产能力且乙醇发酵性能优良的马克斯克鲁维酵母（*Kluyveromyces marxianus*）YX01，首先以菊粉为底物，考察了这一集产酶、糖化和乙醇发酵为一体的一步法乙醇发酵新工艺，进而以近海滩涂种植海水灌溉收获的菊芋为原料，直接发酵生产乙醇。在摇瓶中考察了该菌株最适发酵温度，进而在 2.5L 发酵罐中考察了通气量和底物浓度的影响。实验结果表明：该菌株最适发酵温度为 35℃；在通气量为 50mL/min 和 100mL/min 时菌体生长加快，发酵时间缩短，但在不通气条件下，糖醇转化率明显提高；在菊粉浓度为 235g/L 时，发酵终点乙醇浓度达到 92.2g/L，乙醇对糖的得率为 0.436，为理论值的 85.5%。在此基础上，使用近海滩涂种植海水灌溉收获的菊芋为底物，以批式补料方式直接发酵菊芋干粉浓度为 280g/L 的底物，发酵终点乙醇浓度为 84.0g/L，乙醇对糖的得率为 0.405，为理论值的 80.0%。

CBP 代谢工程也可以通过两条途径进行：

（1）使用能降解纤维素的微生物或是能产生乙醇的基因工程菌。2010 年，Steen 等[35]在国际著名杂志 Nature 上发表了一篇通讯，他们通过基因工程与代谢工程手段改造大肠杆菌，使其可将生物质糖类生成脂肪酸酯、脂肪醇和蜡质等，并且向该基因工程菌引入了半纤维素酶的基因，使其可直接利用半纤维素，最终合成目的产物。

（2）筛选或使用发酵产物的得率和耐性都已经过考验的菌株。2002 年，美国马萨诸塞大学[36]宣称，他们从土壤中筛选出一种新型微生物植物发酵梭菌（*Clostridium phytofermentans*），又称 Q 细菌，该菌可以利用多种生物质原料，同时乙醇转化率高，副产物少，并且具有较高的乙醇耐受性。而且他们进一步发现，Q 细菌的降解纤维素机理与丝状真菌和纤维小体都不同，有望为统合生物工艺的研究带来突破。

总之，统合生物加工过程有利于降低生物转化过程的成本，越来越受到研究者的普遍关注[37]。

7.4 共培养发酵

纤维素水解菌的纯培养发酵虽然进一步简化了工艺，但它存在若干缺点，例如：

（1）菌生长慢，发酵周期长。特别是对严格厌氧菌的纯培养要求很高的厌氧条件，菌的延迟期有时很长。

（2）乙醇得率往往很低，发酵终点还原糖有相当的积累，有些菌不能单独利用葡萄糖以外的其他还原糖。

（3）乙醇浓度低，产品分离成本提高。

基于以上原因，由厌氧菌的纯培养发酵生产乙醇难度较大。解决办法之一是采用共培养或称混合培养（mixed culture）的方法发酵。此法使用一种可以水解纤维素的菌种与另一种发酵其水解产物产生乙醇的菌种一起培养，实现纤维素到乙醇的转化。使用纤维素水解菌与糖酵解菌的共培养发酵可进一步提高发酵速率、纤维水解得率、乙醇得率及浓度。其发酵关键在于控制培养基中氧气含量、取得高的底物浓度、低的副产物量及进一步做好菌种选育工作。

目前，用于共培养发酵最著名的纤维素水解菌还是 *C. thermocellum*。例如，此菌与另一嗜热菌 *Clostridium thermoraccholyticum* 的共培养，前者水解纤维素为葡萄糖和纤维二糖，并可水解聚木糖为木二糖与木糖，其中的纤维二糖和葡萄糖可为 *C. thermocellum* 自身部分利用，木二糖与木糖则不能为 *C. thermocellum* 利用。但作为糖酵解菌的 *Clostridium thermoraccholyticum* 虽不能水解纤维素，却可利用纤维素、半纤维素的水解产物纤维二糖、葡萄糖、木二糖与木糖。由于天然纤维素都伴生有大量半纤维素（其主要成分为聚木糖），因此这二者的共培养可以更充分地利用天然纤维素物料。由麻省理工学院筛选出的诱变株 *Clostridium thermoraccholyticum* HG-4 可以 4∶1 的比例产生乙醇与乙酸。共培养发酵因为还原糖立即被利用，发酵液中没有还原糖的积累，因此纤维素酶不受抑制，从而加快了纤维素降解和发酵的速度，同时菌的停滞期缩短，乙醇浓度与得率均上升。

在这样一个共培养发酵中，乙醇浓度已经不是主要考虑的问题。对这一工艺应重视的因素是：（1）过程的 pH 值控制；（2）严格的厌氧条件；（3）尽量高的底物浓度以及在高底物浓度下尽量提高乙醇得率和减少副产物的量。

　　共培养发酵极大地简化了二步法发酵工艺，同时又弥补了纯培养发酵的某些不足。特别是嗜热菌的共培养，由于菌的生长与代谢速度快，又进一步加快了发酵过程，因而在克服发酵周期长这一纤维素利用的重大障碍上独具优势。嗜热菌共培养在防止杂菌污染和降低产物分离成本方面显得更为优越，因此，它已成为纤维素乙醇发酵中特别令人感兴趣的一个研究领域。

　　以上各种工艺的共同特点，是将传统工艺中纤维素水解与发酵这两个主要步骤合为一个，同时也省略了酶回收这一环节，因此工艺大为简化。过程的简化不仅可以大大降低生产成本，也可以减少杂菌污染对发酵的干扰[7]。

7.5　固态发酵优势与前景

　　发酵技术有液态发酵与固态发酵两大类。固态发酵的历史可以追溯到几千年前，中华民族已经用固态发酵来制备发酵食品。固态发酵近几年在有机酸、酒精、生物活性物质、风味物质及其他类化合物领域的研究得到迅速发展与应用，但上述研究均处于实验室研究阶段。而自 1945 年青霉素液态发酵成功以后，液态发酵技术获得了突飞猛进的发展。以往固态发酵难以做到的纯种（单一菌种）培养用液态发酵都很容易实现，而且传统的固态发酵规模较小，几个立方米就算较大的装置，难以放大到上百立方米的规模，但液态发酵就可以放大到几百立方米甚至上千立方米。

　　然而，随着时代的发展，液体发酵也遇到了新的障碍，大量用水和废水产生正阻碍着它的进一步发展。液态发酵需要大量的水，发酵罐中产物的浓度常常不到 10%，其他 90% 左右是水。我国已经成为世界上最大的发酵工业国，每年发酵行业的用水和废水排放仅次于造纸行业；而我国是缺水国家，600 多个城市中有 400 多个处于缺水危机中。近年来，我国农村也有 2/3 的地区常年处于缺水状态。为解决石油危机，我国对发酵工业更加重视，拟通过发酵工程技术将可再生的生物质转化为乙醇等燃料和化学品，发酵工业的规模将进一步扩大。因此，发展适合我国缺水环境的发酵工程技术，减少发酵过程对水的依赖，就成为生物工程要解决的难题。固态发酵是解决当前人类所面临的三大危机的一个有效手段。固态发酵可以解决工农业废弃物、城市生活垃圾等的处理问题，而且可以将这些材料进行降解、修复、转化为对人们有益或无害的物质。因此，如果能够对几千年积累的固态发酵进行技术创新，在一部分发酵行业中逐步取代液态发酵，则有望对我国的可持续发展作出重要贡献。

　　因此，固态发酵具有巨大的潜能，但与液体发酵相比，固态发酵在传质、传热等方面缺乏有效的研究，难以实现工业化大规模的生产。其主要原因在于通风传质困难、易染菌、基质利用率低、缺乏固态发酵反应器设计和放大的统一，缺少完善的传质、传热数学模型、检测手段不完备等。

除我国之外，日本、欧洲的一些国家对固态发酵也进行了研究。但总的说来，在混合菌发酵过程的优化、酿曲的选育等方面的工作较多，在反应器研制和单一菌种发酵过程方面的工作还很少。

7.5.1 传统固态发酵技术的难点

7.5.1.1 传统固态发酵技术优缺点

虽然固态发酵与液态发酵相比，具有它独特的优势，但也存在着许多不足。受科技发展的限制，在过去的很长一段时间内，固体发酵技术都停留在一个比较原始落后的状态，甚至在现代的工业生产上仍然在沿用这样的发酵技术。特别是传统固态发酵是发酵工业中古老而又落后工艺的代名词。甚至，在发酵工程或生化工程的教科书中，也很少提到固态发酵。现代发酵技术的关键条件是纯种大规模集约化培养。不过在最近十年间，关于固体发酵技术的研究和应用得到了迅速发展。随着科学技术发展和可持续发展的影响，国内外逐步重视对固态发酵的研究开发，已取得了很大进展。因此，依据固态发酵过程中是否能实现限定微生物纯种培养，分为传统固态发酵与现代固态发酵。现代固态发酵是为了充分发挥固态发酵的优势，针对传统固态发酵存在的问题，使之适应现代生物技术的发展而进行的，可以实现限定微生物的纯种大规模培养。

固体发酵的优点有：

（1）培养基单纯，例如谷物类、小麦麸等农产品等均可被使用，发酵原料成本较经济。

（2）基质前处理较液体发酵少，例如简单加水使基质潮湿等。

（3）能产生特殊产物，如红麹产生的红色色素是液体发酵的10倍，而曲霉属（*Aspergillus*）在固体发酵所产生的葡糖苷酶较液体发酵产生的酵素更具耐热性。

（4）固体发酵使用相当高的培养基，且能用较小的反应器进行发酵，单位体积的产量较液体为高。

（5）下游的回收纯化过程及废弃物处理通常较简化或单纯，常是整个基质都被使用，如作为饲料添加物则不需要回收及纯化，无废弃物的问题。

（6）固体发酵使食品产生特殊风味，并提高营养价值，如天培可作为肉类的代用品，其氨基酸及脂肪酸易被人体消化吸收。

固态发酵存在着一些不足。固态发酵是一种接近自然状态的发酵，它与液体深层发酵有许多不同，其中最显著的特征就是水分活度低，发酵不均匀。菌体的生长，对营养物质的吸收和代谢产物的分泌在各处都是不均匀的，使得发酵参数的检测和控制都比较困难，许多液态发酵的生物传感器也无法应用于固态发酵。迄今为止，对它的研究仍然停留在以经验为主的水平上。固态发酵应用具有巨大的潜能，但与液体发酵研究相比，固态发酵在传质、传热等方面缺乏有效的研究，难以实现工业化大规模的生产。其原因主要为：通风散热困难；易染菌；基质利用率低；缺少固态发酵反应器设计和放大的统一标准；缺少完善的传质、传热数学模型；检测手段不完备等。

7.5.1.2　木质纤维素生物质原料利用的难点

固体发酵采用的发酵底物一般利用农业废弃物，如木质纤维素类等生物质资源。因为木质纤维素是农业的主要副产物，因此它十分便宜。有很多工艺的目标就是利用木质纤维素复合体中的纤维素。可是，只有少数的微生物具有纤维素的水解能力。由于木质纤维素的超分子结构的排列方式，其利用十分困难。这种困难不仅来自于纤维素和木质素的紧密结合，而且也来自纤维素分子在其基本纤维素纤维区的晶体结构。

受到广泛关注的木质纤维素基质有麦秸、玉米秸秆和水稻秸秆、麦麸、甘蔗渣和木材。这些研究的目的通常是为了增加基质中的蛋白含量以作为反刍动物的饲料，或者是为了生产纤维素酶或其他酶。

A　增加纤维素水解物的预处理

在上面所提到的基质中，只有甘蔗渣不需要预处理，因为它在榨糖的过程中已经被很好地破碎。其他的基质则需要各种各样的预处理。对于麦麸在121℃进行15~30min的高压蒸煮就足够了。玉米、水稻、小麦秸秆则需要更加苛刻的预处理。蒸汽处理（150~200℃，10~30min）对于纤维素在固态发酵中的微生物降解有很好的促进作用。NaOH处理和高压蒸煮相结合和蒸汽处理有相类似的作用。这种预处理方法可以使半纤维素和木质素溶解，同时使纤维素的结晶区松弛和破坏。这样就可以大大增加纤维素酶对于纤维素的可接触性。有人比较了这几种常用的预处理方法，结果表明这些预处理都可以明显地促进纤维素的降解，但是这些方法之间的差异相对很小。

在这些研究中，大多数是把木质纤维素基质研磨成1mm左右的颗粒。这不仅能增加基质的比表面积而且可以产生破碎细胞。破碎的细胞壁和暴露的内表面相对于完整的细胞来说更加容易被微生物降解。纤维素实际暴露的表面积相对于纤维素实际存在的总量来说更有意义。而且，暴露的表面积一定要是对于微生物的攻击比较敏感才可以。存在于木质纤维素基质中的微孔大小是影响纤维素对纤维素酶的可及性的重要因素，同时增加基质中的微孔大小也是预处理的一个重要目的。

并不是所有可及的表面积对于纤维素酶都具有相同的敏感性。一般来说，细胞壁的内层比外层更容易被酶攻击。这就解释了微生物总是从细胞内部开始攻击，而不是穿透细胞从细胞间隙开始攻击。剪开、破坏了的细胞壁表面和末端也更容易被攻击。

如果基质的微孔直径足够大，那么减小基质的颗粒直径对于增加基质的利用效果就不再那么明显，因为这种基质已经具有了足够大的可及的比表面积。这时候降解速率主要是被微孔中间的传质速度所影响。研磨后基质存在的一个缺点就是可能导致基质在一个微小空间内被压实和气体扩散很差。

B 强化木质素降解的工艺

最近几年里，在固态发酵中利用木质素，相对于利用木质纤维素基质中的纤维素开始受到了注意。其目的是为了生产反刍动物的饲料。在这种工艺中，目的是把木质素优先除去同时保留其他容易被反刍动物瘤胃微生物利用的基质成分，如纤维素和半纤维素。然而，在这种工艺过程中通常有纤维素和半纤维素的损失。

最近的研究集中在白腐菌上，它是一种担子菌。影响木质素降解的重要影响因素有温度、pH 值、水含量以及二氧化碳和氧气的浓度。一般来说，二氧化碳抑制木质素的降解，而氧气促进其降解。

氧和氮可能都是决定木质素和非木质素基质（主要是纤维素和半纤维素）利用率的重要因素。有人研究后认为氧气浓度为 50% 可以刺激木质素的优先除去。但是氧气的浓度达到 100% 时，其木质素除去的效果仅比用空气时有轻微的改善。一般来说，外加氮源的添加可以促进微生物的生长，非木质素基质的转化同时抑制木质素的利用。

在固态发酵过程中，木质素的降解有一周的延迟期。培养时间一般会被延长至最少两周甚至八周或更长。在固态发酵包含纤维素的基质过程中，一些容易被降解的基质肯定会有所损失。试验证明木质素的降解明显地改善了麦秸的可消化性。

木质纤维素基质经常被磨成 1~2mm 的颗粒。这有利于基质结构的破坏，增加表面积。酸和碱预处理一般被用来促进纤维素的利用，但是如果其目的是促进木质素的降解，那么酸处理和碱处理一般不采用。实际上，蒸煮可以抑制木质素的降解。蒸煮可以增加生长限制性营养物质的有效含量，促进生长和非木质素的转化同时抑制木质素的利用。但也有人用热水预处理增加了用于固态发酵的木质素的降解。加入少量的容易降解的糖可能是木质素降解所必需的，因为木质素是被共同代谢的，而不是仅仅作为一种碳源和能量来源。有人发现加入不同的单糖如葡萄糖、木糖可以刺激木质素的降解和纤维素的水解。木糖可以缩短木质素利用前期的延滞期，并且可以减少半纤维素的利用。

在特定的情况下，尤其考虑到在热带环境中产生的固态废料时，适当的处理

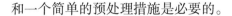

和一个简单的预处理措施是必要的。

7.5.2 新型固态发酵清洁技术

7.5.2.1 气相双动态固态发酵技术

由于固态发酵本身传质、传热性能不佳的特点，根据固态发酵研究的基础，我们提出了气相动态发酵的新过程，在此过程中，没有人为加入机械搅拌，而仅对固态发酵过程的气相状态进行了控制，一方面气压处于上升和下降的脉动中，另一方面反应器的气相也处于流动中，改善了固态发酵过程的热量传递和氧传递，促进了菌体的生长和代谢，实现纯种培养。固态发酵技术具有节水节能的优点，却难以克服传热和传质阻力大的难题，容易导致局部菌体死亡，发酵产率低；同时也克服了难以进行大规模纯种（即单菌）发酵，容易感染杂菌的问题。新发明的气相双动态固态发酵新技术是通过发酵反应器中气流的脉动和循环，有效地改善了固态发酵过程的热量传递和氧传递，促进了菌体的生长和代谢，实现了纯种培养和大规模应用，解决了传统固态发酵的技术瓶颈。其主要特点如下：

（1）与传统固态发酵不同，新型固态发酵采用气压周期脉动变化的方式进行固态发酵，通过对压力脉冲周期、气体分布板和循环速率的研究，有效地强化了发酵反应器中固态床层的热量传递和氧传递，消除了固态床层的温度梯度，避免了局部菌体死亡。

（2）在压力脉动的基础上，实现了多个发酵反应器之间的气流交换，形成气相双动态（压力脉动和气流循环），进一步改善了固态发酵的温度、湿度的分布，使菌体生长和代谢得到优化。

（3）发明了与气相双动态固态发酵配套的设备装置和无菌接种操作方法，解决了固态发酵大规模操作过程中的杂菌污染问题，实现了固态纯种发酵。

（4）研制了 $50m^3$ 和 $100m^3$ 生产规模的气相双动态固态发酵反应器，并应用于纤维素酶、白僵菌、绿僵菌、苏云金杆菌等制剂的生产，获得了成功；与传统固态发酵相比，产率提高了 2 倍以上；与液态发酵相比，在相同产率下能耗降低了 87.5%，同时避免了液态发酵大量有机废水的排放问题。

（5）发明了浸提式半连续固态发酵、吸附载体固态发酵、烟草醇化发酵、周期刺激固态发酵沼气和固态发酵气体耦合系统等，将气相双动态固态发酵技术延伸，为发展适合我国缺水地区的节水型生物发酵技术作出了贡献。

几年来，中科院过程工程研究所应用该专利技术与多家企业合作，先后研制了 $25m^3$、$50m^3$ 和 $100m^3$ 生产规模的气相双动态固态发酵罐 20 多台，并建立了与其配套的纤维素酶、白僵菌、绿僵菌、苏云金杆菌等制剂的工业生产工艺，取得了十分突出的经济效益。据不完全统计，统计数据（截止到 2006 年 12 月）已累计取得新增销售额达 38449.57 万元，新增利税总额达 13309.49 万元。

气相双动态固态发酵新技术可使发酵时间缩短 1/3，变温操作往往可提高菌体活性，在复合菌群组合优化方面也可发挥作用。因此，其为传统制酒、风味食品制造、红曲、果胶酶、饲料添加剂、烟草醇化和沼气发酵等方面提供了技术改进的新途径。创制新的风味发酵食品、保健食品等。

气相双动态固态纯种发酵新技术与传统自然固态发酵技术相区别，也与现代液体深层发酵技术相对应，将大规模纯种固态发酵技术称为现代固态发酵技术。它与传统固态发酵技术的本质差别有：实现了严格意义上的纯种培养；实现了规模性工业化生产；周期刺激使发酵效价提高 3～5 倍，发酵过程中温度、湿度、pH 值可控；真空冷凝干燥与超声速气流粉碎不但不使发酵效价降低，反而有所提高；无三废排放；设备投资虽然比传统固态发酵法高得多，但又比液体深层发酵低得多。

气相双动态固态纯种发酵新技术的研制成功，标志着现代固态发酵技术的成熟。随着该新技术体系的进一步改进与完善，必将打破液体深层发酵技术一统天下的僵持局面，无论在理论上，还是在生产应用上都具有重大的开创性意义。根据已有的试验与生产实践结果，无论是细菌，还是霉菌、放线菌，均可采用此现代固态发酵技术实现纯种大规模培养，尤其是对后者效果更佳。因此，现代固态发酵技术有着无限广阔的应用与发展前景。大致可归纳为以下三个方面：

（1）打破现代发酵工业中液体深层发酵技术的垄断局面。有许多现行的液体发酵法生产过程，都可以用现代固态发酵技术代替。典型的事例有 B. t. 发酵、纤维素酶发酵、果胶酶发酵、固氮菌发酵、赤霉素发酵、核黄素发酵等，以此类推，整个酶制剂工业都有可能转成以固态发酵法为主体，其他还有农用抗菌素、有机酸等，也有部分顶替的可能。

（2）开辟新的生物技术产业。典型事例是白僵菌、绿僵菌等在液体中不产生分生孢子的发酵生产，必须采用现代固态发酵技术。这在国际上也属首创。更重要的是木质纤维素的生物转化与生物量全利用是人类可持续发展战略中的重大课题，现代固态发酵技术将是该课题最终克服技术经济关的突破口，可开创众多的新产业：1）以酒精为代表的清洁液体燃料工业；2）高效有机生物肥工业；3）菌体饲料蛋白工业；4）饲料添加剂工业等。

（3）对传统固态发酵生产技术的改进。压力脉动操作往往可使发酵时间缩短 1/3，变温操作往往可提高菌体活性，在复合菌群组合优化方面也可发挥作用，因此，为传统制酒及风味食品制造方面提供技术改进的新途径，甚至可创制新的风味发酵食品、保健食品等。例如用红曲酶固态发酵制红曲酶素及保健食品等。

7.5.2.2 纤维素酶解发酵与秸秆固相酶解发酵分离乙醇耦合新工艺

在纤维素酶解制乙醇的过程中，纤维素酶存在显著的产物抑制效应。通过同步糖化发酵，可以较好地解决乙醇产物抑制问题。然而，目前比较流行的纤维素液体同步糖化发酵分离的方法存在糖浓度低、乙醇浓度低、纤维素酶用量大、发酵剩余物含水量大、综合利用困难等问题。

纤维素固相酶解-液体发酵相耦合的技术可以有效地提高纤维素酶解效率和乙醇发酵效率，降低纤维素酶解发酵乙醇的成本，该技术已于 2003 年获得中国发明专利授权。本成果提出的气提式高强度乙醇发酵分离耦合新技术，是综合了气升双环流塔式发酵罐，真空回流，CO_2 气提、循环与混合和活性炭吸附技术的组合体，具有以下优势：降低了液体中多余游离纤维素酶，使纤维素酶用量和费用降低；减少了纤维素固相酶解发酵剩余物中的废水量，便于综合利用；糖化与发酵在一个反应器中不同间隔区域进行，便于协调糖化与发酵最佳温度；克服了固相状态不利于快速乙醇发酵的不足；实现了酶解糖化-液体发酵乙醇-吸附分离三重耦合过程，降低了秸秆发酵燃料乙醇的生产成本。

7.5.3　纤维素乙醇发酵示范工程

木质纤维素是地球上最丰富的可再生资源，可以来源于工、农业废弃物，林业废弃物和城市废弃物等，由木质纤维素生物转化成的燃料乙醇越来越引起世界各国的广泛关注。在美国，Verenium 公司纤维素乙醇工厂是第一个示范性的纤维素乙醇厂，年产 5.299ML 的纤维素乙醇，于 2008 年 5 月投入运行。此外，美国农业部和能源部共同支持的纤维素乙醇产业化示范项目有：以玉米秸秆为原料的 Abengoa 公司，以整个玉米（包括秸秆）为原料的 Broin 公司及以麦秸为原料的 Iogen 公司等[38]。2011 年 4 月 12 日，丹麦生物技术公司诺维信生物能源市场总监 Poul Ruben Andersen 透露，其合作伙伴意大利 M&G 集团当天开始动工建设一座年产 40kt 纤维素乙醇的工厂，预计 2012 年完工。该厂以小麦秸秆、能源作物和其他生物质为生产原料，不仅是欧洲第一座，也是世界上第一座商业化规模的生产厂，这标志着纤维素乙醇从实验室、中试阶段正式走向商业化。

我国燃料乙醇虽起步较晚，但发展迅速，目前已成为继美国、巴西之后世界第三大燃料乙醇生产国。国内在纤维素乙醇产业化技术研究方面取得了多项关键技术的突破，并且建设了数套中试装置和示范工程。2008 年，河南天冠集团年产 5000t 秸秆乙醇项目建成并开始试运行，包括建设年产 10kt 纤维素酶和 5000t 秸秆乙醇生产装置一套以及相关公用工程。华东理工大学从"八五"期间就开始研究农林废弃物生产燃料乙醇技术，目前已建成年产 600t 的酸水解法纤维素乙醇生产中试装置，并通过了科技部的鉴定。该项目利用锯末和稻壳为原料，据称成本在 6000 元/t 左右。

陈洪章等在过去的十几年中一直致力于纤维素转化的研究，在固态发酵技术产业化和秸秆组分分离及其生物量全利用方面进行了卓有成效的研究工作，并于

2006年开始与山东泽生生物科技有限公司合作，建立了年产3000t秸秆燃料乙醇及其综合利用产业化示范工程生产线。该工程将无污染汽爆技术、纤维素酶固态发酵、秸秆纤维素高浓度发酵分离乙醇耦合过程和发酵渣做有机肥料等四个关键过程作为一个有机整体，进行了110m³乙醇发酵项目（预计年产乙醇3000t）的建设。该生产线主要包括5m³汽爆罐（见图7-4）、100m³纤维素酶固态发酵罐（见图7-5）、110m³秸秆固相酶解同步发酵乙醇装置（见图7-6）、乙醇发酵吸附耦合塔（见图7-7）。全流程运转结果表明，乙醇得率达到15%以上，活性炭吸附解吸乙醇浓度在69.8%以上，秸秆纤维素转化率70%以上，乙醇生产成本为4200～5000元/t，为秸秆酶解发酵万吨级乙醇工业生产提供了工业规模放大参数。

图7-4 5m³汽爆罐

图7-5 100m³纤维素酶固态发酵罐

图7-6 110m³秸秆固相酶解
同步发酵乙醇装置

图7-7 乙醇发酵吸附耦合塔

利用秸秆等木质纤维素原料生产燃料乙醇是国际公认的技术难题，也是最有前途的技术之一。目前，国外的研究状况正处于筹划千吨级纤维素乙醇示范工程建设阶段。陈洪章等建立的"秸秆酶解发酵燃料乙醇新技术及其产业化示范工程"，创建了具有自主知识产权的不添加酸碱的无污染秸秆汽爆新技术、气相双动态固态发酵新技术和秸秆固相酶解同步发酵-分离耦合新技术。示范工程的运转证实了该燃料乙醇生产线是切实可行的，从而为实现我国秸秆转化燃料乙醇的规模化、产业化、低成本生产奠定了基础。

7.5.4　固态发酵的应用与发展前景

固态发酵近几年在有机酸、酒精、生物活性物质、风味物质及其他类化合物领域的研究得到迅速发展及应用，但上述研究均处在实验室研究阶段。尽管如此，固态发酵仍是解决当前人类所面临的"三大"危机的一个有效手段。当前，许多工农业残渣、城市生活垃圾已成为社会公害，对人类的生存外境均产生不利的影响。随着人们对固态发酵机理认识不断加深，现代固态发酵技术可以将这些材料进行降解、修复、转化为对人们有益或无害的物质，既无损于自然生态系统，又可以成功解决环境问题、减轻资源危机。

就纤维素乙醇发酵而言，利用非粮作物和秸秆等木质纤维原料作为发酵底物，通过固态发酵方式生产乙醇而不是粮食淀粉制备酒精，不仅可以解决粮食危机，降低生产成本，同时几乎没有废水排放，作为发酵渣的剩余物还可以用做饲料，因此从经济与环保角度考虑，以木质纤维素生物质为主要发酵底物的固态发酵具有实际意义。

由于固态发酵本身具有传质、传热不足，易染菌，基质利用率低，检测手段不完备等缺点，针对以上问题，固态发酵的发展趋势有以下几个方面：

（1）固态发酵产物积累容易对发酵菌株形成反馈抑制，因此固态发酵菌种对产物的耐受性要高，尤其是乙醇等对菌体毒性物质，需要加强菌株的筛选、选育、诱变等方面的工作。

（2）限定菌种混合发酵。自然发酵不易控制，菌种较杂，产品质量和产量不稳定，发酵效率低下；而纯种发酵易染菌，产品种类单一，将几种不同菌种组合发酵并进行人为控制，不仅能极大丰富发酵菌种的种类，而且有可能通过菌种间的相互作用实现功能菌群的筛选，在达到原有发酵产品质量和产量的条件下，提高发酵效率。

（3）对于固态发酵反应器的研制，不仅要强化传质传热固态发酵反应器的研制，也要重视固态发酵反应器的放大与工程化研究，同时实现反应器由传统粗放型向精密控制型的转变。

（4）分离技术的研究，尤其是在线分离技术的研究，具有较为重要的现实意义，尤其是在解除产物的反馈抑制方面。

参 考 文 献

[1] Gauss W, Suzuki S, Takagi M. Manufacture of alcohol from cellulosic materials using plural ferments: US, 3990944[P]. 1976.

[2] 陈洪章, 李佐虎, 陈继贞. 汽爆纤维素固态同步糖化发酵乙醇[J]. 无锡轻工大学学报, 1999, 18: 78～81.

[3] 吕学斌. 木质纤维素转化为生物乙醇过程中关键问题的研究[D]. 天津: 天津大学, 2009.

[4] Szczodrak J, Targonski Z. Selection of thermotolerant yeast strains for simultaneous saccharification and fermentation of cellulose[J]. Biotechnology and Bioengineering, 1988, 31: 300～303.

[5] 肖炘, 李佐虎. 分散、耦合、并行强化的纤维素酒精生物转化[J]. Engineering Chemistry & Metallurgy, 2000, 21.

[6] Hahn-Hagerdal B, Galbe M, Gorwa-Grauslund M F, et al. Bio-ethanol-the fuel of tomorrow from the residues of today[J]. TRENDS in Biotechnology, 2006, 24: 549～556.

[7] 贺延龄. 一步法由纤维素生产乙醇的研究现状[J]. 西北轻工业学院学报, 1990, 8: 95～101.

[8] 陈洪章, 等. 秸秆资源生态高值化理论与应用[M]. 北京: 化学工业出版社, 2006.

[9] Chen H Z, Xu J, Li Z H. Temperature cycling to improve the ethanol production with solid state simultaneous saccharification and fermentation[J]. Applied Biochemistry and Microbiology, 2007, 43: 57～60.

[10] 李学凤, 田沈, 潘亚平, 等. 发酵五碳糖和六碳糖产乙醇的细菌研究进展[J]. 微生物学通报, 2004, 30: 101～105.

[11] 黎先发, 张颖, 罗学刚. 利用木质纤维素生产燃料酒精研究进展[J]. 现代化工, 2009: 20～26.

[12] Koskinen P E P, Beck S R, Rlygsson J, et al. Ethanol and hydrogen production by two thermophilic, anaerobic bacteria isolated from Icelandic geothermal areas[J]. Biotechnology and Bioengineering, 2008, 101: 679～690.

[13] Ryabova O B, Chmil O M, Sibirny A A. Xylose and cellobiose fermentation to ethanol by the thermotolerant methylotrophic yeast Hansenula polymorpha[J]. FEMS yeast research, 2003, 4: 157～164.

[14] Kim T H, Taylor F, Hicks K B. Bioethanol production from barley hull using SAA (soaking in aqueous ammonia) pretreatment[J]. Bioresource Technology, 2008, 99: 5694～5702.

[15] 王璀璨, 王义强, 陈介南, 等. 木质纤维生产燃料乙醇工艺的研究进展[J]. 生物技术通报, 2010: 51～57.

[16] Zhang J, Shao X, Lynd L R. Simultaneous saccharification and co-fermentation of paper sludge to ethanol by Saccharomyces cerevisiae RWB222. Part Ⅱ: Investigation of discrepancies between predicted and observed performance at high solids concentration[J]. Biotechnology and Bioengineering, 2009, 104: 932～938.

[17] 张根林, 邓辉, 鲁建江, 等. 葡萄糖和木糖双底物生物合成2, 3-丁二醇的条件优化

[J]. 过程工程学报, 2009, 9.

[18] Olofsson K, Wiman M, Lidén G. Controlled feeding of cellulases improves conversion of xylose in simultaneous saccharification and co-fermentation for bioethanol production[J]. Journal of biotechnology, 2010, 145: 168 ~ 175.

[19] Karhumaa K, Sanchez R, Hahn-H gerdal B, et al. Comparison of the xylose reductase-xylitol dehydrogenase and the xylose isomerase pathways for xylose fermentation by recombinant Saccharomyces cerevisiae[J]. Microbial Cell Factories, 2007, 6: 5.

[20] Petschacher B, Nidetzky B. Altering the coenzyme preference of xylose reductase to favor utilization of NADH enhances ethanol yield from xylose in a metabolically engineered strain of Saccharomyces cerevisiae[J]. Microbial Cell Factories, 2008, 7: 9.

[21] Kuyper M, Winkler A A, Dijken J P, et al. Minimal metabolic engineering of Saccharomyces cerevisiae for efficient anaerobic xylose fermentation: a proof of principle[J]. FEMS yeast research, 2004, 4: 655 ~ 664.

[22] Dien B, Cotta M, Jeffries T. Bacteria engineered for fuel ethanol production: current status [J]. Applied Microbiology and Biotechnology, 2003, 63: 258 ~ 266.

[23] Zhang M, Eddy C, Deanda K, et al. Metabolic engineering of a pentose metabolism pathway in ethanologenic Zymomonas mobilis[J]. Science, 1995, 267: 240.

[24] Kötter P, Ciriacy M. Xylose fermentation by Saccharomyces cerevisiae[J]. Applied Microbiology and Biotechnology, 1993, 38: 776 ~ 783.

[25] Bertilsson M, Olofsson K, Liden G. Prefermentation improves xylose utilization in simultaneous saccharification and co-fermentation of pretreated spruce[J]. Biotechnology for biofuels, 2009, 2: 1 ~ 10.

[26] Ohgren K, Bengtsson O, Gorwa-Grauslund M F, et al. Simultaneous saccharification and co-fermentation of glucose and xylose in steam-pretreated corn stover at high fiber content with Saccharomyces cerevisiae TMB3400[J]. Journal of biotechnology, 2006, 126: 488 ~ 498.

[27] Chandrakant P, Bisaria V. Simultaneous bioconversion of cellulose and hemicellulose to ethanol [J]. Critical reviews in biotechnology, 1998, 18: 295 ~ 331.

[28] Fu N, Peiris P, Markham J, et al. A novel co-culture process with Zymomonas mobilis and Pichia stipitis for efficient ethanol production on glucose/xylose mixtures[J]. Enzyme and microbial technology, 2009, 45: 210 ~ 217.

[29] 陈明. 利用玉米秸秆制取燃料乙醇的关键技术研究[D]. 杭州: 浙江大学, 2007.

[30] Christakopoulos P, Macris B, Kekos D. Direct fermentation of cellulose to ethanol by Fusarium oxysporum[J]. Enzyme and microbial technology, 1989, 11: 236 ~ 239.

[31] Bender J, Vatcharapijarn Y, Jeffries T. Characteristics and adaptability of some new isolates of Clostridium thermocellum[J]. Applied and environmental microbiology, 1985, 49: 475.

[32] Zertuche L, Zall R R. Optimizing alcohol production from whey using computer technology[J]. Biotechnology and Bioengineering, 1985, 27: 547 ~ 554.

[33] Balusu R, Paduru R R, Kuravi S, et al. Optimization of critical medium components using response surface methodology for ethanol production from cellulosic biomass by Clostridium thermo-

cellum SS19[J]. Process Biochemistry, 2005, 40: 3025~3030.

[34] 袁文杰, 任剑刚, 赵心清, 等. 一步法发酵菊芋生产乙醇[J]. 生物工程学报, 2008, 24: 1931~1936.

[35] Steen E J, Kang Y, Bokinsky G, et al. Microbial production of fatty-acid-derived fuels and chemicals from plant biomass[J]. Nature, 2010, 463: 559~562.

[36] Blanchard J, Leschine S, Petit E, et al. Methods and Compositions for Improving the Production of Fuels in Microorganisms: US, 20, 090/286, 294[P]. 2009.

[37] 徐丽丽, 沈煜, 鲍晓明. 酿酒酵母纤维素乙醇统合加工 (CBP) 的策略及研究进展[J]. 生物工程学报, 2010, 26: 870~879.

[38] 杜风光, 冯文生. 秸秆生产乙醇示范工程进展[J]. 现代化工, 2009, 29: 16~19.

8 生物质生化转化后处理平台

生物技术产品的生产过程是由菌体选育—菌体培养（发酵）—预处理—浓缩—产品补集—纯化—精制等单元组成，习惯上将菌体培养以前的部分称为"上游过程"，与之相应的后续过程就称为"下游过程"或"生物分离和纯化过程"[1]。生物技术要走向产业化，上下游过程必须兼容、协调，以使全过程能优化进行[2]。一般来说下游过程可分为 4 个阶段：（1）发酵液的预处理和固液分离；（2）初步纯化（提取）；（3）高度纯化（精制）；（4）最后纯化。其中，分离和精制过程所需的费用占整个成本的很大部分，例如对传统发酵工业（抗生素、乙酸、柠檬酸等），分离和精制部分占整个工厂投资费用的 60%[3]。目前，用于初步纯化的方法主要有吸附法、离子交换法、沉淀法、溶剂萃取法、双水相萃取法、超临界流体萃取法、逆胶束萃取、膜过滤法等；用于精制的方法主要有色谱分离、结晶等。目标产品和杂质成分间的多种性质差异，如尺寸、静电荷、疏水性、溶解性和特殊的化学基团或化学官能团的特定排列等，是分离纯化的依据[4]。高效简便地分离纯化生物技术产品是生物化工面临的挑战，一般的生物产品分离纯化工艺如图 8-1 所示。在生物产品分离纯化过程中，要根据不同产品的性质，选择合适的分离纯化技术，并认清各单元之间的复杂性和非线性作用，进行合理组合，将初始浓度较低并处于水溶液中的生物产品转化成高纯度的产品。

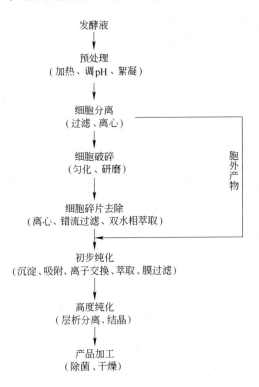

图 8-1　生物产品分离纯化工艺[5]

8.1　生物质生化转化后处理原则

由于生物技术产品存在于极稀的水溶液中，并且许多生物产品的生产采用的是间歇操作方式，因此，各种不同的分离技术在分离过程中的序列排布和集成方面就有了一些共同的模式，形成了一套实用的生物分离原则[4]。

（1）在分离过程中尽早减少样品体积。产品的分离首先要有能够满足分离要求所必需的分离步骤，由于分离过程的成本与样品的体积密切相关，减少样品体积，可以降低装置体积、成本和操作费用。减少样品体积实质上是要去除水分，可以通过蒸发的方式去除水分。对于容易分解或沸点比水高的目标产物，应尽量避免蒸发步骤，可以通过沉淀、萃取、吸附或亲和作用将目标产品转移到另一项。

（2）将高分辨率的步骤放到最后。在分离的最后阶段，需要得到高纯度的产品，分离操作通常要求具有较高的分辨率，这使得设备投资和操作费用较高，因此分离成本也较高。

（3）遵循 KISS（keep it simple and stupid）原则。在能够满足产物提纯的前提下，分离过程所包含的步骤应该尽可能的少，在引入新的操作步骤之前，必须考虑它是否能在提高产品质量和过程可操作性方面发挥作用。

（4）尽早提炼组分。尽早提炼目标组分可以减少所需的分离步骤，从而简化分离过程。由于杂质存在时，可能发生酶的降解或产品的变性，所以尽早提炼目标组分还可以提高产品的质量。结晶和沉淀都应用了尽早提炼组分这一原则，虽然初步的结晶或沉淀还不能达到所需的产品纯度，但这是一种得到粗品的非常经济的方法，产品的进一步纯化可以采用溶解或重结晶等操作。

（5）使生物反应器中的产物抑制降至最低。进入生物分离过程之前，如果产品浓度很高，可以不需要脱水，在某些情况下，生物反应器中产品或杂质浓度过高会严重抑制细胞的生产速率。因此，将生物反应过程和生物分离过程集成可以得到更高的产品浓度和生产速率，提高底物利用率。

8.2 生物质生化转化后处理的操作单元

8.2.1 发酵液的预处理和固液分离

生物质分离纯化的第一个必要步骤就是以细胞发酵液为出发点，设法将菌体富集或除去，使所需的目标产物转移到液相中，同时还希望去除其他悬浮颗粒或可溶性杂质以及改善滤液的性质（如降低滤液黏度），以利于后续各步操作。发酵液预处理的目的就是改变发酵液的性质，以利于固液分离。例如通过酸化、加热以降低发酵液的黏度，或是加入絮凝剂使细胞或溶解的大分子凝结成较大的颗粒。对于胞外产物应尽可能将其转移到液相中，常用调 pH 值至酸性或碱性的方法来实现；对于胞内产物首先应当收集细胞，然后破壁，使生化物质释放到液相，再分离细胞碎片，使以含生化物质的液相为出发点，进行后续操作。

8.2.1.1 发酵液的预处理

凝集和絮凝技术能有效地改变细胞、菌体和蛋白质等胶体粒子的分散状态，使其聚集起来，增大体积，以便过滤。它常用于菌体细小而且黏度大的发酵液的预处理。目前，最常用的絮凝剂是人工合成的高分子聚合物，例如有机合成的聚丙烯酰胺类和聚乙烯亚胺衍生物。无机高分子聚合物也是一类较好的絮凝剂，例如聚合铝盐和聚合铁盐等。除此以外，也可采用天然有机高分子絮凝剂，如壳聚糖和葡聚糖等聚糖类，还有明胶、骨胶、海藻酸钠等。微生物絮凝剂是一类由微生物产生的、具有絮凝细胞功能的物质。其主要成分是糖蛋白、黏多糖、纤维素及核酸等高分子物质。微生物絮凝剂和天然絮凝剂与化学合成的絮凝剂相比，最大的优点是安全、无毒和不污染环境，因此发展很快。杂蛋白还可以通过等电点沉淀法、加热变性、吸附、加入蛋白沉淀剂等方法去除。

8.2.1.2 发酵液的固液分离

固液分离的目的：一是收集细胞和菌体，分离出液相，以获得胞内产物；二是收集含生化物质的液相，分离除去固体悬浮物，如细胞、菌体、细胞碎片、蛋白质的沉淀和它们的絮凝体等，通常采用过滤和离心分离等化工单元操作完成。用于生化物质分离的常规过滤设备是板框压滤机和鼓式真空过滤机。离心机按其分离因素的不同，可分为常速（低速）、高速和超速。与常规过滤相比，离心分离具有分离速度快、效率高、操作时卫生条件好等优点，适合大规模的分离过程，但离心分离的设备投资费用高，能耗也大。

8.2.1.3 细胞破碎技术

为了提取胞内的生化物质，首先必须收集细胞或菌体，进行细胞破碎。细胞破碎就是采用一定的方法，在一定程度上破坏细胞壁和细胞膜，使胞内产物最大限度地释放到液相中，破碎后的细胞浆液经固液分离除去细胞碎片后，再采用不同的分离手段进一步纯化。目前已发展了多种细胞破碎方法，以适应不同用途和不同类型的细胞壁破碎，破碎方法可归纳为机械法和非机械法两大类。机械法主要是利用高压、研磨或超声波等手段在细胞壁上产生的剪切力达到破碎目的。非机械方法很多，包括酶解、渗透压冲击、冻结和融化、干燥法和化学法溶胞等，其中酶法和化学法溶胞应用最广。

8.2.2 生物技术产品分离和纯化技术

8.2.2.1 沉淀法

沉淀法是溶液中的溶质由液相变成固相析出的过程，采用适当的措施改变溶液的理化参数，控制溶液中各种成分的溶解度，从而将溶液中的欲提取的成分和其他成分分开的技术，它是最古老的分离和纯化生物物质的方法，目前仍广泛应用在工业上和实验室中。由于其浓缩作用常大于纯化作用，因而沉淀法通常作为初步分离的一种方法，用于从去除了菌体或细胞碎片的发酵液中沉淀出生物物质，然后再利用其他分离等方法进一步提高其纯度。沉淀法由于成本低、收率高、浓缩倍数可高达 10 ~ 50 倍和操作简单等优点，是下游加工过程中应用广泛、值得注意的方法。沉淀法可分为盐析法、等电点沉淀法、有机溶剂沉淀法、非离子型聚合物沉淀法、聚电解质沉淀法、高价金属离子沉淀法等。

8.2.2.2 膜过滤法

膜过滤法是指以压力为推动力，依靠膜的选择性，将液体中的组分进行分离的方法，包括微滤（MF）、超滤（UF）、纳滤（NF）和反渗透（RO）四种过程。膜过滤法的核心是膜本身，膜必须是半透膜，既能透过一种物质，又能阻碍另一种物质。膜过滤主要用于发酵液的过滤与细胞的收集以及纯化等操作。

8.2.2.3 溶剂萃取

溶剂萃取法是利用化合物在两种互不相溶（或微溶）的溶剂中溶解度或分配系数的不同，使化合物从一种溶剂内转移到另外一种溶剂中。溶剂萃取法比化学沉淀法分离程度高，比离子交换法选择性好、传质快，比蒸馏法能耗低且生产能力大、周期短、便于连续操作、容易实现自动化。近年来，溶剂萃取技术与其他技术相结合从而产生了一系列新的分离技术，如逆胶束萃取、超临界萃取、液膜萃取等以适应 DNA 重组技术和遗传工程法发展。

8.2.2.4 离子交换法

离子交换主要是利用一种合成材料作为吸着剂，称为离子交换剂，来吸附有价值的离子。在生物工业中，经典的离子交换剂为离子交换树脂，它广泛应用于提取抗生素、氨基酸、有机酸等小分子。离子交换法具有成本低、设备简单、操作方便以及不用或少用有机溶剂等优点，但离子交换法也有其缺点，如生产周期长、成品质量有时较差、在生产过程中 pH 值变化较大，故不适合稳定性较差的物质。此外，也不一定能找到合适的树脂等。

8.2.2.5 吸附法

固体吸附和生化工程有着密切的关系。在酶、蛋白质、核苷酸、抗生素、氨基酸等产物的分离、精制中进行选择性吸附的方法，应用较早。早期使用的吸附剂有高岭土、氧化铝、酸性白土等无机吸附剂、凝胶型离子交换树脂、活性炭、分子筛和纤维素等。但由于这些吸附剂或是吸附能力低、或是容易引起失活，故不理想。另外，要成为一个经济的生产过程，吸附剂必须能上百次甚至上千次地反复使用。为了能经受得起多次且剧烈的再生过程，吸附剂需要有良好的物理化学稳定性，再生过程还必须简单而迅速。近年来，一些合成的有机大孔吸附剂即所谓大网格聚合物吸附剂可以满足上述要求，特别是工业规模。吸附法一般有以下优点：（1）可不用或少用有机溶剂；（2）操作简便、安全、设备简单；（3）生产过程中 pH 值变化小，适用于稳定性较差的生化物质。但吸附法选择性差、收率不太高，特别是无机吸附剂性能不稳定、不能连续操作、劳动强度大，炭粉等吸附剂还影响环境卫生，所以有一段时间吸附法已几乎为其他方法所代替。但随着凝胶类型吸附剂、大网格聚合物吸附剂的合成和发展，吸附剂又重新为生化工程领域所重视并获得应用。

8.2.3 单一后处理方式的局限性与优势

单纯的分离纯化操作单元是单一过程，其最大优势是容易控制，但整个纯化过程步骤多，工艺流程长，操作复杂，由此产生不利影响包括：（1）步骤多，累积损失量大，产品收率低，若每步平均收率为90%，6 步后收率只有53%；（2）操作时间长，产品缓冲体系变化多，目标产物容易变性失活，进一步降低了收率；（3）设备和分离介质投入多，增加了产品成本[5]。

8.3 生物质生化转化后处理的耦合集成

过程集成（process integration）是一般化学加工过程的重要研究方向，鉴于过程集成化技术在化学工业中取得的成功，发展生物过程的集成化技术将成为解决产品产业化技术的重要途径之一。目前，对于生物分离过程的高效集成化，国际上尚无明确的定义，但根据国内外期刊上的报道，推知生物分离过程的高效集成化技术的含义在于利用已有的和新近开发的生化分离技术，将下游过程中的有关单元进行有效组合，或者把两种以上的分离技术合成为一种更有效的分离技术，达到提高产品收率、降低过程能耗和增加生产效益的目标。按上述定义，生物分离过程的高效集成化技术包括生化分离技术的集成化和生物分离过程的集成化两方面的内容，这种只需一种技术就能完成后处理过程中几步或全部操作的方法，高度体现了过程集成化的优势[1]。因此，过程集成可以简化工艺流程，使物料及能源消耗最小，提高生产效率，降低投资和生产成本，达到最大的经济效益和社会效益[6]。但过程集成工艺复杂，分离成本高，难以实现工业化生产。生物分离过程的耦合集成可分为生物反应-分离耦合过程、分离过程与分离过程的耦合。

8.3.1 生物反应-分离耦合

由于许多生物反应过程中普遍存在着产物或副产物对反应速率的抑制作用。这种抑制将降低生物催化剂的活力、抑制细胞生长，从而成为制约过程效率的"瓶颈"。如果在反应过程中利用工程手段及时地分离与消耗产物或副产物，从而消除抑制就能实现生物催化剂活性的长期保持或细胞的高密度生长，并提高目的产物的产率。生物反应-分离耦合过程（integrated bioreaction-seperation process），被 A. Freeman 称为原位产物分离过程（in situ product removal，简称 IS-PR）或提取生物转化（extractive fermentation or bioconversion），也即在生物反应发生的同时，选择一种合适的分离方法及时地将对生物反应有抑制或毒害作用的产物或副产物选择性地从生产性细胞或生物催化剂周围原位移走[7]。在利用生物反应的过程中，我们总是希望以最快的生物反应速率来获得最大量的产物，而产物的及时移走可使抑制作用减轻，从而达到目的。这正是发展生物反应-产物分离耦合过程的起始动机。

8.3.1.1 生物反应-分离耦合过程简介

不同学者基于不同角度对耦合过程进行了分类。A. Freeman 等从反应器结构出发，将耦合过程分为产物内部移走（internal product removal）和产物外部移走（external product removal）。基于结构上的区别，它们分别称为一体化耦合过程和循环式耦合过程。Chang-Ho Park 等从耦合的分离方法出发，将生物反应分离耦合过程分为生物反应-非膜基分离耦合和膜基分离耦合过程，他们的分类对膜分离技术在耦合过程中的地位给予了充分肯定。

原则上，生物反应-分离耦合过程具有如下 3 个特征：

（1）耦合过程是一种集成式单元操作，其生物反应器具有特殊的结构。

（2）实现产物及时分离的方法多样，但必须考虑产物的特性及具体的生物反应体系来合理选择和设计。

（3）耦合过程作为一种新的反应工程技术，可适用于各类生物反应过程。

生物反应-分离耦合过程具有如下优势：减小产物、副产物的抑制，提高产物得率和体积产率；通过对不可发酵底物和老龄化细胞的分离，使过程能连续、稳定运行；简化产物后处理工艺，降低投资成本和操作费用，提高生产率。生物反应-分离耦合的主要缺点是不能实现对单一过程的某些控制。如膜组件或吸收单元等分离中的问题都可能导致反应器停产；由于只有当反应器内的产物浓度达到需要的浓度时，生物反应-分离耦合操作才开始分离产品，这种集成显著增大了启动单元操作的复杂程度；并且集成系统难于维持无菌操作，细胞分泌的代谢物也会随产品同步移出[4]。同时，由于分离过程整合到生物反应过程中，使得生物反应发生的环境条件产生变化，因而其反应动力学特征和代谢调控机制有很大不同。一个最为显著的变化是由于抑制产物或副产物的及时分离，使得细胞生长迅速，最终达到了比常规发酵高 10～20 倍的高细胞密度；再者，在耦合过程中，分离使得一些特定产物或副产物被原位移走，因而一些未被移走的代谢副产物发生积累，也会影响到反应动力学的变化，而最终将会影响到细胞的代谢和调控机制的变化。因此，耦合过程还要充分考虑对反应体系的影响。

生物反应与分离耦合的关键是选择一种合适的分离技术来实现产物或副产物的原位移走。分离技术的选择应综合考虑以下 4 方面因素：

（1）分离技术应具备生物相容性，即合适的分离技术应不会对生物反应造成负面影响，不会造成生物催化剂或细胞的失活、变性和死亡，也不会改变生物反应的代谢和调节机制。

（2）充分考虑产物或副产物的理化特性和生物学特性以选择最佳的分离技术。

（3）耦合过程环境的流体特性必须关注，因为流体力学性质决定并影响分离过程的传质，从而使得分离的容量和速度受到极大的影响，如高黏度的非牛顿型流体就不适合使用膜分离技术。

（4）工程及经济因素，理想的分离技术应是操作费用低、性能稳定、工程上易实现、寿命长的技术。

目前已发展的分离技术有真空发酵、气提、渗透蒸发、膜蒸馏、膜渗透、萃取、沉降、结晶等。

8.3.1.2　生物反应-膜分离耦合技术

膜装置应用于生物反应过程的分离，将细胞、酶和部分反应物分离出来返回反应体系，将目标产物分离出来并移出反应体系，可克服传统分离方法存在灭活生物催化剂的缺点，有利于生物反应的高效进行。生物反应与膜分离可以在同一个装置中，也可以在不同的装置中。

A　生物反应与膜分离在不同装置中的耦合技术

这种耦合方式是将生物反应与膜分离分开，生物反应在生物反应器（发酵罐、酶反应器）中进行，把反应后的混合物从生物反应器移送到膜分离装置进行分离，截留成分送回生物反应器继续反应，生物反应器中补加一定量的反应物（底物或培养基、酶或活细胞）。透过液供进一步分离。该耦合系统如图 8-2 所示。

这种耦合方式比较灵活机动。生物反应器中的反应条件一般仍采用普通生物反应器的条件，不须做大的改动，而膜分离装置可以根据生物反应体系以及目标

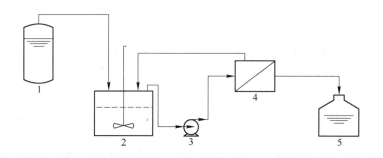

图 8-2 生物反应与膜分离在不同装置中的耦合系统[8]

1—培养基或底物储槽；2—生物反应器；3—泵；
4—膜分离装置；5—含目标产物的透过液储槽

产物的性质作出不同的选择。由于采用了膜分离，生物反应过程的效率得到明显提高。

（1）膜过滤。用这样的耦合系统进行酶法水解蛋白质，有两个明显优点：酶可以反复使用；产物的分子大小可以通过选择半透膜得到控制。与之相比，普通间歇式水解还有几个缺点：反应结束后要通过加热或调节 pH 值使酶失活，以终止反应，避免将酶活带入产品中，因此酶的消耗量较大；终产物对酶有抑制作用，在每批反应到一定时间后，反应速度明显下降；产品不均匀，组分的相对分子质量分布范围很宽，每批次的产品差异较大。

（2）渗透汽化[8]。渗透汽化膜技术作为一种新型的膜分离和清洁生产技术，与发酵法相耦合生产燃料乙醇，能克服传统发酵法效率低、能耗高和污染严重等缺点，达到高效、节能和环保的目的。它不需要引入第三组分，设备结构简单，单级分离效率高，无污染，耗能低。发酵-渗透汽化膜技术与传统的间歇发酵、超滤-细胞循环发酵-发酵等工艺相比，具有以下优点：

1）渗透汽化膜为致密膜，其透过机理是溶解-扩散，只要膜的性能优良并保证膜面附近有良好的对流传质，就不会出现膜堵塞和膜污染问题，能使膜长期稳定地工作。

2）可从发酵液中原位分离乙醇，使之维持在一个相对恒定的浓度，使乙醇对酵母细胞的抑制作用保持低水平甚至消除，从而维持反应器中适当的酵母细胞浓度和高生物活性，实现高密度发酵和较高的原料糖转化率。

3）可直接冷凝分馏得到较高浓度的乙醇，降低乙醇生产能耗。渗透汽化膜技术的能耗仅为传统蒸馏法的 $1/10 \sim 1/3$，且无三废产生，避免了环境污染，同时可省去传统蒸馏法的废水处理工艺。

4）可实现连续发酵，使反应器的容积显著减小，以达到更大的生产规模，并易于实现过程的自动化控制，保证工艺稳定运行。

5）进料可采用高浓度的糖，减少发酵过程的用水量，进一步降低能耗。

工业上采用发酵法生产无水乙醇的工艺主要分为 3 步：第一步，即原料经预处理和糖化后，在发酵罐内利用微生物催化剂转化为低浓度乙醇；第二步，即采用蒸馏法将低浓度乙醇浓缩为约 95%（质量分数）的乙醇；第三步，即将约 95% 的乙醇制成 99.5% 以上的无水乙醇。一般采用优先透醇渗透汽化膜在第一步与发酵相耦合；采用优先透水渗透汽化膜在第三步制无水乙醇。用渗透汽化膜与乙醇发酵耦合，通过渗透汽化膜选择性地移走抑制性产物——乙醇，并完全截留酵母细胞和限制底物葡萄糖，使得乙醇体积产率和浓度显著提高。将膜分离耦合发酵与常规间歇式发酵比较，尽管加入的培养基比间歇式发酵超过反应器体积一倍多，但几乎与间歇式发酵同时达葡萄糖的 100% 消耗，说明体积产率提高两倍以上[9]。

B　生物反应和膜分离在同一装置中

另一种耦合方式是将生物催化剂（细胞或酶）以适当的方式固定在半透膜上，反应底物或培养基在膜的一侧流动，并与膜上的生物催化剂接触发生反应，反应产物透过膜进入到另一侧的提取液中，实现生物反应和产物分离在半透膜上同时进行，这种装置称为膜生物反应器，该系统如图 8-3 所示。

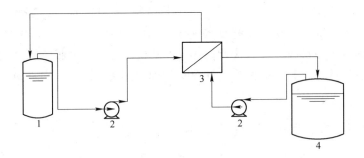

图 8-3　反应和分离在膜装置中的耦合系统[8]
1—培养基或底物储槽；2—泵；3—膜生物反应器；4—产物储槽

谭天伟等将脂肪酶用聚乙烯和壳聚糖共混制膜的方法，制成固定有脂肪酶的复合酶膜，用于脂肪水解，实现油水两相分别走膜两侧，在膜表面接触反应生成的产物及时被两相带走，从而避免了两相直接接触乳化，使反应和分离同时进行，解决了酶法脂肪水解时由于乳化而出现分离困难的问题[10]。

8.3.1.3　生物反应-气提耦合技术

在液体生物燃料（乙醇、丁醇）发酵过程中，产物反馈抑制是一个固有的问题。因此，在燃料乙醇发酵过程中，乙醇对发酵菌种的毒害作用限制了它的最终浓度，从而导致在后续的分离纯化过程中高能耗的需求以及大量废水的产生。为了增加发酵液中的糖浓度，减少产物的反馈抑制，许多研究学者致力于乙醇或丁醇的在线发酵分离耦合，包括液液萃取[11]、渗透蒸发[12]、膜蒸馏[13]以及气提[14~16]。气提技术是一种比较简单的分离技术，它的优点是投资少，不需要昂贵的设备，不对微生物造成伤害，在带走发酵产物（乙醇或丁醇）、减少反馈抑制的同时，不带走营养物质[14]。目前，用于乙醇或丁醇气提的惰性气体包括氮气、二氧化碳、氢气等。

在现有气提技术的基础上，作者提出了一种 CO_2 气提耦合活性炭吸附的在线分离乙醇的方法，包括至少两个平行的吸附塔和一个 CO_2 循环泵。气提式高强度乙醇发酵-分离耦合技术，采气升双环流塔式发酵罐，是真空回流、CO_2 气提、循环与混合和活性炭吸附技术的组合体。当乙醇浓度高于 5% 时，CO_2 循环泵开始工作。CO_2 以及所夹带的乙醇进入其中一个吸附塔进行乙醇吸附，当第一个吸附塔饱和后，切换到另一个吸附塔。通过加热饱和的吸附塔来回收乙醇。在木质纤维素乙醇发酵过程中，把中空纤维素膜循环固相酶解-液相发酵乙醇-吸附分离进行三重耦合，降低了液体中多余的游离纤维素酶，使纤维素酶用量和费用降低，使纤维素酶用量减少50%~60%（质量分数）；纤维素固相酶解发酵剩余物中的废水量大大降低，从而发酵废水量减少30%~40%；糖化和发酵在一个反应器的不同间隔区域进行，便于协调糖化与发酵最佳温度，克服了固相状态不利于快速乙醇发酵的不足，乙醇浓度增加60%（体积分数），活性炭吸附解吸乙醇浓度达到69.8%以上[17,18]。

8.3.1.4 生物反应-沉淀耦合技术

传统 L-苹果酸生产工艺中，富马酸钠在延胡索酸酶的作用下，转化生成苹果酸钠是典型的可逆反应，转化率为70%~80%，反应液中苹果酸含量为10%，虽然采用优化的高浓度富马酸铵体系，可以提高转化率达88%~90%，酶转化液中苹果酸含量达20%，较普遍采用的富马酸钠体系提高了1倍，但成本仍然无法与化学合成法生产的 DL-苹果酸抗衡。南京工业大学欧阳平凯巧妙地运用溶解度的差别，在游离延胡索酸酶的催化下，使生成的 L-苹果酸钙盐不断地从溶液中析出，反应不断地向着生成产物的方向移动，转化率高达99.9%，单位体积酶发酵液对富马酸钙的转化量达320%，大幅度提高了目的产物在酶转化液中的浓度，显著降低了分离成本[19]。

8.3.2 分离过程与分离过程的耦合

从发展趋势来看，生化分离技术研究的目的是要缩短整个下游过程的流程和提高单项操作的效率，以前的那种零敲碎打的做法，既费时费力，效果又不明显，跟不上生物反应发展的步伐。20 世纪 80 年代以来，为了简化生化分离步骤，提高纯化效率和活性回收率，国内外一些学者提出了过程集成的概念，即在一个操作中完成常规分离几个单元操作完成的任务。通过减少分离纯化步骤，可以提高收率，减少设备投资及占地面积，降低分离成本，因此将几个步骤合并，无疑是有吸引力的。不同的分离过程耦合在一起构成复合分离过程，能够集中原分离过程之所长，避其所短，适用于特殊物系的分离。分离过程与分离过程的耦合可分为生物分离过程单元的集成和分离技术集合的集成。生物分离过程单元的集成是通过新型高效的分离技术将原先流程中的有关单元进行有效组合，减少操作步骤，增加生产效益；分离技术集合的集成是利用已有和新近开发的生化分离技术，或把两种以上的具有不同分离原理的分离技术集成为一种更有效的分离技术，从而大大提高分离效率。基于这种思想，产生了一批集成化的分离纯化技术，如萃取结晶、吸附蒸馏、电泳萃取、亲和萃取和亲和沉淀、亲和膜分离、扩张床吸附技术等。

8.3.2.1　双水相亲和分配技术

亲和法是生物分离中一种重要的方法，其优点是分离步骤少、专一性高，但它的致命弱点是处理液要先经过过滤等一系列前处理。而双水相分配技术处理量大，可以直接处理液固混合物，但它的专一性较差，如将双水相分配技术与亲和法结合起来，即在组成相系统的聚合物 PEG（聚乙二醇）或 Dextran（葡聚糖）上接上一定的亲和配基，就可形成处理量大、效率更高、选择性更强的双水相亲和分配组合技术。根据配基性质不同，可有三种类型的亲和双水相系统：基团亲和配基型、染料亲和配基型和生物亲和配基型。近几年来，双水相亲和分配组合技术发展极为迅速，仅在 PEG 上接上的亲和配基就达十多种，分离纯化的物质已有几十种，如 Kroner 利用染料 PEG 和 Dextran 组成的亲和双水相系统分离葡萄糖-6-磷酸化脱氢酶，葡萄糖-6-磷酸化脱氢酶的分配系数可由非亲和双水相系统中的 0.18～0.73 提高到 193。Ulrich 利用磷酸酯 PEG-磷酸盐亲和双水相系统萃取 β-干扰素，β-干扰素的分配系数可由非亲和双水相系统中的 1 左右提高到 630[2]。

双水相亲和沉淀技术利用甲基丙烯酸和甲基丙烯酸甲酯的共聚物具有在碱性条件下形成沉淀和在酸性条件下重新溶解的特性，该共聚物具有较好的选择性吸附性能，能将共聚物吸附与双水相分配技术组合起来。将甲基丙烯酸和甲基丙烯酸甲酯的共聚物溶于发酵液中，调溶液的 pH 值至碱性，使共聚物沉淀下来的同时把目的产物吸附于共聚物中，然后将共聚物沉淀从溶液中分离出来放入由 PEG-盐组成的双水相体系中，调溶液 pH 值至酸性，使共聚物沉淀重新溶解、使吸附的目的产物进入双水相体系中的上相。这种共聚物吸附与双水相萃取的组合技术可以达到高效率、高选择性的分离。例如，纯化蛋白质 A 时用人免疫球蛋白为配体，先将此配基固定在 Eudriget 上，而 Eudriget 在 PEG-PES（聚羟丙基淀粉）双水相系统中主要分配在上相，这样因配体和蛋白质 A 的专一配合反应，将蛋白质 A 也集中在上相，调节 pH 值，使 Eudriget 沉淀，再用洗涤剂冲洗而得到目的产物蛋白质 A。

8.3.2.2 亲和膜分离技术

亲和膜分离技术是将亲和色谱与膜分离技术结合起来的一项新型分离技术。它把亲和配体结合在分离膜上，利用膜作基质，对其进行改性，在膜的内外表面活化并耦合上配基，再按吸附、清洗、洗脱、再生的步骤对生物产品进行分离，当目标蛋白质通过时，就留在膜上，而杂质则通过膜而去除，再用解离洗脱剂洗下目标蛋白质，然后把解离剂从膜上除去，得以使配基再生，重复进行再分离目标蛋白。该技术颇有潜力，可以把澄清、浓缩和纯化步骤集于一体，也可与生物反应器相组合，构成反应/分离新流程。亲和膜分离技术不仅利用了生物分子的识别功能，可以分离低浓度的生物产品，而且由于膜的渗透通量大，能在纯化的同时实现浓缩，并有操作方便、设备简单、便于大规模生产的特点。目前，亲和膜分离技术已用于单抗、多抗、胰蛋白酶抑制剂的分离以及抗原、抗体、重组蛋白、血清白蛋白、胰蛋白酶、胰凝乳蛋白酶、干扰素等的纯化。亲和膜分离技术作为新的分离技术正在兴起和发展，相信在不久的将来它会成为生物大分子物质分离和纯化的有力工具[2]。

8.3.2.3 扩张床吸附技术

扩张床（expanded bed）是吸附剂处于稳定状态的流化床。与串通的填充床层析不同的是在扩张床吸附操作中吸附剂（或层析剂）层在原料液的流动下可产生适当程度的膨胀，其膨胀度取决于吸附剂的密度、流体速度。当吸附剂的沉降速度与流体向上的流速相等时，扩张床达到平衡。由于吸附剂的扩张，吸附剂之间的空隙率增大，可以使原料液中的细胞、细胞碎片等固体颗粒顺利通过扩张床而被去除，同时原料液中的目标物质则被吸附在吸附剂上，这样就实现了直接从含菌体、细胞碎片或组织萃取物的发酵液中直接分离目标蛋白质的目标。扩张床的操作可分为平衡、吸附、冲洗、洗脱和复性清洗等五个步骤。它将料液的澄清、浓缩和初步纯化集成于一个单元操作中，减少了操作步骤，降低了分离过程的复杂程度，提高了分离效率和产品的收率，已引起人们的广泛兴趣[2]。

Barnfield Frej 用阳离子交换剂，应用扩张床技术从大肠杆菌破碎液里提取复性后的重组人白介素质，一步得率为 97%，纯化倍数为 4.35 倍。Johansson 等用扩张床技术从大肠杆菌周质中提取重组铜绿单胞外毒素 A，处理 4.5kg 细胞仅用

2.5h，外毒素 A 的比活为 $0.06mg_{毒素}/mg_{蛋白}$，回收率为79%；而传统的填充床层析处理相同量的细胞则需 8～10h，是扩张床的 3 倍，虽然比活要稍高一些（$0.1mg_{毒素}/mg_{蛋白}$），但回收率要比扩张床的低（仅为73%）。美国 Genetech 公司用扩张床技术从 CHO 细胞培养液中大规模提取单克隆抗体，一次可处理 7324L 未澄清的培养液，可全部除去细胞，抗体浓缩了 5 倍，回收率高达99%。Chang 和 Chase 分别用含阴离子配基 DEAE 和染料配基 Procion Red H-E7B 的吸附剂分离葡萄糖-6-磷酸脱氢酶。因染料对葡萄糖-6-磷酸脱氢酶有亲和效应，所以它的纯化倍数比 DEAE 要高 8.6 倍。Noda 等用扩张床从毕赤酵母（*P. pastroris*）培养液中大规模提取重组人血清白，扩张床柱内径为 1000mm，内装 150L STREAMLINE SP，一次可以处理 2000L 酵母培养液，总收率（87.1%）与中试时得到的结果一致。采用热处理和扩张床吸附两步操作，可以替代传统的五步操作，不仅减少了操作时间，而且产率提高了30%。Maurizi 等用 STREAMLINE SP 扩张床层析和阴离子交换层析（Mono Q）两个步骤取代了包括离心、过滤、阳离子交换层析（S Sepharose）和阴离子交换层析（Mono Q）四个步骤，从枯草芽孢杆菌发酵液中提取重组人白介素 1 受体拮抗体（IL-lra），使产物纯度达到90%～92%，回收率达85%。这些有说服力的事例为扩张床技术在生物领域中的应用开创了一条宽阔的道路。

8.4　生物质生化转化产品 2,3-丁二醇的发酵后处理技术举例

　　2,3-丁二醇是一种亲水性多元醇，它可以以木质纤维素为原料进行发酵生产。从发酵液中有效分离提取 2,3-丁二醇是制约其产业化的瓶颈之一。2,3-丁二醇发酵液成分复杂，除菌体外，还含有大量水、少量蛋白质、核酸和多糖等生物大分子及乙醇、乙酸、乳酸、单糖、有机盐和无机盐等小分子杂质；而且产物 2,3-丁二醇浓度较低（通常为8%～10%）、沸点较高、亲水性较强，用常规的蒸馏、精馏或逆流汽提法需较大能耗，且往往因发酵液中生物大分子的存在导致传热效率下降、产品收率较低。2,3-丁二醇的传统分离步骤包括固液分离、初分离和终分离。发酵后的固液混合液通常通过絮凝、过滤或离心除去，再经初分离（萃取、盐析、全蒸发等）得到除去大部分杂质的溶液，最后通过精馏得到纯品。

　　2,3-丁二醇发酵主要以各种废弃物或非粮原料为底物，发酵液中除产物、菌体、蛋白等发酵过程中产生的物质外，还含有一些来自原料的不溶物、胶状物等，这些杂质易使过滤堵塞，增加了固液分离的难度。修志龙等[20]采用壳聚糖絮凝方法使 2,3-丁二醇发酵体系中的固液相得以分离，最佳操作条件下絮凝率可达98%以上，2,3-丁二醇保留率约为99%，蛋白去除率为71%，且絮凝后上清液清澈透明，絮凝后的菌体可再次利用，其转化能力与絮凝前相当。

　　发酵液经前处理或固液分离后，可通过溶剂萃取、盐析、双水相萃取等方法

对混合液进行初分离，得到除去大部分杂质的 2,3-丁二醇粗品。修志龙等[21]开发了一系列由亲水性有机溶剂/无机盐组成的新型双水相体系用以分离发酵液中的 2,3-丁二醇，不仅分配系数和 2,3-丁二醇回收率大大高于 Ghosh 等[22,23]的传统双水相体系，而且可直接应用于发酵液，将固液分离和初分离合二为一，操作简单，简化了分离步骤。利用乙醇/碳酸钾双水相萃取发酵液中的 2,3-丁二醇，2,3-丁二醇的回收率均可达 90% 以上，大部分的蛋白质和底物均可从醇相中除去，对有机酸副产物也有很好的去除效果，丙酮酸、柠檬酸、苹果酸、延胡索酸、琥珀酸均被除去，乳酸和乙酸也被除去一部分[24]。可见，这种新型双水相体系非常有利于 2,3-丁二醇的后续精馏，是一种很有工业化前景的高效分离技术。黄和等则成功开发了一种利用疏水硅沸石从发酵液中吸附分离 2,3-丁二醇的方法，将预处理后的发酵液用疏水硅沸石对 2,3-丁二醇进行吸附，吸附后用无水乙醇脱附，除去乙醇后可得目标产物。该方法工艺简单，分离效率高，能耗较低，具有较好的工业应用前景。

纯品 2,3-丁二醇可通过精馏、逆流提取等方法获得。2,3-丁二醇的逆流提取技术出现较早，1945 年和 1948 年工业级逆流提取装置分别在美国伊利诺斯和加拿大成功建立，但这种分离方法耗能较大，阻止了其在工业化过程中的广泛应用，而反相渗透和蒸馏技术联合应用在一定程度上降低了能耗。Qureshi 等[25]曾在真空膜蒸馏过程中使用一种具有微孔结构的聚四氟乙烯膜，该膜允许水蒸气顺利通过，却能阻止 2,3-丁二醇通过，采用此法，2,3-丁二醇终浓度高达 430g/L。Shao 等[26]在溶剂萃取和全蒸发耦合的基础上，选择正丁醇作为溶剂，利用硅橡胶膜（polydimethysiloxane，PDMS）对模拟的 2,3-丁二醇发酵液（水：正丁醇：2,3-丁二醇 =7.4%：12.0%：80.6%，质量分数）进行分离，在批式操作时具有良好的选择性，能选择性透过水和正丁醇，而 2,3-丁二醇不能透过，最终可获得纯度 98% 以上的 2,3-丁二醇；但在连续操作分离脱水的溶剂相（含 5%（质量分数）2,3-丁二醇）时，欲获得 98% 纯度的 2,3-丁二醇，则回收率低于 52%。黄和等[27]开发了一种利用疏水硅沸石吸附分离发酵液中 2,3-丁二醇的方法，即将预处理后的 2,3-丁二醇发酵液用疏水硅沸石对 2,3-丁二醇进行吸附，吸附后用无水乙醇脱附，除去乙醇后可得目标产物。Shao 等[28]则将沸石颗粒均匀混入硅橡胶膜进一步改进膜的组成，当沸石占混合膜质量的 80% 时，2,3-丁二醇的回收率从 47.4% 提高到 62.8%，但仍达不到实用要求，且真实发酵液的使用效果有待验证。

从 2,3-丁二醇的发酵分离纯化可以看出，以上这些技术各有优缺点，单独的一种分离技术很难达到分离提纯的要求，且不少技术能耗较大。因而，需从产品的纯度、收率及能耗出发，对传统技术进行改进或与一些新技术结合（组合），从而提高收率，减少能耗，降低分离成本[29]。

参 考 文 献

[1] 陈洪章, 王岚. 生物质能源转化技术与应用(Ⅷ)——生物质的生物转化技术原理与应用 [J]. 生物质化学工程, 2008, 42: 67~72.

[2] 梅乐和, 姚善泾, 林东强, 等. 生物分离过程研究的新趋势——高效集成化[J]. 化学工程, 1999, 27: 38~41.

[3] 俞俊棠, 唐孝宣, 邬行彦, 等. 新编生物工艺学(下册)[M]. 北京: 化学工业出版社, 2003.

[4] 刘铮, 詹劲. 生物分离过程科学[M]. 北京: 清华大学出版社, 2004.

[5] 金业涛, 冯小黎, 苏志国. 扩张床吸附技术及其在生物化工中的应用[J]. 化工进展, 1998, 17: 45~50.

[6] 陈洪章. 生物过程工程与设备[M]. 北京: 化学工业出版社, 2004.

[7] 王雪根, 何若平. 生物反应-分离耦合过程研究综述[J]. 江苏化工, 1999, 27: 7~11.

[8] 王顺发, 李雁群, 张小华. 生物反应与膜分离耦合[J]. 江西科学, 2005, 23: 185~190.

[9] 张卫, 虞星炬. 乙醇发酵-完全细胞截留渗透汽化膜分离耦合过程[J]. 膜科学与技术, 1997, 17: 42~47.

[10] 谭天伟, 张华, 王芳. 聚乙烯醇-壳聚糖复合酶膜的制备及在单甘油酯合成中的应用 [J]. Journal of Chemical Industry and Engineering, 2000, 21.

[11] Ishizaki A, Michiwaki S, Crabbe E, et al. Extractive acetone-butanol-ethanol fermentation using methylated crude palm oil as extractant in batch culture of Clostridium saccharoperbutylacetonicum N1-4 (ATCC 13564) [J]. Journal of bioscience and bioengineering, 1999, 87: 352~356.

[12] Liu F, Liu L, Feng X. Separation of acetone-butanol-ethanol (ABE) from dilute aqueous solutions by pervaporation[J]. Separation and purification technology, 2005, 42: 273~282.

[13] Banat F, Al-Shannag M. Recovery of dilute acetone-butanol-ethanol (ABE) solvents from aqueous solutions via membrane distillation[J]. Bioprocess and Biosystems Engineering, 2000, 23: 643~649.

[14] Qureshi N, Blaschek H. Recovery of butanol from fermentation broth by gas stripping[J]. Renewable Energy, 2001, 22: 557~564.

[15] Ezeji T, Qureshi N, Blaschek H. Production of acetone, butanol and ethanol by Clostridium beijerinckii BA101 and in situ recovery by gas stripping[J]. World Journal of Microbiology and Biotechnology, 2003, 19: 595~603.

[16] Ezeji T, Qureshi N, Blaschek H. Acetone butanol ethanol (ABE) production from concentrated substrate: reduction in substrate inhibition by fed-batch technique and product inhibition by gas stripping[J]. Applied microbiology and biotechnology, 2004, 63: 653~658.

[17] Chen H Z, Qiu W H. Key technologies for bioethanol production from lignocellulose[J]. Biotechnology Advances, 2010, 28: 556~562.

[18] 陈洪章. 生物质科学与工程[M]. 北京: 化学工业出版社, 2008.

[19] 胡永红, 欧阳平凯, 沈树宝, 等. 反应分离耦合技术生产 L-苹果酸工艺过程的优化研究

［J］. 生物工程学报，2001，17：503～505.

［20］张江红，孙丽慧，修志龙. 2，3-丁二醇发酵液的絮凝除菌与絮凝细胞的循环利用［J］. 过程工程学报，2008，8：779～783.

［21］修志龙，李志刚，张江红. 一种从微生物发酵液中分离2，3-丁二醇的双水相萃取方法：中国，CN200810024865.6［P］. 2008.

［22］Ghosh S, Swaminathan T. Optimization of process variables for the extractive fermentation of 2, 3-butanediol by Klebsiella oxytoca in aqueous two-phase system using response surface methodology［J］. Chemical and biochemical engineering quarterly, 2003, 17：319～326.

［23］Ghosh S, Swaminathan T. Optimization of the phase system composition of aqueous two-phase system for extraction of 2,3-butanediol by theoretical formulation and using response surface methodology［J］. Chemical and biochemical engineering quarterly, 2004, 18：263～272.

［24］刘国兴，江波，王元好，等. 乙醇/碳酸钾双水相萃取盾叶薯蓣发酵液中的2,3-丁二醇［J］. 化工学报，2009，60：2798～2804.

［25］Qureshi N, Meagher M, Hutkins R. Recovery of 2,3-Butanediol by Vacuum Membrane Distillation［J］. Separation science and technology, 1994, 29：1733～1748.

［26］Shao P, Kumar A. Recovery of 2,3-butanediol from water by a solvent extraction and pervaporation separation scheme［J］. Journal of Membrane Science, 2009, 329：160～168.

［27］黄和，纪晓俊，李霜. 一种利用疏水硅沸石吸附分离发酵液中2,3-丁二醇的方法：中国，CN200810024865.6［P］. 2008.

［28］Shao P, Kumar A. Separation of 1-butanol/2,3-butanediol using ZSM-5 zeolite-filled polydimethylsiloxane membranes［J］. Journal of Membrane Science, 2009, 339：143～150.

［29］戴建英，孙亚琴，孙丽慧，等. 生物基化学品2,3-丁二醇的研究进展［J］. 过程工程学报，2010，10：200～208.

9 生物质生化转化多联产模式

9.1 原料特性与多联产模式的必要性

9.1.1 生物质原料的特性

生物质资源没有被有效利用，主要是由自身的特点决定的。秸秆和木材同属于木质纤维素，都由纤维素、半纤维素和木质素组成，然而两者在结构和化学组成上却有较大的差异，其转化特性也不同。传统的生物转化过程把秸秆作为性质单一的原料，主要利用的是秸秆中的纤维素，从而使得秸秆的高值转化难以适应工业化的要求。实际上，秸秆的生物结构具有不均一性，即茎、杆、叶、穗、鞘等各占一定比例，而且各部分的化学成分及纤维形态差异很大。以玉米秸秆为例，皮和叶的结构致密，芯则比较疏松，各部分在秸秆中所占的质量比例也不同，而且随着秸秆直径的变化而变化；从细胞组成来看，皮中的杂细胞含量最少，叶和芯中的杂细胞分别为60%和70%左右（面积比）；从化学组成来看，皮中的纤维含量最高，与其他各部位的纤维素含量差异显著，叶中的半纤维素含量最高，而木质素主要集中在皮和结，灰分则主要集中在叶部。

这种结构的不均一性导致了秸秆各种组分的转化特性的不同，其转化特性和转化产品也随着秸秆组分结构的不同而变化。而且，秸秆不同部位、不同组织、不同细胞之间的酶解性能和物理化学性能都存在一定的差异。如玉米秸秆结构和性质上的不均一性，导致了其各部位酶解率的不均一性：芯的酶解率最高，酶解24h后可达88.32%，而相同条件下叶的酶解率为28.33%；不同部位的纤维特性也不一致，在皮和叶中存在与木材纤维特性相近的优质纤维。

为解决在秸秆转化过程中采用单一的生物转化方式所存在的问题，充分认识秸秆性质的不均一性是非常重要的。它将生物转化技术与秸秆组分分离技术有机结合起来，避免了在秸秆原料转化为液体燃料研究上，套用或沿用木材的技术，从而有利于实现秸秆生物量全利用，并可大大降低秸秆的转化成本[1]。

9.1.2 生物质资源开发存在的问题

目前在生物质炼制中，技术经济关迟迟走不出低谷，分析其原因主要有三点：（1）目前，资源开发工艺往往只强调单一纤维素组分和单一技术的应用，缺乏预处理系统技术集成和相配套技术的研究，从而造成了环境污染、资源浪费和经济成本高等问题。例如，在纤维素燃料乙醇的生产过程中，强调纤维素成分的利用，对于其他成分：半纤维素、木质素、蛋白质等没有充分利用。单一利用纤维素生产乙醇，不仅使成本大幅度提高，也因此造成了资源浪费和环境的污染，因此纤维素乙醇工业的经济性也成了亟待解决的难题。（2）成分的提取方法成本高且污染重：植物中的有效成分需要从复杂的均相或非均相体系中提取出来，然后通过分离和去除杂质完成提纯和精制。一些传统分离技术如过滤、沉降、离心分离、蒸馏、萃取、层析、结晶、吸收、分子蒸馏、超滤、电渗析、反渗透等作为植物有效成分分离的手段对植物有效成分的提取作出了很大的贡献。（3）原料利用率低，产品得率低：植物有效成分提取过程中，植物原料的利用率较低从而导致产品的得率也较低，有些提取方法为了得到高得率的产品采用精制的原料，从而造成了原料的综合利用率下降，废弃物增加，在一定程度上提高了产品的生产成本。

9.1.3　生物质生化转化多联产的必要性

生物质资源的利用涉及多学科、多领域、多层次的科学和技术问题，单一方面的研究和利用都难以解决目前存在的问题。因此，需从整体上考虑植物资源的特点和开发价值，并进行多学科的整合，将植物资源看成有机的整体，将各种成分的开发利用及多个生产工艺作为一个系统来研究，即生物质的多联产系统，从生物量全利用的角度提高生物质资源利用率，才可能实现经济可行、清洁高效的资源利用[1]。

生物质的多联产技术实质是以生物质为原料，通过多种生物质转化技术有机集成在一起，同时获得多种高附加值的燃料（生物乙醇、丁醇、生物柴油、氢气和沼气等）、化学品（糠醛、乙酰丙酸、木糖醇、黄原胶、草酸、乳酸和生物乙烯等）和材料（乙酸纤维素、羧甲基纤维素、生物板材等）等。多联产技术追求的是整个系统的资源利用、总体生产效益的最大化和污染物排放的最小化。

9.2　多联产关键黏结技术的突破

9.2.1　无污染汽爆及其组分分离技术平台

在汽爆的过程中不需要添加任何化学药品，只需控制秸秆的含水量，即可分离出 80% 以上的半纤维素，且使秸秆纤维素的酶解率达到 90% 以上[2,3]。在实验室研究基础上，该技术通过改进实现了工程放大，达到 $50m^3$ 的规模。目前，应用该技术已成功开发出了清洁制浆、大麻清洁脱胶、秸秆制备腐殖酸和活性低聚木糖等新的一系列创新方法，并实现了蒸汽爆破与机械分梳相结合分离纤维组织，以及蒸汽爆破与湿法超细粉碎技术相结合分离秸秆纤维组织的技术平台[4]。

9.2.2 节水节能固态纯种发酵技术平台

发酵技术分为液态发酵与固态发酵两大类。与固态发酵相比，液态发酵易于纯种培养和工业放大，但却产生了大量废水。固态发酵技术具有节水节能的优点，但却难以克服传热和传质的阻力大的难题，容易导致局部菌体死亡，发酵产率低，同时难以进行大规模纯种发酵，易感染杂菌。然而，利用气相双动态固体发酵设备可以很好解决大规模纯种固态发酵的难题。此过程中，没有人为加入机械搅拌，而仅对固态发酵过程的气相状态进行控制，一方面气压处于上升和下降的脉动中，另一方面反应器的气相也处于流动中，改善了固态发酵过程的热量传递和氧传递，促进了菌体的生长和代谢，实现纯种培养。目前已经设计出的$100m^3$气相双动态固态发酵反应器是迄今全球最大的固态发酵规模。使用该反应器，以汽爆玉米秸秆为发酵的主要原料进行纤维素酶的生产，经过5批实验，平均纤维素酶活达到了$120FPA/g_{干曲}$，最高达到了$210FPA/g_{干曲}$，真正实现了纤维素酶大规模、低成本的生产[5]。气相双动态固态发酵新技术可使发酵时间缩短1/3，变温操作往往可提高菌体活性，在复合菌群组合优化方面也可发挥作用[6]。

9.2.3 秸秆固相酶解-液体发酵乙醇耦合技术平台

纤维素固相酶解-液体发酵相耦合的技术可以有效地提高纤维素酶解效率和乙醇发酵效率，解决了纤维素液体同步糖化发酵的用水量大和酶解发酵温度不协调等问题，降低纤维素酶解发酵乙醇的成本。其中提出的气提式高强度乙醇发酵分离耦合新技术，是综合了气升双环流塔式发酵罐、真空回流、CO_2气提、循环与混合和活性炭吸附技术的组合体，实现了酶解糖化-液体发酵乙醇-吸附分离三重耦合过程。该设备使纤维素酶使用量下降到$15IU/g_{秸秆}$，降低了纤维素固相酶解发酵剩余物中的废水量。同时，糖化与发酵在一个反应器中不同间隔区域进行，便于协调糖化（50℃）与发酵（37℃）的最佳温度；克服了固相状态不利于快速乙醇发酵的不足，酒精得率为15%，秸秆纤维素转化率为80%，活性炭吸附解吸酒精浓度为50%，大大降低了秸秆发酵燃料乙醇的生产成本[5]。

9.2.4 汽爆秸秆膜循环酶解耦合发酵工业糖平台

纤维素酶的使用成本占到整个生物质转化总成本的50%～60%，这是制约酶法水解木质纤维素（如秸秆等）实现产业化的一个主要障碍。用膜生物反应器系统来水解汽爆秸秆并回收和再利用纤维素酶是一个较完善的途径。利用适当相对分子质量超滤膜来截留纤维素酶和未水解的纤维素物质，而水解产物则可以透过膜，从而可以达到消除产物抑制，提高水解产率和再利用纤维素酶的目的。

传统的膜生物反应器进行纤维素酶解得到的还原糖浓度比较低，不利于后续工艺的进行。通过将几个酶解罐进行串联来提高膜生物反应器里底物的浓度，从而可提高最终还原糖的浓度。陈洪章等[7]以汽爆稻草秸秆为原料，研究利用膜生物反应器提高最终还原糖浓度，结果表明：酶解单元组成为 4 个酶解罐，稀释率为 0.075/h，当酶解时间为 24h，汽爆稻草秸秆的总转化率可以达到 39.5%，比传统的批次酶解的总转化率提高了将近 1 倍；与只有 1 个酶解罐的膜反应器相比，还原糖的产量提高了 60%；最终所得还原糖的平均浓度从 4.56g/L 提高到 27.23g/L。

9.3 清洁生产与多联产

9.3.1 清洁生产概念与内涵

《清洁生产促进法》中所称的清洁生产是指不断采取改进设计、使用清洁的能源和原料、采用先进的工艺技术与设备、改善管理、综合利用等措施，从源头削减污染，提高资源利用效率，减少或者避免生产、服务和产品使用过程中污染物的产生和排放，以减轻或者消除对人类健康和环境的危害。

联合国环境署（UNEP）关于清洁生产的定义如下：清洁生产是一种新的创造性的思想，该思想将整体预防的环境战略持续应用于生产过程、产品和服务中，以增加生态效率和减少人类及环境的风险[8]。

根据清洁生产的定义，清洁生产内涵的核心是实行源削减和对生产或服务的全过程实施控制。从产生污染物的源头削减污染物的产生，实际上是使原料更多地转化为产品，是积极的、预防性的战略，具有事半功倍的效果；对整个生产或服务进行全过程的控制，即对原料的选择，工艺、设备的选择，工序的监控，人员素质的提高，科学有效的管理以及废物的循环利用的全过程的控制。总体说来，清洁生产内容包含以下三个方面：

（1）清洁能源。清洁能源是指常规能源的清洁利用，可再生能源的利用，各种节能技术等。

（2）清洁的生产过程。清洁的生产过程是指尽量少用、不用有毒有害的原料；尽量使用无毒、无害的中间产品；减少或消除生产过程的各种危险性因素，如高温、高压、低温、低压、易燃、易爆、强噪声、强振动等；采用少废、无废的工艺；采用高效的设备；物料的再循环利用（包括厂内和厂外）；简便、可靠的操作和优化控制；完善的科学量化管理等。

（3）清洁的产品。清洁的产品是指节约原料和能源，少用昂贵和稀缺原料，尽量利用二次资源做原料；产品在使用过程中以及使用后不含危害人体健康和生态环境的成分；产品应易于回收、复用和再生；合理包装产品；产品应具有合理的使用功能以及节能、节水、降低噪声的功能和合理的使用寿命；产品报废后易处理、易降解等[9]。

9.3.2 清洁生产与生物质资源多联产

从原料的角度来看生物质资源多联产模式中的生物质原料，生物质资源是指可再生或循环的有机物质，如农作物、树林和其他植物及其残体，其最重要的特点就是可再生，能够源源不断地满足生产的需求。为了便于分析生物资源可获得性，根据来源于转化技术的不同将生物质资源分为农业生物质、林业生物质、工业废弃物等几类。农业生物质包括农业废弃物、禽畜废物、能源作物等。农业废弃物来源广泛，包括农作物收获后的副产品，如作物秸秆、果树剪枝、玉米芯等；禽畜废物包括可生产沼气的禽畜粪便；能源作物则包括生产木质纤维素的多年生草本植物（如柳枝稷、芦苇等）和薪炭林，生产生物柴油的油料作物（如油菜籽和葵花籽）以及生产燃料乙醇的糖类和淀粉类作物等。林业生物质主要包括木材燃烧和砍伐、修剪和清理过程中产生的废弃物等。工业废弃物主要来源于木材加工业和食品加工业，包括锯末、果壳、果核和甘蔗渣等。造纸黑液来源于制浆过程中的蒸煮工序，可通过锅炉燃烧以获取热量，并回收有用的化学品。

清洁生产不仅涉及自然科学知识和社会科学知识的具体应用，而且涉及人们思想观念的更新，它是一种新的创造性的思想和生产模式，必须更新如下观念：第一是把污染的末端控制观念更新为生产的全过程控制观念。随着工业化的加速，末端控制的弊端日益显现出来。处理设施投资大，运行费用高，使企业生产成本上升、经济效益下降。第二，末端控制很难彻底，往往造成污染物转移，例如烟气脱硫、除尘，形成大量废渣，废水集中处理产生大量污泥等。末端控制没有涉及资源的有效利用，不能制止自然资源的浪费。而清洁生产都能克服这些弊端，力求把废物消灭在产生之前，使人类进入开创防治污染的新阶段。第三是把传统的生产模式观念更新为清洁生产这种全新的生产模式观念。人类为了获得产品和使用价值，传统的生产模式一方面从环境中取其可用资源，另一方面又向环境排放无用废物。正因为如此，当今世界面临着严重的环境污染和生态破坏。而清洁生产要把物料消耗降到最少，使废物减到最少，甚至为零。第四是把粗放型观念更新为集约型观念。清洁生产必须合理定位产品，优选生产过程，革新生产工艺，实现节能、降耗、减污，不断强化管理，提高人员素质，组织机构精干，在企业内外形成优势互补和社会化运行网络，创造经济效益和社会效益，这些都是由粗放型向集约型转化的具体内容。第五是把困扰环境污染观念更新为可持续发展观念。推行清洁生产，可以大面积、大批量减少资源消耗和废物产生，重新整合，恢复受损环境，使人类走上可持续发展之路[10]。

针对我国丰富的秸秆资源，中国科学院过程工程研究所陈洪章研究员提出并验证了"秸秆生物量全利用"、"秸秆生态工业"、"分层、多级利用"和"组分快速高效分离"的新思路。突破依靠单一技术或单一组分利用的技术路线，按照生态工程原理，将多学科、多种新技术和多产品相结合，实现了秸秆组分的分层、多级利用。通过多学科交叉和多种高新技术集成，创立经济合理的秸秆利用新工艺，即创建以秸秆生物量全利用为中心目标的新技术体系。这个技术体系的特点应是高效、综合与适用的。根据这些特点，分析过去成功与失败的经验与教训，提出了新的技术体系：（1）鉴于秸秆的多组分与结构复杂性，纤维素、半纤维素、木质素三组分必须快速、经济、有效分离，它是实现纤维素原料生物量全利用的关键，这既是大规模产业化的前提，也是后续生物转化和秸秆生物量全利用提出的新要求，并赋予秸秆转化新的哲理思想；（2）确定木质素和半纤维素经济有效利用是降低综合技术成本和实现纤维素原料多联产、纤维素原料清洁生产的关键所在；（3）明确秸秆生物量全利用不宜追求单一产品的规模经济效益，而应按生态工程学原理，建立秸秆生物量全利用多联产工业模式，强调多层、多级、循环利用途径，适度规模与综合配套原则；（4）将秸秆作为一种丰富的可再生资源来看待，而不仅仅作为环境治理对象，建立以秸秆为原料的多联产生态工业园区技术集成新体系，实现原料、能源和产品的清洁化。

9.4 生态工业与多联产

9.4.1 生化工程与工业生态学

随着社会的发展，环境和生态问题日益成为人们关注的焦点，生态学的观点也逐渐渗透到工业领域。1989 年 9 月，美国科普月刊《科学美国人》发表了 Robert Frosch 和 Nicolas Gallopoulos 的文章《可持续工业发展战略》，文中第一次提出了工业可以运用新的生产方式的观点，认为一个工业生态系统完全可以像一个生物生态系统那样循环运行，即物质和能量由植物→食草动物→食肉动物→微生物→植物构成生物链不断循环，并提出了工业生态学这一概念。

在这一理念的基础上，提出工业生态学的基本原则是 4R 技术原则（reduce，reuse，recycle，replace）。减量原则（reduce）是指在输入端减少进入生产和消费过程中的物质和能量流量；再用原则（reuse）是通过副产品交换和物质的分层多级综合利用等手段来实现；循环原则（recycle）主要依靠再资源化转化技术、过程物质与能量集成技术；替代原则（replace）要求尽可能应用可再生性的资源作为过程工业加工的原材料。在 4R 技术原则的基础上，可形成一系列工业生态学的研究方法，如工业代谢——面向原材料的研究方法，清洁生产的多尺度——面向反应过程的研究方法，生命周期评价——面向产品的研究方法，系统能量和物质集成——面向全过程的研究方法，生态工业园区建设——面向区域工业系统的研究方法等。

上述研究方法也正是生化工程的研究者们所努力追求的目标。生化工程源于生物界和工业界，应该最能理解生态学和产业化，工业生态学的提出又为生化工程的生态化和产业化发展提供了理论基础，生态化和产业化的结合必将推动生化工程发展到新的阶段。从这个意义上说，传统的生化工程的学科范畴已远远不能适应发展的需要，急需新的理论指导。在综合了现代生物技术和工业生态学基本理论的基础上，本书提出了生态生化工程的新理念[11]。

在自然界中，生物利用自然界的物质和能量进行生产和消费，一种生物排放的废料正是其他生物的养料，形成连续的物质流，自然消化和净化，无所谓污染，这就是生态平衡。依据这一原理，人们建立和发展了生态工业。在工业生产中，人们模拟生态学原理，设计一个生产过程中产生的废料成为下一个生产过程的原料，从而使生产过程中原料和能量多层次分级利用，形成连续的物质流、能量流，求得物尽其用，充分发挥物质的生产潜力，促进自然界良性循环，无废排放，而且又能为社会生产出更多有用的商品，以达到经济效益与生态效益的同步发展，这样的工业生产体系称为生态工业。

生态工业必然是清洁生产，是绿色产业。但是我们也应看到它们在内涵上还是有差异的。生态工业更强调以原料的利用为中心，形成原料的物流链，因而有更好的经济效益，更反映了科学技术的进步，因而更具有市场竞争性，是可持续发展的工业。

传统的工业生产在资源的利用上是以产品为中心决定舍取的，社会最终产品只占原料总投入量的20% ~ 30%，资源的不合理利用造成环境污染。以味精生产为例，投入的原料只有1/3转化为味精，而2/3的原料造成含固形物12%、COD高达$(7 \sim 8) \times 10^4/L$的高浓度酸性废水。

生态工业以原料合理利用为宗旨，生产社会所需的产品。同样的原料不仅保证原有产品的生产，而且能生产出更多品种的商品。以味精生产为例，味精产品质量、数量仍能予以保证，生态工业将未被利用的2/3原料都转化为单细胞蛋白、发酵蛋白饲料和硫酸铵（化肥、化工原料），如进一步开发还会有更多社会所需的、价格更高的产品。

9.4.2　工业生态学理论

在传统的工业体系中，每一道制造工序都独立于其他工序，消耗原料、产出产品和废料，这种工业体系过于简单化，一个工业生态系统完全可以像一个生物生态系统那样循环运行。在生物生态系统中按职能区分基本上存在三种生物，一些生物靠阳光、水和矿物质生存。而另一些物种不仅要靠矿物质、空气，还要食用其他物种来维持生命，同时排除废物，这些废物又成为其他物种的食物。在第三类物种中，有的是把废物转变为基础生产者可利用的矿物质，有的是在复杂的过程网络中互相消费，实现新陈代谢。类似的，在工业生态系统中，每个工业过程必须与其他工业过程相互依存、相互联系，这是一个理想化的发展模型，尽管以现有的资源、理念无法达到那种完美的效果，但它使人们看到了一个更新的发展方向——工业生态系统[12,13]。

工业生态学的研究内容是如何通过合理的方法使得工业系统达到自然生态系统良好的承载能力，如何根据可持续发展的原则来设计工业系统与环境之间的物质流与能源流，使得现有的、开放性的工业系统向封闭性的系统转变，促进物质、能源的有序化、合理化利用[14]。

不同的研究者对工业生态学研究内容进行了概括，其中较为全面的概述分为以下 6 个方面[15]：

（1）物质和能量流动研究（material and energy studies）：又称工业代谢（industrial metabolism），研究工业系统、区域及全球物质流向的量化及其对自然生态系统的影响和减少这些影响的技术方法。

（2）非物质化和非碳化（dematerialization and decarbonization）：寻找工业经济活动中绝对或相对减少所需原料与能量的办法，如减少资源投入，延长产品生命周期，采用非矿物燃料生产等。

（3）技术创新与环境（technological change and the environment）：研究发展加速工业体系进化的理论及技术。

（4）生命周期规划、设计与评估（life cycle planning，design and assessment）：评价产品从原材料采集到生产、使用直至最终处理的整个生命周期的环境负荷，辨识和量化产品生命周期中能量和物质的消耗及污染释放，评价这些消耗和释放对环境的影响，最后提出减少这些影响的措施。

（5）生态再设计（eco redesign）：寻求新概念的产品设计，要求在产品设计阶段，考虑生态和经济的平衡及产品对环境可能造成的影响，以便生产出整个生命周期内对环境影响最小的产品，建立可持续的生产和消费体系。

（6）生态工业园（eco-industrial parks）：合理规划原料和能量交换，使各个企业资源共享，一个企业的污染物成为另一个企业的资源，寻求物质使用的最小化和零污染排放。

工业生态学主要研究工业系统各组成部分及工业系统与环境的相互关系，其研究角度主要分为以下三个方面：（1）探讨工业系统各组成部分之间及其与生物圈间的一体化协调发展的分析视角，构建可持续发展的格局；（2）探讨工业体系基本要素的流动、代谢及物质流、能量流等的流动网络，优化现有的工业系统；（3）探讨工业系统的发展动力——科技的力量对工业系统的巨大作用。关键技术及种类的长期发展进化是工业体系的一个决定性（但不是唯一的）因素，有利于现有工业格局进一步组合，同时更有利于新的组合趋势的形成[16]。

针对不同的研究角度，形成了不同的工业生态学理论，其中有几个影响较大的理论。

9.4.2.1 工业体系生态系统三级进化理论

生态系统从生命起源时的开放型生态过程进化到半开放型生态过程，后达到了完美的封闭型生态过程。开放型生态过程（见图9-1（a））中单组分的物质流动不依靠其他生命形式，这种模式仅存在于资源极大丰富的情况中，生命的存在基本上对可利用的资源不构成伤害。随着生命数量及种类的增长，现有资源难以维持简单代谢的消耗，不同种群间开始以不同的方式组合，从而形成半开放型生态过程（见图9-1（b）），半开放型生态过程是由生命相关性造成的内部压力下进化产生的，半开放型系统比开放型系统更富有效率，但产生的废物对环境造成了巨大的压力，资源并未得到最有效的利用，自然界进行了长期的进化，从而使生物生态系统进化到几乎完全的物质循环。在这个系统中，资源和废物是相对的，一个物种的废物可以是另一个物种的资源，这种系统称为封闭型生态系统（见图9-1（c）），在这个生物生态系统内部，物质是封闭循环的，只有太阳能作为永恒的输入能源[13]。

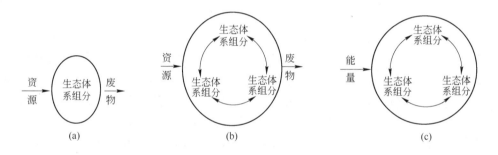

图9-1 三种生态系统示意图
（a）开放型生态系统；（b）半开放型生态系统；（c）封闭型生态系统

工业系统作为生态系统的一个重要组成部分，其必将经历或正在经历相似的过程，工业革命的大发展和环境的破坏、资源的浪费，使得工业系统不断调整内部及外部的关系，从开放型到半开放型，甚至于封闭型进化。目前的工业体系仅是一些相互不发生关系的线形物质的叠加，这种工业系统称为一级生态工业系统，与开放型生态系统类似。与一级生态工业系统相比，二级生态工业系统中资源变得有限，资源的利用率大大提高，但其中的物质、能量流仍是单向的，二级生态系统仍不能长期维持下去，并且随着资源的减少，废料不可避免地不断增加。为转变为可持续发展的形态，生态工业系统进化成以完全循环的方式运行，在这种形态下，无法区分资源和废料，称为三级生态工业系统，理想的工业系统（见图9-2）应尽可能接近三级生态工业系统[16]。

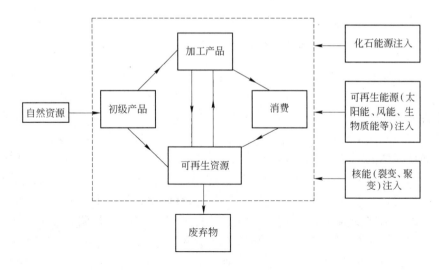

图9-2 理想的工业系统模型

9.4.2.2 生态结构重组理论

生态结构重组理论主要包括4个方面内容：（1）将废料作为资源重新利用；（2）封闭物质循环系统和尽量减少消耗性材料的使用；（3）工业产品与经济活动的非物质化（服务化）；（4）能源的脱碳。

生态结构重组对工业系统宏观、中观、微观各个层次产生作用。在宏观层次上，改善整体经济的物质和能源效率；在中观层次上，即在企业与生产单位的层次上，重新审视产品与制造过程，特别是要减少废料；在微观层次上，通过优化反应过程，在分子层次上，提高反应的效率，设计最为简捷的化学合成方法[16]。

生态结构重组的四大内容对上述三个层次所起的作用是各不相同的[17]。

A 废料资源化

有步骤地将废料作为资源利用是工业生态学发展的起因。从生态学角度看并不存在真正意义上的废物，而是缺乏消耗这部分资源的群体，垃圾场不是无用之地，而是一些暂时无法利用的资源的累积。只有在健全的工业体系中，资源才能最大限度地被利用，才能使废物变为宝贵的资源。

B 封闭物质循环系统

废料回收具有极其重要的意义，它有利用形成稳定的循环系统，甚至减少物质的流动。工业回收利用应具有自然循环的基本特征——能量的自我供给，这也是现今资源回收的难题，单就回收系统而言，资源投入常常多于资源产出，回收行业资金与技术来源受到限制，为此政府有必要加强投资与技术研发，使回收利用在物质上成为不泄漏的循环过程。

C 防止消耗性污染

工业代谢分析明确地表明许多产品的使用都是消耗性的：包装材料、润滑剂、溶剂、絮凝剂、肥皂、增白和洗涤剂、油漆、色素、杀虫剂等。大部分有毒金属，诸如砷、镉、铬、铜、铝、汞、银和锌等包含在不同的产品中，它们也随着使用及正常老化而同样被消耗。对于消耗性排放现象，主要的应付策略是预防：（1）改良原料。即采用能够预防并在使用日常消费品时防止各种消耗性排放的原材料；（2）回收利用。比如美国化工巨头 DOW 化学公司最近推出了一种关于含氯溶剂的"分子租用"的新概念。DOW 的用户不再购买分子本身，而是购买它的功能。他们在使用完之后把溶剂还给 DOW，由 DOW 将其再生处理；（3）替代或禁用。替代是指无害化合物替代有毒物质材料，禁用是指当有毒消耗物质的危险性太大而其他方法又不能解决问题的时候禁止使用该类有毒材料。

D 产品与服务的非物质化

目前，世界人口增长迅速，如果我们既想在这样的条件下享有高水准的生活，又想把对环境的影响降到最低限度，那只有在同样多的、甚至更少的物质基础上获得更多的服务与产品，这就是非物质化的思想，其宗旨就是提高资源的生产率。为了生产同样多的产品，我们现在使用越来越少的材料和能量，这种减少主要得益于技术的进步，如汽车底盘的平均质量已经大为降低，主要是使用了各种聚合材料来代替钢材，我们把这种物质替代称为物质转换。还有一个相当重要的非物质化的因素，可以将其称为"信息替代"。以农业为例，出于预防考虑，使用各种杀虫剂时总是加大使用量，以确保效果，而一种实时观察虫害和预警机制相结合的信息系统则可以让农户在合适的时机只使用所需的杀虫剂量也能确保效果。总之，随着新材料的不断发展和再循环技术的完善，产品和生产方式的大量非物质化倾向将进一步加强。

E 能源脱碳

工业革命开始以来，源自矿物以碳氢化合物形态出现的碳一直是最主要的元素，碳氢化合物（煤炭、石油、天然气）占我们地球开采资源的70%以上。然而，矿产资源也是许多问题的源头：温室效应、烟雾、赤潮、酸雨。最近几十年来，从开采矿石得来的碳消耗与日俱增，这一现象主要发生在发展中国家。就世界能源消耗而言，碳氢化合物还将长期、广泛地占据主导地位，因此，能源脱碳战略是一种劣取其轻的策略。从长期来看，太阳能、水力发电、核能、氢燃料是理想的能量载体。

9.4.2.3　工业生物群落理论

在自然生态系统中，不同生物群落总是依据一定特性形成紧密的关系，形成生态系统特有的功能和结构。将这一思想扩展到工业体系中寻求最优化的工业活动组合，实现物质和能源的最优化合理流动和利用。较为显著的示例有工业共生体系、工业生态园区以及工业优势群落生态联合体等。

9.4.3 工业生态学研究方法

工业生态学以生态学的理论观点考察工业代谢过程，研究工业活动和生态环境的相互关系，以调整、改进当前工业生态链结构的原则和方法，建立新的物质闭路循环，使工业生态系统与生物圈兼容并持久生存下去。工业生态学通过供给链网（类似食物链网）分析和物料平衡核算等方法分析系统结构变化，进行功能模拟和分析产业流（输入流、产出流）来研究工业生态系统的代谢机理和控制方法。系统分析是产业生态学的核心方法，在此基础上发展起来的生命周期评价和原料与能源流动分析是目前工业生态学中普遍使用的有效方法[18]。

9.4.3.1 生命周期评价

A 生命周期评价概述

生命周期评价（life cycle assessment，LCA）是一种评价产品、工艺过程或活动从原材料的采集和加工到生产、运输、销售、使用、回收、养护、循环利用和最终处理整个生命周期系统有关的环境负荷的过程[19]。ISO14040 对 LCA 的定义是：汇总和评价一个产品、过程（或服务）体系在其整个生命周期的所有及产出对环境造成的和潜在的影响的方法。生命周期评价是产业生态学的主要理论基础和分析方法。尽管生命周期评价主要应用于产品及产品系统评价，但在工业代谢分析和生态工业园建设等产业生态学领域也得到了广泛应用。

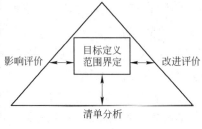

生命周期评价的技术框架如图 9-3 所示。

图 9-3 生命周期评价的技术框架

B 生命周期评价的实施步骤

LCA 实施步骤如图 9-4 所示。

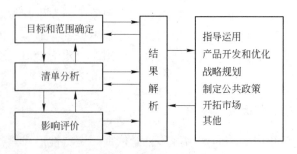

图 9-4 LCA 实施步骤

（1）目的与范围确定。生命周期评价的第一步是确定研究目的与界定研究范围。研究的目的、范围和应用意图涉及研究的地域广度、时间跨度和所需要数据的质量等因素，它们将影响研究的方向和深度。

研究目的应包括一个明确的关于 LCA 研究的原因说明及未来结果的应用。为了保证研究的广度和深度满足规定目标，应详细定义研究范围，包括有关的系统边界、时间边界、方法、数据类型和假设。通常生命评价过程需要大量的数据，一个时段内的数据无法对整个生命周期进行有效评价，这就需要考虑所收集的数据在不同时段内是否仍具有代表性。另外，还需考虑生命周期评价数据的时效性。

（2）清单分析。清单分析是 LCA 基本数据的一种表达，是进行生命周期影响评价的基础。清单分析是对产品、工艺或活动在其整个生命周期阶段的资源、能源消耗或向环境的排放进行数据量化分析。清单分析的核心是建立以产品功能单位表达的产品系统的输入和输出。清单分析是一个不断重复的过程，大致包括数据收集的准备、数据收集、计算程序、清单分析中的分配方法、清单分析结果等过程。

清单分析可以对所研究产品系统的每一个过程单元的输入和输出进行详细清查，为诊断工艺流程物流、能流和废物流提供详细的数据支持。同时，清单分析也是影响评价阶段的基础。

（3）影响评价。为了将生命周期评价应用于各种决策过程，就必须对这种环境交换的潜在影响进行评估，说明各种环境交换的相对重要性以及每个生产阶段或产品每个部件的环境影响贡献大小，这一阶段称为生命周期影响评价（LCIA）。LCIA 作为整个生命周期评价的一部分，可用于：识别改进产品系统的机会并帮助其确定优先排序；对产品系统或其中的单元过程进行特征描述或建立参照基准，通过建立一系列类型参数对产品系统进行相对比较，为决策者提供环境数据或信息支持。

9.4.3.2 原料与能源流动分析

作为工业生态学的重要研究内容之一，物质与能量流动分析（materials and energy flows analysis）是在 20 世纪 80 年代后，随着可持续发展研究的深入，在经济系统特别是工业系统与自然环境相互作用的研究中形成的，并已成为重要的环境管理工具。物质与能量流动分析是对工业系统中原料与能量的流动，包括从原料的提取到生产、消费和最终处置进行分析。不论是工业代谢还是原料与能量流动分析，都是研究全球和区域范围内工业系统中以及产品生产过程中，原料和能量流动量化的理论和方法、对经济与自然生态系统的影响和减少这些影响的理论、方法和技术。

原料与能源流动分析的主要观点是：人类的经济系统仅仅是自然生态系统的一个子系统（见图9-5），它的物质和能量的流动与自然生态系统的原料与能量流动相类似，是一个将原理、能量转化为产品和废物的流动过程，这一过程对自然环境必然产生影响，影响的强度取决于原料与能源使用的强度。

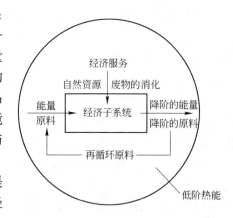

图9-5 全球生态系统中的经济子系统

原料和能量流动分析是了解物质在提取、使用、再循环处置整个生命周期与经济和环境的关系，并寻找这些过程中每个环节减少废物、降低资源消耗及减小对环境影响的机会。其基本框架为：

（1）工业系统是全球生态系统的子系统，应以处理生态系统的方法来观察和分析其物质与能量流动。以生态背景中的人类系统为目标，设计原料和废弃物的使用，使其对生态环境的影响最小化。

（2）着重考虑经济活动对 N、C、S、P 等营养元素的生物地球化学循环的影响及对金属元素全球流动的影响。

（3）采用整体和系统的方法表征和量化原料与能量的流动。应对工业系统从原料提取、制造、消费使用、回收、再循环到处置的整个生命周期过程的原料、能量的输入与输出进行跟踪与评估，以了解完整的原料循环过程。

（4）原料与能量流动分析可从不同空间尺度来进行：可从国家或区域的尺度来研究人类活动对全球物质循环的影响；可从部门尺度研究原料与能量在部门内或部门间的流动。

（5）原料和能量流动分析可促使人们创造性地解决原料使用效率和废物消除等问题。例如：平衡生态系统能量的输入和输出，用进化的观点调整工业政策，建立生态工业园等等。

（6）研究减少原料使用强度的策略与方法，目前这方面的研究主要有：有毒有害废物减少、污染源头的缩减与替换、再循环、再制造、绿色设计和生产者的责任延伸。

环境问题与经济系统物质与能量流动直接相关，而原料与能量流动分析就是了解原料提取、使用和终端处置（废弃或再利用）的系统方法。它力图找出经济系统物质与能量流动与环境问题的量化对应关系，从而为解决环境问题提供依据。目前，不同的研究采用了不同的模型，主要有以下方法：

（1）质量平衡法（mass balance）。质量平衡法是通过描述某种特殊要素在时间点的流动，包括向环境的散失，并估计原料流动系统每一阶段的输入和输出，提出与原料相连的全部路径的分析观点的一种研究方法。20 世纪 90 年代，美国矿产局利用这种方法完成了包括 As、Cd、Pb、Hg、W、Zn 等金属和矿物的研究，这些研究追溯每一种矿产品原料流动路径，发掘减少废物的机会，以便更有效地利用资源；同时评价和量化产品生产、使用、再循环和散失数据；还评估了矿产品的使用、处理、再循环和处置，包括向空气、土地和水的散失。

（2）输入-输出分析法（input-output analysis，IOA）。输入-输出分析的思想由法国经济学家 Quesnay 在 18 世纪首先提出，后经过不断发展输入-输出分析就成为标准的经济工具。输入/输出分析法通常在一些国民经济统计资料中有关于某一产品所需的原材料和消耗，从而可追溯出基本物质与能量的消耗。

9.4.4 生态工业与过程集成

作为高新技术的生物技术是一个新兴的产业，虽然不少生物技术产品尚处于研究和试验阶段，商品化发展充满困难和曲折，但是其产业化发展的趋势不可逆转，必将成为促进新的社会经济发展的生长点。在生物技术产业化中，需要与各种学科交融，尤其应该与工程学科相结合，很多生物产品的产业化成功实例表明，生物产品的产业化与传统的化学工业密切相关。

由于历史原因，以往人们更多地关注生物技术的实验室工作。在当今生物技术高速发展的时候，却发现更缺少的是如何把实验室结果转化成能够为人类服务的商品的技术，生物工程产品的产业化技术也就成为生物技术高速发展的一个瓶颈。正是由于产业化技术的滞后，使得不少很好的生物制品始终停留于实验室而无法成为商品，或者虽然成为商品，但因其过高的生产成本，无法真正用之于民。

鉴于过程集成化技术在化学工业中取得的成功，发展生物过程的集成化技术将成为解决生物产品产业化技术的重要途径之一。

过程集成是指将两个或两个以上的生产技术或工艺步骤有机地结合在一起，在一个生产过程或设备中同时完成的先进生产技术。过程集成的目的是简化工艺流程、提高生产效率及降低投资和生产成本。无论是化学工程还是生物工程的发展，都离不开过程集成技术。

生物体系是一个多种反应的集成体系，即使在最简单的大肠杆菌中也同时发生着数以千计的反应用于细胞合成和代谢产物的生成；生物体系也是一个反应与传质分离的集成体系，各种营养物质要通过细胞壁传递到细胞内，一些代谢产物则需要释放到胞外以防止在胞内的积累。

在传统的工业发酵中，产品的制取需要经过酶生产—酶分离—生物大分子的酶水解—细胞培养—目标产物分离等五个基本步骤；而在基因工程蛋白质的生产中，一般又包括了酶生产—酶分离—生物大分子的酶水解—基因工程细胞培养—

产物的诱导表达—细胞破碎—产物分离、复性与纯化等基本步骤。在工艺流程长、生产效率低的同时，还可能存在如下的问题：酶生产中的产物或底物抑制、产物或酶分离过程中的失活、酶水解或细胞生长过程中的产物或底物抑制、细胞破碎中目标产物的损失、各种分离提纯与复性方法的条件匹配和相互制约等。

生物过程集成化技术就是要将上述反应或分离步骤中几种不同的方法集成在一个反应器或一个工艺步骤中进行，这样既能够简化工艺流程、提高生产效率，又可以解决产物抑制、失活及操作条件的匹配和制约等问题[11]。生物过程集成化技术的主要研究内容主要包括以下几个方面：

（1）生物反应与生物反应的集成。

1）水解和发酵的集成：在一个反应器内可以同时进行酶水解和微生物培养，由酶水解产生的小分子及时地被微生物利用，可以减少一个反应器或酶的分离提纯步骤，避免了酶水解产物的抑制作用。

2）具有集成趋势的新菌种的构建：应用代谢工程和 DNA 重组技术将相关的水解酶类基因克隆到目标微生物中，构成既产水解酶类又产目标产物发酵的菌种。

（2）生物反应与分离过程集成。

1）反应与分离的耦合：将生物反应所获得的抑制性产物或副产物从系统中分离出去，消除产物对催化剂的抑制作用，提高生物反应速率。

2）引入分离因子的生物反应：用分子生物学和代谢工程手段，在弄清发酵过程的机理和微生物代谢途径的基础上，通过调节生物反应的条件来减少与目标产物性质相近的物质，减轻后续分离过程的负担。

3）在反应过程中富集目标产物：在产物对微生物生长的抑制作用较小的体系中，利用目标产物与其他杂质的性质差异，通过物理化学和生物手段在反应器内富集目标产物，或是提高目标产物的浓度，或是减少料液的量。如采用微胶囊固定化细胞培养方式，可以实现把大分子产物富集在胶囊内的目标。

（3）生物分离过程的集成。

1）生物过程单元的集成：通过新型高效的分离技术将原先流程中的有关单元进行有效组合，减少操作步骤，增加生产效益的目标。

2）分离技术集合的集成：利用已有的和新近开发的生化分离技术，或把两种以上的具有不同分离原理的分离技术集成为一种更有效的分离技术，从而大大提高分离效率。

（4）生物反应与过程模型化和控制的集成。

生物反应与过程模型化和控制的集成技术是解决生物体系出现一些特殊情况的一种较好方法。由于细胞培养体系非常复杂，会出现不少对生产目标产物不利的因素，但是其中又有一定的规律，通过一般的调节和控制不易解决。当我们在深入了解了生物体系的反应途径，了解了反应规律以后，配以精密控制方法，就可以把不利因素减至最低的水平。这样的集合就形成了生物反应与过程模型化和控制的集成。

在国外，这方面的工作大都是在一些大公司中进行的，已经取得了很好的效益，但由于企业技术保密程度高，相关的文献报道不多。由于我国企业科研力量相对薄弱，除面包酵母生产和少数几套引进的抗生素生产设备外，这方面的应用技术还很缺乏。

总之，生物过程集成化技术是生物产品产业化技术发展的一个方向，加强这一领域的研究将大大促进生物技术的产业化进程。我国已把发展生物技术作为本世纪的一个重要任务，而生物技术的产业化是实现生物技术高速发展的最终目的。高速和高效地将实验室成果转化为商品，增强生物技术产业化中的技术含量势在必行。

20世纪，过程工业在全世界取得了巨大的进步和发展，单元技术已经达到很高的水平，生产规模和效率不断提高，但发展与污染的矛盾、可持续发展仍是尚待解决的问题。过程集成作为过程工程研究的一个新领域，从更为广泛的角度，将一些新技术、新流程集成在一起，有可能从源头上解决过程工业的优质、节能、环保及可持续发展等问题，是目前过程工程研究的热点。世界上许多机构进行了这方面的研究，其中，国际能源组织（IEA）成立的过程集成委员会和英国UMIST成立的由16家跨国公司参与的过程集成研究协会，是目前世界主要的过程集成研究中心。

过程集成的研究始于20世纪70年代末，最初主要用于系统节能，并发展了用于换热网络分析和设计的系统方法。夹点技术在过程工业领域得到广泛应用，大量的工业实践表明夹点技术对提高系统能量利用率、降低投资和操作成本等具有重要的作用。在换热网络的集成思想和夹点技术的基础上，其应用领域逐步扩展到提高原料利用率、降低污染物排放和过程操作等方面。目前，过程集成的尺度主要是在宏观范围内，如图9-6所示。其最简化的层次是单一生产过程内的集

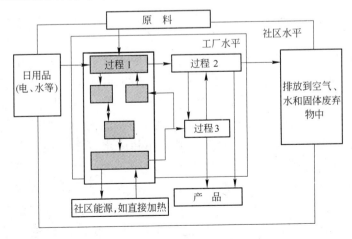

图9-6　不同层次的过程集成

成；其次是把不同工艺过程之间的能量及物质集成统一起来考虑，构成企业级的过程集成；最高层次是要考虑过程工业与社会、环境的协调发展，形成生态工业。其中，过程和企业水平上的集成较为成熟。相比之下，工业生态化的过程集成研究则处于起步阶段。随着过程集成技术的发展，其应用尺度不断向更小的分子和更大规模的化学供应链扩展。过程集成的方法也不仅限于夹点分析，数学规划、人工智能技术以及这两种方法与热力学方法的交叉和结合也被引入过程集成。

目前，过程集成泛指从系统的角度进行设计优化，将化工系统中的物质流、能量流和信息流加以综合集成，为过程的开发提供直接的方法和工具支持。在这种情况下，一些新的过程集成的概念和技术被提出，如质量交换网络、考虑环境影响的过程集成、多联产系统、工业生态化以及化学供应链集成等[11]。

9.4.5 生态工业与多联产技术范例

人工生态系统是由多种结构单元组成。各结构单元通过不同的组合方式，形成了长短不一、功能各异的结构链，结构链又通过相互组合形成了结构网。目前，许多系统发展不可持续的关键就是因为系统结构不合理。这种不合理性一方面表现为结构单元的选择不当，另一方面表现为单元之间构成的结构链及由此组成的结构网关系不协调，这不仅导致系统生态平衡的失调，而且还有可能造成系统能流受阻，物质循环中断，影响系统功能正常发挥。解决问题的关键是针对不同系统的不同情况对系统结构进行设计。本节以黑龙江省肇东市玉米酒精生态工程为例，从结构元、链和网 3 个方面对系统结构设计的效果进行了研究[11]。

9.4.5.1 玉米酒精生产概况

黑龙江省肇东市是我国玉米主产区，玉米常年播种面积占全市耕地总面积的 68%，总产一百多万吨，占粮食总产量的 80% 以上。为实现玉米资源利用的规模化和产业化、提高生产效率，1994 年肇东市建立了以金玉公司为龙头的玉米加工企业，加工生产食用酒精，年加工能力 450kt。但在产出酒精的同时，又伴生了如 CO_2、酒糟、玉米胚和废水等多种副产品。这些产品都具有一定利用价值，但直接排放会给环境带来很大危害，因此，实现资源综合利用，提高经济效益，减轻环境压力，就成了企业和当地政府的重要目标。这一目标单靠传统思路和方法已经无法解决，必须寻求新的突破。生态工程和产业生态学理论为这一问题的解决提供了良好的理论基础和方法论指导。

9.4.5.2 玉米酒精生态工程结构设计

对人工生态系统的结构研究表明，系统功能是由结构元、结构链和结构网等多级结构关系共同完成。因此，进行生态工程结构设计也必须从这 3 个层次上进行。结构元是组成系统的基本单元或元素，是系统组分的结构化概念；结构链是结构单元通过一定联系形成，完成一定功能的基本结构关系；结构网是不同结构链以一定方式联合形成的网络状结构关系。

A 结构单元设计

结构元的设计是在主要目标确定后，对系统生产结构单元的独立设计过程。它主要包括对产品种类、规模和伴生的相关产品利用方式的设计。按照现有的运行规模，肇东市年加工 450kt 玉米粒可以产生酒精 130kt、CO_2 113kt、干酒糟 70kt、玉米胚 70kt、酒糟废液 1.80Mt。CO_2、干酒糟、玉米胚和酒糟废液等都属于构成玉米加工系统的结构单元，需要进行设计。

（1）玉米胚综合利用。酒精生产过程中可产玉米胚 70kt/a。根据玉米的出油率，设计利用 70kt 玉米胚可以生产食用玉米油，设计产量为 13.4kt。

（2）CO_2 综合利用。CO_2 可直接与甲烷合成醋酸，而醋酸是重要的化学中间体和化学反应溶剂，其最大用途是生产醋酸乙烯单体（VAM），VAM 可用来制造防护涂料、粘合剂和塑料。醋酸第二大用途，也是增长最快的用途是制取精对苯二甲酸（PTA），其他用途包括生产醋酐、醋酸丙酯/丁酯和醋酸乙酯。因此，醋酸产业是 CO_2 综合利用的有效方式。

（3）酒糟废渣综合利用。由于酒糟废渣产量高，难贮存。因此，设计将其与玉米粕联合生产便于贮存运输的颗粒饲料，设计规模为 120kt。产品分别供给周围农民和本公司的饲养场，其中饲养场的生猪设计规模为年出栏 20 万头。目前已建成面积 $3.5 \times 10^4 m^2$，1997 年生猪存栏量达到 1.4 万头，母猪 2500 头。

根据公司电厂粉煤灰处理难，且猪粪含水量大、气味浓，运输和使用不方便，农民使用的积极性不高的状况，通过对复合肥生产市场的调查研究，设计将猪粪、无机肥和粉煤灰配合生产一种新型有机无机复合肥，以进一步实现产品的增值和物质的充分合理利用。目前，该项目已经投入生产。

（4）酒糟废液利用设计。1）生产单细胞蛋白。根据实验分析，酒糟废水中含 COD 2500mg/L，含氮 112mg/L，含磷 30mg/L，总固形物占 2.5% ~3.0%，其中悬浮的不溶固体物约占 2.0% ~2.5%，可溶性固体物为 0.5% 左右。由于其中含有大量有机物质，可以作为单细胞蛋白的培养基。该菌丝体含粗蛋白50% ~56%，是一种优质蛋白，与一般酵母相当，可作为饲料添加剂，并且仅需过滤就可收获产品。对酒糟废液进行的单细胞蛋白培养试验表明：酒精废液的单细胞蛋白收率一般可达1.5%~2%以上，这一方法对COD为30000~40000mg/L左右废水的去除率高达83%，处理后废水的COD和BOD均有大幅度降低。2）废液储存曝气。经过上述处理后，废水的COD浓度仍在6000mg/L左右。根据肇东土地丰富，且盐碱地比重比较大的现状，为实现废水的综合治理，获得相应效益，按照实际地形，设计了总容积为 $78.66 \times 10^4 m^2$ 的8个4级废水储水池，储水能力近 $80 \times 10^4 m^3$，储水量占公司废水年总排放量的44.44%，相当于接纳并处理全公司近半年的生产废水。储存的目的是高温季节通过生物化学过程，降低其中有机物质的含量和浓度。低温季节储存待温度适宜后再进行生物处理，从而达到回用和减少环境负荷的目的。吉林省果树厂利用同样的方法取得了比较理想的效果。3）养鱼。金玉公司以北的土地全部为盐碱地，地势平坦，土质细密，抗渗漏性能好，极易改造成鱼池。结合公司发展规划，1996年设计筹建了面积约 $1.3 \times 10^4 hm^2$，池深 $2 \sim 3m$ 的4个养鱼池，总容积为 $26 \times 10^4 m^2$。为探讨利用废水养鱼，将鱼作为系统结构单元的可能性，1997年8月中旬到9月下旬在该公司内进行了试验。根据不同技术处理要求，设计了6个处理水平，每个处理水平有1次重复。试验池水深120cm，半径47.5cm。除特别说明外，各处理添加的废水浓度皆为6000BOD/L。添加量占总水量的1%，每天添加1次，主要检测指标为COD、生物量、溶解氧，其中COD和生物量每天测1次，溶解氧隔5天测1次。6个处理水平主要包括：对照（1号，加入与其他处理相同数量的清水）、纯酒糟废水（2号）、引入菌种（3号，菌种的添加比例为占水池容积的2%）、开增氧机（4号）、添加化肥（5号，0.3mg/L尿素为主）和发酵后的酒精废水（COD<3000mg/L，添加比例为2%，6号）。

结果表明，每天加入占总水量1%的酒精废水后，各处理COD和生物量没有太大区别。除对照外，经过20天后，各池中COD含量都将超过200mg/L，说明这种方法作为处理废水的一种有效途径，废水的添加周期以不超过20天为宜。就DO来看，开增氧机与不开增氧机的池子，DO含量差别十分明显。每天开增氧机的处理池中DO平均都能保证在2mg/L以上，基本能够保证养鱼之需。这说明增氧有利于保证添加废水情况下鱼的正常生长。

总之，结构元的设计实际上是一个资源利用途径的设计，也是一种生态设计，是系统适应环境要求，寻求最佳效益的第一步。

B 结构链设计

根据结构元之间的相互关系，并按市场发展和实际生产的可能，将结构元按一定比例组合，构成结构链。根据设计，可以将多种结构元组合成5条相互联系的产业结构链，多条结构链分别实现多种生产目的。5条结构链包括酒精生产主导链、玉米胚综合利用链、CO_2 综合利用链、酒糟综合利用链和酒精废水综合利用链。各结构链的结构关系和数目关系如下：

（1）酒精生产主导链：玉米粒（450kt）→玉米粉（380kt）→食用酒精（130kt）。

（2）玉米胚综合利用链：玉米粒（450kt）→胚（70kt）→玉米油（13.4kt）→玉米粕（50kt）→颗粒饲料（120kt）→猪（70000头）→粪便复合肥（20kt）。

（3）CO_2综合利用链：玉米粒（450kt）→玉米粉（380kt）→CO_2（115kt）→甲醇、乙酸（200kt）。

（4）酒糟综合利用链：玉米粉（380kt）→干酒糟（70kt）+玉米粕（50kt）→颗粒饲料（120kt）→猪（70000头）粪便+无机肥+粉煤灰→复合肥（20kt）。

（5）酒糟废水综合利用链：玉米粉（380kt）→酒糟废液（1.8Mt）→分离废液（1.5Mt）→饲料蛋白（7.7kt）→废水（510kt）+土地处理系统+4级氧化塘-鱼池。

设计后的酒精生产主导链，玉米一次转化利用率达到3.46%，接近3.5%的全国平均水平。食用玉米油生产链的出油率为19.14%，实现了玉米胚的二次利用。计划实施的乙酸生产链，若能投入运营，将会成为该公司的第二大支柱产业，对进一步开拓玉米资源的利用途径具有重要意义。复合肥生产链利用酒糟、玉米粕利用后产生的粪便和电厂生产的粉煤灰做原料，生产有机无机复合肥，其产品的转化利用率达到100%，由于酒糟废液所含的污染物浓度大，单个组分或少数组分无法对废液起到良好的处理作用。因此，需要通过组分多样性开发，将这一过程分为几个连续的步骤和环节，每个步骤或环节又包含几种结构单元，每种单元完成特定的功能，最后实现对废液较完全的处理和利用：第一步是通过分离蒸发掉300kt，再通过工艺措施回用掉990kt，剩余废液的含量只有510kt，至此酒糟废液的利用率已达72.22%，再通过工程、土地、氧化塘及生物处理，废水处理率将达到设计要求。

C 结构网的设计

结构元和结构链的设计是结构设计的关键，将耦合关系合理的结构链通过适当连接，就可以组合成一个比较完整的结构网（见图9-7）[20]；结构网的形成使系统构成一个完整的整体，对于从系统水平上提高物质的循环利用效率，实现增产增效，具有良好的作用，其设计效果可以从系统的运行情况得到反映。1998年，金玉公司生产玉米油13.4kt，生产颗粒饲料220kt，生产干冰200t，生产杂醇油6kt。开发利用养鱼水面近$1.3 \times 10^4 hm^2$，出栏生猪6万多头，实现总产值近10亿元，利税1.5亿元，利税占全市总额的56%，成为肇东市第一支柱企业。废水基本实现内部大循环，废渣资源得到综合利用，系统对外部环境的压力大大减轻。同时，企业的发展还为11个乡镇的1.5万农户的$1.3 \times 10^4 hm^2$农田找到了稳定的销售途径，并为社会新增就业机会近4000个。系统运行的生态、经济和社会效益明显。

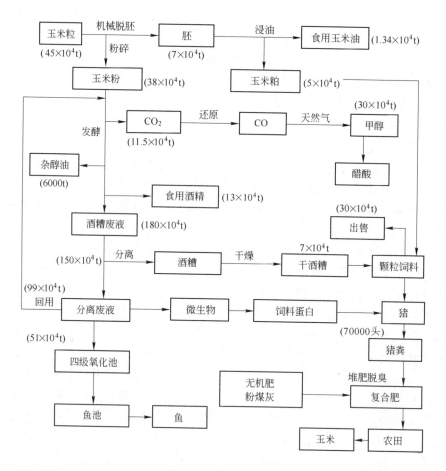

图 9-7 肇东市玉米生态工程结构设计方案

9.5 循环经济与多联产

循环经济是一种新型的、先进的经济形态，是集经济、技术和社会于一体的系统工程。它的实质是一种生态经济，倡导的是一种与环境和谐的经济发展模式。它要求把经济活动对自然环境的影响降低到尽可能小的程度，发展循环经济是实现可持续发展的一个重要途径，同时也是保护环境和削减污染的根本手段。一次不可再生的化石能源，如石油、天然气、煤炭，虽短期内仍是能源主力军，但其总量有限，碳循环慢，满足不了长期能源要求，而可再生的生物质能，由于循环周期短、清洁，有待充分开发利用，符合可持续发展和循环经济的要求，值得关注。我们把由可再生的生物质能源所支撑的循环经济体系定义为生物质能循环经济。在发达国家，生物质能循环经济正在成为一股潮流和趋势，已经在一些发达国家中开始了积极的尝试。

9.5.1 循环经济的概念及技术特征

9.5.1.1 循环经济的概念

所谓循环经济，即是在人、自然资源和科学技术的大系统内，在资源投入、企业生产、产品消费及其废弃的全过程中按照自然生态系统物质循环和能量流动规律重构经济系统，使经济系统和谐地纳入到自然生态系统的物质循环过程中，这种新形态的经济就是循环经济。传统经济是一种以资源—产品—污染排放为流通特征的单向流动式线性经济，其特征是高开采、低利用、高排放。人们高强度地把地球上的物质和能源提取出来，然后又把污染和废物大量地排放到水系、空气和土壤中，对资源的利用是粗放型和一次性的，通过把资源持续不断地变成废物来实现经济的数量型增长。它导致自然资源的短缺与枯竭，已酿成并正在酿成灾难性环境污染的后果。与传统经济相比，循环经济的不同之处在于循环经济倡导的是一种建立在物质不断循环利用基础上的经济发展模式，它是要把依赖资源消耗的线性增长经济转变为依靠生态型资源循环发展的经济。它要求把经济活动按照自然生态系统的模式组织成一个以资源—产品—再生资源为流通特征的物质反复循环流动的过程，其特征是低开采、高利用、低排放。所有的物质和能源要能在这个不断进行的经济循环中得到合理和持久的利用，以期把经济活动对自然环境的影响降低到尽可能小的程度，简而言之，循环经济是按照生态规律利用自然资源和环境容量，实现经济活动的生态化转向。本质上是一种生态经济，是在强化环境保护的基础上，依托自然资源要素，采用现代科学技术和经营模式对资源综合开发利用，推进物质转换循环，也就是把清洁生产和废弃物的综合利用融为一体，倡导在物质不断循环利用的基础上发展经济。这种自然资源的低投入、高利用和废弃物的低排放，将从根本上消解长期以来环境与发展之间的尖锐冲突[21]。

9.5.1.2 循环经济的主要特征

循环经济作为一种全新的经济发展模式，具有自身的独立特征，其特征主要体现在以下几个方面[9]：

(1) 新的系统观。循环是指在一定系统内的运动过程，循环经济的系统是由人、自然资源和科学技术等要素构成的大系统。循环经济观要求人在考虑生产和消费时不再置身于这一大系统之外，而是将自己作为这个大系统的一部分来研究符合客观规律的经济原则。

(2) 新的经济观。在传统工业经济的各要素中，资本在循环，劳动力在循环，而唯独自然资源没有形成循环。循环经济观要求运用生态学规律，而不是仅仅沿用 19 世纪以来机械工程学的规律指导经济活动。不仅要考虑工程承载能力，还要考虑生态承载能力。在生态系统中，经济活动超过资源承载能力的循环是恶性循环，会造成生态系统退化；只有在资源承载能力之内的良性循环，才能使生态系统平衡地发展。

（3）新的价值观。循环经济观在考虑自然时，不再像传统工业经济那样将其作为人类赖以生存的基础，而认为其是需要维持良性循环的生态系统；在考虑科学技术时，不仅考虑其对自然的开发能力，而且要充分考虑到它对生态系统的修复能力，使之成为有益于环境的技术；在考虑人自身的发展时，不仅考虑人对自然的征服能力，而且更重视人与自然和谐相处的能力，促进人的全面发展。

（4）新的生产观。传统工业经济的生产观念是最大限度地开发利用自然资源，最大限度地创造社会财富，最大限度地获取利润。而循环经济的生产观念是要充分考虑自然生态系统的承载能力，尽可能地节约自然资源，不断提高自然资源的利用效率，循环使用资源，创造良性的社会财富。在生产过程中，循环经济观要求遵循 3R 原则；同时，在生产中还要求尽可能地利用可循环再生的资源替代不可再生资源，如利用太阳能、风能和农家肥等，使生产合理地依托在自然生态循环之上；尽可能地利用高科技，尽可能地以知识投入替代物质投入，以达到经济、社会和生态的和谐统一，使人类在良好的环境中生产生活，真正全面提高人民生活质量。

（5）新的消费观。循环经济观要求走出传统工业经济，拼命生产、拼命消费的误区，提倡物质的适度消费、层次消费，在消费的同时就考虑到废弃物的资源化，建立循环生产和消费的观念。同时，循环经济观要求通过税收和行政手段限制以不可再生资源为原料的一次性产品的生产与消费，如宾馆的一次性用品、餐馆的一次性餐具和商品的豪华包装等。

9.5.1.3　循环经济的 3R 原则

循环经济的 3R 原则指的是减量（reduce）、再利用（reuse）和再循环（recycle）原则。

（1）减量化原则。减量化（reduce）原则旨在减少进入生产和消费流程的物质量。减量化原则要求用较少的原料和能源投入来达到既定的生产目的和消费目的，在经济活动的源头就注意节约资源和减少污染，这是输入端方法。

换句话说，人们必须学会预防废弃物产生而不是产生后治理。在生产中，减量化原则常常表现为要求产品包装追求简单朴实而不是豪华浪费，从而达到减少废弃物排放的目的。制造厂可以通过减少每个产品的物质使用量，通过重新设计制造工艺来节约资源和减少排放。

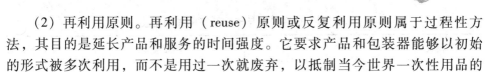

（2）再利用原则。再利用（reuse）原则或反复利用原则属于过程性方法，其目的是延长产品和服务的时间强度。它要求产品和包装器能够以初始的形式被多次利用，而不是用过一次就废弃，以抵制当今世界一次性用品的泛滥。

换句话说，人们尽可能多次以尽可能多种的方式使用所买的东西，通过再利用，可以防止物品过早成为垃圾。在生产中，使用标准尺寸进行设计。

（3）再循环原则。再循环（recycle）、资源化或再生利用原则，这是输出端方法。通过把废弃物再次变成资源以减少最终处理量。它要求生产出来的物品在完成其使用功能后能重新变成可以利用的资源而不是无用的垃圾，人们将物品尽可能多地再生利用或资源化。

循环原则建立在输出端，通过把废弃物资源化以减少最终处理量。资源化的过程有两种：一是原级资源化，即将消费者遗弃的废弃物资源化后形成于原来相同的新产品，如将废纸生产出再生纸，废玻璃生产玻璃等；二是次级资源化，即废弃物变成不同类型的新产品。原级资源化在形成产品中可以减少 20% ~ 90% 的原生材料使用量，而次级资源化减少的原生材料使用量最多只有 25%。

9.5.1.4 循环经济与传统经济的区别

从物质流动的方向看，传统经济模式是一种单向流动的线性经济，即资源—产品—废物。线性经济的增长，依靠的是高强度地开采和消耗资源，同时高强度地排放废弃物，通过把资源持续不断地变成废物来实现经济的数量型增长，这导致了许多自然资源的迅速短缺与枯竭，造成了灾难性的环境污染和生态破坏。

循环经济是对物质闭环流动型经济的简称。循环经济根据生态规律，倡导的是一种建立在物质不断循环利用基础上的经济发展模式，它要求经济活动按照自然生态系统的模式。循环经济的增长模式是资源—产品—消费—再生资源的封闭式流程，所有的资源在这个不断进行的经济循环中得到最合理的利用。循环经济把生态工业、资源综合利用、生态设计和可持续消费融为一体，使得整个经济系统以及生产和消费的过程基本上不产生或者只产生很少的废弃物。循环经济的特征是自然资源的低投入、高利用率、高循环率和废弃物的低排放，从根本上消解了长期以来环境与发展间的尖锐冲突。

在传统经济模式下，人们忽略了生态环境系统中能源和物质的平衡，过分强调扩大生产来创造更多的福利。而循环经济则强调经济系统与生态环境系统之间的和谐，着眼点在于如何通过有限资源和能源的高效利用、减少废弃物来获得更多的人类福利。循环经济与传统经济模式的比较见表9-1。

表 9-1　循环经济与传统经济模式的比较

经济模式	特　征	物质流动	理论指导
循环经济	对资源的低开采、高利用、污染物的低排放	"资源—产品—再生资源"的物质反复循环流动	生态学规律循环经济
传统经济	对资源的高开采、低利用、污染物的高排放	"资源—产品—污染物"的单向流动	机械论规律

9.5.2　循环经济与生物质资源多联产

生物质资源多联产后的各种产品，都符合循环经济中"再循环"的原则，而不带来环境污染问题。生物质资源多联产的生态工业模式，可替代现有更多的化学或石油基产品，促进循环经济体系的建立，建立符合循环经济体系的消费观。

生物质资源多联产的重要特征是将原料全部转化为产品，减少废物排放带来的污染，符合生态系统物质和能量循环的规律。比如在纤维素乙醇项目中，将其中的木质素提取用于制备聚醚多元醇或酚醛树脂，避免了直接排放带来水污染问题。

生物质资源通过多联产，提高了其工业化的经济可行性，从而为真正地建立循环经济体系奠定了基础。

9.6　低碳经济与生物基产品

9.6.1　低碳经济

低碳经济是指以低能耗、低污染为基础的绿色生态经济。低碳经济（low carbon economy）一词首见于英国贸工部 2003 年发表的白皮书《我们未来的能源——创建低碳经济》，2005 年，原英国首相布莱尔在达沃斯世界经济论坛上对世界各国发出相应的呼吁，呼吁建立与低碳经济相适应的生产方式、消费模式，开发在生产、使用和废弃全过程的低 CO_2 排放的产品和工程技术以及 CO_2 的捕集、重复利用和地质埋藏的技术开发，同时建立鼓励低碳经济发展的国内国际政策、法律体系和市场机制。当前社会生产活动中，我国 CO_2 排放量以电力产业为最大，热力电站大约消耗我国年原煤产量的 70% 左右，其次是钢铁、水泥等大宗材料产业的能源消耗。能源化工的产品制造过程所消耗的能源占第三位。石油和化工是高能耗、高污染行业，来自国家统计局的数据显示，2007 年我国石油和天然气开采业消耗能源 28.806Mt 标煤，石油加工、炼焦及核燃料加工消耗能源 146.198Mt 标煤，化学原料及化学制品制造业消耗能源 242.0857Mt 标煤，橡胶制品业消耗能源 7.7849Mt 标煤，以上四项合计消耗能源为 424.8746Mt 标煤，占全国规模以上行业耗能总量近 20%，如果再加上钢铁、水泥等行业，所占总能耗比重可能在 40% 左右。全行业污染"三废"排放量居全国工业之首。近年来，我国万元 GDP 能耗虽然有显著下降，但与世界先进水平相比仍较高，全国总能耗和总二氧化碳排放量逐年快速攀升，成为制约我国经济高速可持续发展的主要障碍，当前必须多方面努力才能改变，以实现经济可持续发展[22]。

9.6.2 低碳经济与生物炼制

资源是当今社会赖以生存和发展的基础，传统化石燃料（煤炭、石油和天然气）造成的环境污染严重，而且其储量逐渐减少。据国际能源资料统计和专家们预言，适合于经济开采的石油和天然气资源只能再开采 30 年，最多 50 年内被耗尽。煤炭储量也仅够开采 300 年。我国的能源人均储量远低于世界平均水平。自 1993 年起，我国已成为石油净进口国，国内石油消费以年均 4% 左右的速度继续增长。预计到 2020 年，我国石油缺口将达到 2.8kt[23]。上述缺口几乎不可能依靠石油工业的增产弥补。石油等化石资源的逐渐枯竭迫使寻找新的可再生性的替代资源。

生物质是自然界中比较丰富的可再生资源，包括农产品及农业废料、木材及木材废料等。生物质资源最重要的特点是可再生，能够源源不断的满足生产的需要，另外生物质的应用可降低大气中 SO_2、NO_x 的排放量，燃烧生物质产生的硫较燃烧煤的产生量减少 90%，而且因为生物质生长时从大气中吸收的 CO_2 与燃烧时释放的 CO_2 量相同，具有 CO_2 零排放的独特优点。

因此，一个有前景的方法就是逐步将大部分全球经济转变为可持续的，以生物能源、生物燃料及生物基产品为主要支柱的生物基经济。虽然很多可替代原料可用于能量生产（风、太阳能、水、生物燃料、核聚变及裂变），但是，基于可持续材料转化的工业，如化学工业、工业生物技术以及燃料生产，则依赖于生物质，特别是植物性生物质[24]。

9.6.3 低碳经济与生物基产品多联产

在最有潜力的大规模工业化生物炼制工厂中，以木质纤维素为原料的生物炼制最有可能被成功建立起来。一方面，其原料供应十分容易（秸秆、芦、草、木材、废纸等）；另一方面，无论是在传统的石油化工还是在未来的生物基产品市场中，其转化的产品都占有良好的地位。

木质纤维素材料中含有三种主要的化学成分或者前提物质：

（1）半纤维素/多糖：主要是戊糖的聚合物；

（2）纤维素：葡萄糖的聚合物；

（3）木质素：酚类的聚合物。

木质纤维素炼制体系非常适合于产品普系的生产。该方法最大的优点在于：自然结构和结构单元能够保留下来，原材料成本低廉，并且有可能产生出很多产品。图 9-8 给出了生物炼制厂有生产潜力的产品概况。

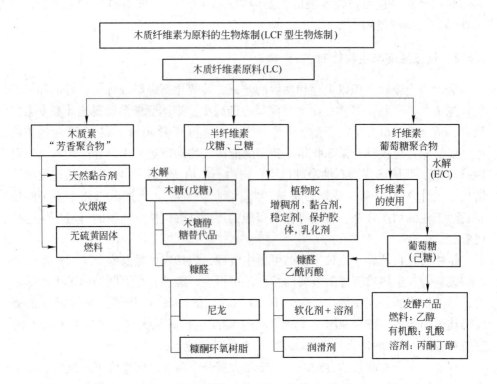

图 9-8　生物炼制厂有生产潜力的产品概况[25]

生物炼制厂是将生物质经济且生态地转化为化学品、材料、燃料和能源的生产工厂，为了成功开发"工业生物炼制技术"以及"生物基产品"，有必要引进和推广建立生物炼制示范工厂。以下是几种常见生物质炼制多联产示范工艺路线[25]：

（1）玉米秸秆制备糠醛过程中全生物量利用途径，如图 9-9 所示。

（2）玉米秸秆制备乙酰丙酸过程中全生物量利用途径，如图 9-10 所示。

（3）以汽爆技术为平台实现秸秆黄原胶的分层多级转化，如图 9-11 所示。

（4）秸秆乙酰化及其组分分离流程，如图 9-12 所示。

（5）以羧甲基纤维素为主的秸秆生物量全利用，如图 9-13 所示。

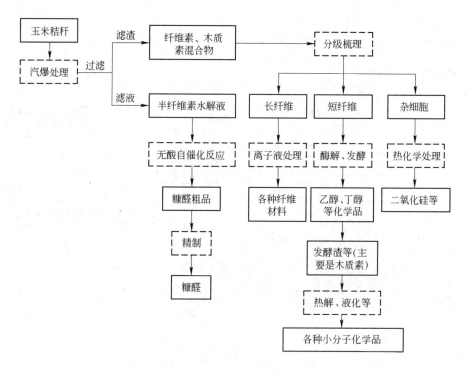

图 9-9　玉米秸秆制备糠醛过程中全生物量利用途径[26]

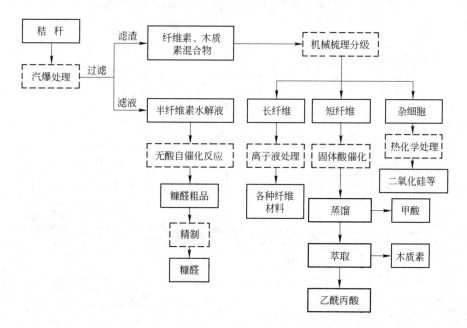

图 9-10　玉米秸秆制备乙酰丙酸过程中全生物量利用途径[26]

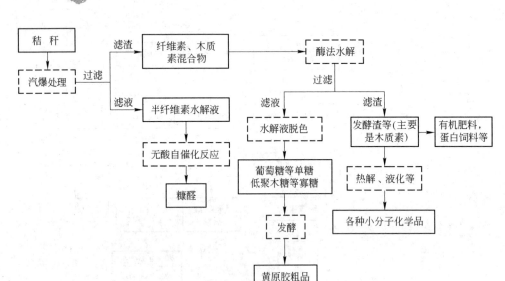

图9-11　以汽爆技术为平台实现秸秆黄原胶的分层多级转化[26]

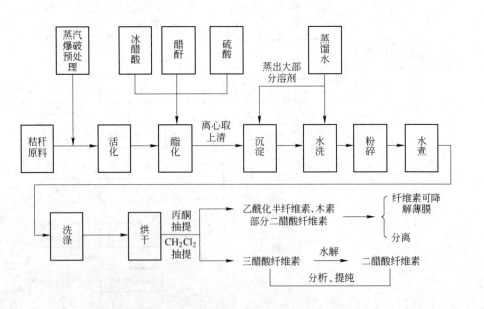

图9-12　秸秆乙酰化及其组分分离流程[26]

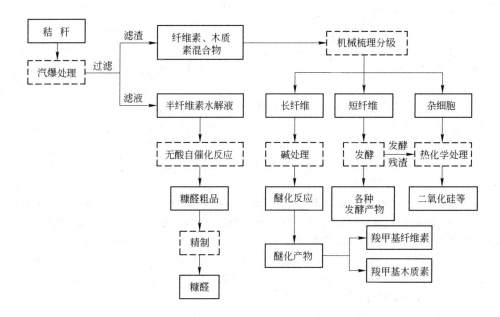

图 9-13　以羧甲基纤维素为主的秸秆生物量全利用[26]

参 考 文 献

[1] 陈洪章，邱卫华. 秸秆发酵燃料乙醇关键问题及其进展[J]. 化学进展，2007，19：1116～1121.

[2] Chen H，Liu L. Unpolluted fractionation of wheat straw by steam explosion and ethanol extraction[J]. Bioresource Technology，2007，98：666～676.

[3] 陈洪章，李佐虎. 无污染秸秆汽爆新技术及其应用[J]. 纤维素科学与技术，2002，10：47～52.

[4] 陈洪章，刘丽英. 蒸汽爆碎技术原理及其应用[M]. 北京：化学工业出版社，2007.

[5] 陈洪章，邱卫华. 秸秆发酵燃料乙醇关键问题及其进展[J]. 化学进展，2007，19：1116～1121.

[6] 陈洪章，徐建. 现代固态发酵原理及应用[M]. 北京：化学工业出版社，2004.

[7] Yang S，Ding W，Chen H. Enzymatic hydrolysis of rice straw in a tubular reactor coupled with UF membrane[J]. Process Biochemistry，2006，41：721～725.

[8] 李景龙，马云. 清洁生产审核与节能减排实践[M]. 北京：中国建材工业出版社，2009.

[9] 雷兆武，申左元. 清洁生产及应用[M]. 北京：化学工业出版社，2007.

[10] 欧阳培. 推行清洁生产：从污染的末端控制转向生产全过程控制[J]. 长沙大学学报，2003，17：14～16.

[11] 陈洪章. 生态生物化学工程[M]. 北京：化学工业出版社，2008.

[12] Frosch R A，Gallopoulos N E. Strategies for manufacturing[J]. Scientific American，1989，

261：144～152.

[13] 卢志茂，叶平. 工业生态学的研究视角[J]. 自然辩证法研究，2000，6.

[14] 刘兵，周丽娟. 工业生态学及其应用[J]. 云南环境科学，2001，20.

[15] 陈跃，蒋明辉. 工业生态学及其发展前景[J]. 湖北民族学院学报（自然科学版），2002，20.

[16] 郝新波. 工业生态学基本理论及其应用初探[J]. 太原科技，2000，3.

[17] 李有润，胡山鹰. 工业生态学及生态工业的研究现状及展望[J]. 中国科学基金，2003，4.

[18] 曹华林. 产品生命周期评价（LCA）的理论及方法研究[J]. 西南民族大学学报·人文社科版，2004，25.

[19] Consoli F, Allen D, Boustead I, et al. Guidelines for life-cycle assessment：a code of practic [J]. Society of Environmental Toxicology and Chemistry (SETAC)，1993，1(1)：55.

[20] 卢兵友. 玉米酒精生态工程结构设计[J]. 生态学报，2001，21：608～612.

[21] 肖波，周英彪，李建芬. 生物质能循环经济技术[M]. 北京：化学工业出版社，2006.

[22] 金涌，Jakob de Swaan Arons. 资源·能源·环境·社会——循环经济科学工程原理[M]. 北京：化学工业出版社，2009.

[23] 李景明，王红岩，赵群. 中国新能源资源潜力及前景展望[J]. 天然气工业，2008，28：149～153.

[24] 谢双平. 秸秆苯酚选择性液化及其组分分离研究[D]. 北京：中国科学院过程工程研究所，2008.

[25] Kamm B, Gruber P R, Kamm M. 生物炼制——工业过程与产品[M]. 北京：化学工业出版社，2007.

[26] 陈洪章. 生物基产品过程工程[M]. 北京：化学工业出版社，2010.

10   生物质生化转化制备新型平台化合物

平台化合物是指那些来源丰富，价格低廉，用途众多的一类大吨位（年产量大于 100kt）的基本有机化合物，兼有产品和原料两种功能，可以由它合成一系列具有很大市场和高附加值的产品，如甲烷、乙醇、乙烯、乳酸等[1]。20 世纪之前的煤化工，制备了许多平台化合物，如苯、乙炔、甲烷等。到 20 世纪中期以后，来自石油化工的平台化合物如：三烯三苯（乙烯、丙烯、丁二烯、苯、甲苯、二甲苯）等取代了煤化工产品，成了平台化合物的主要来源。进入 21 世纪之后，随着全球化石资源的渐趋枯竭，石油价格快速上升，量大且可再生的生物质资源未来将当仁不让地在能源和环保危机中大显身手，也给生物质等可再生资源生产新型平台化合物的发展带来了机遇。秸秆等可再生的生物质资源，与石油等资源相比价格低廉，利用生物质通过生化转化来生产新型平台化合物的技术已经逐步成熟，极具前景！

如图 10-1 所示[2]，生物炼制以生物质（如淀粉、半纤维素、纤维素等）为原料，通过热化学、化学或生物方法等降解成为一些中间平台化合物，如生物合成气、糖类（如葡萄糖、木糖等）等，然后经过生物或化学方法加工成为平台化合物，如乙醇、甘油、乳酸等。

10.1 C_1 平台化合物

C_1 平台化合物包括生物质原料通过热裂解气化产生的 CO 和沼气发酵产生的 CH_4。

10.1.1   生物质合成气

生物质合成气（biomass syngas，CO），是在一定的温度和缺氧条件下，固体生物质通过热化学转化，可以转化为主要由 CO、H_2 构成的气相混合物，生物质合成气可以直接燃烧发电，也可以经过重整后通过费托合成（F-T 合成）产生甲醇、乙醇、二甲醚和异构烷烃等化学品[3]。

生物质合成气发酵[4]是一种由生物质间接制备乙醇的新方法，集成了热化学和生物发酵两种工艺过程，将全部生物质（包括木质素以及难降解的部分）通过流化床气化过程转化成合成气，然后再利用厌氧微生物发酵技术将其转化为乙醇，既提高了生物质的利用率，也解决了木质素的处理问题。

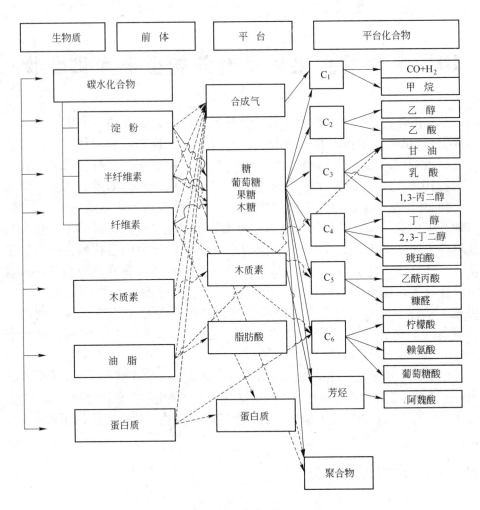

图 10-1 生物质制备平台化合物示意图

10.1.2 甲烷

10.1.2.1 甲烷的性质

甲烷（methane），分子式 CH_4，是最简单的有机物，也是含碳量最小（含氢量最大）的烃，是沼气、天然气、坑道气和油田气的主要成分。甲烷是无色、无味、可燃和微毒的气体，在水中溶解度很小。甲烷易燃，空气中的甲烷含量在 5% ~ 15.4%（体积分数）的范围内时，遇热源和明火有燃烧爆炸的危险，与五氧化溴、氯气、次氯酸、三氟化氮、液氧、二氟化氧及其他强氧化剂接触反应剧烈[5]。

工业上甲烷主要从天然气中获得，也可通过生物质厌氧消化（发酵）产生沼气，沼气净化、压缩后即得甲烷，由葡萄糖厌氧消化产甲烷的能量转换效率可高达87%，是其他生物质生化转化技术所难以达到的[6]。

10.1.2.2 甲烷的用途

在碳一化合物中，甲烷是当之无愧的平台化合物，可直接用做工业、民用气体燃料，还可以合成甲醇、甲醛、甲酸等一系列产品[7]，通过水蒸气转化又能获得大量氢气。

尽管甲烷在室温和大气压下通常是惰性的，但在某些条件下仍会发生反应。依靠在电弧中裂化甲烷-氢（比例1:2），有50%的甲烷转变为乙炔。对甲烷的带压氧化作用已进行了广泛研究，在360℃和10MPa下，甲烷-氧气比为9:1时，有17%的甲烷转变为甲醇，其他产物是甲醛、二氧化碳、一氧化碳和水。甲烷和硫在700~800℃下反应生成约65%硫化氢和30%二硫化碳。氯气在漫射日光作用下和甲烷反应得到所有可能的4种取代产品：一氯甲烷、二氯甲烷、三氯甲烷（氯仿）、四氯甲烷。

10.1.2.3 甲烷的衍生物

甲醇（methanol），结构式 CH_3OH，是最简单的醇类。甲醇很轻、挥发度高、无色、有毒、易燃，可以在空气中完全燃烧，并释出二氧化碳及水。甲醇用途广泛，是基础的有机化工原料和优质燃料，主要应用于精细化工、塑料等领域，可用来制造甲醛、乙酸、氯甲烷、甲胺、硫酸二甲酯等多种有机产品，也是农药、医药的重要原料之一。甲醇在深加工后可作为一种新型清洁燃料，添加在汽油里成为不同掺和比的甲醇汽油做车用燃料，可以在不改变现行发动机结构的条件下，替代成品汽油使用，并可与成品油混用。

甲醛（formaldehyde），结构式 $HCHO$，是一种无色、有强烈刺激型气味的气体，易溶于水，醇和醚。甲醛在常温下是气态，通常以水溶液形式出现，35%~40%的甲醛水溶液称为福尔马林。甲醛分子中有醛基，可发生缩聚反应，因此广泛用于工业生产中，是制造合成树脂、油漆、塑料和人造纤维的原料，是人造板工业制造脲醛树脂胶、三聚氰胺树脂胶和酚醛树脂胶的重要原料。

甲酸（formic acid），又称为蚁酸，结构式 $HCOOH$。蚂蚁和蜜蜂的分泌液中含有蚁酸，当初人们蒸馏蚂蚁时制得蚁酸，故有此名。甲酸无色而有刺激气味，且有腐蚀性，熔点8.4℃，沸点100.8℃。由于甲酸的结构特殊，它的一个氢原子和羧基直接相连，也可看做是一个羟基甲醛。因此甲酸同时具有酸和醛的性质。在化学工业中，甲酸被用于橡胶、医药、染料、皮革种类工业。

10.2 C₂平台化合物

用生物质生产的主要 C_2 平台化合物包括乙醇、乙酸以及乙醇脱水产生的乙烯等。

10.2.1 乙醇

乙醇是碳二化合物中的基础化合物，生物质经过发酵产生的 C_2 化合物主要是乙醇，乙醇是乙醇燃料的主要原料，同时又是制备乙烯的主要原料。

10.2.1.1 乙醇的性质

乙醇（ethanol），俗称酒精，结构式 CH_3CH_2OH，它在常温、常压下是一种易燃、易挥发的无色透明液体，它的水溶液具有特殊的、令人愉快的香味，并略带刺激性。乙醇溶于水、甲醇、乙醚和氯仿，能溶解许多有机化合物和若干无机化合物，具有吸湿性。

10.2.1.2 乙醇的用途

乙醇是基本有机化工原料之一，可用于制燃料、涂料、合成橡胶、医药、洗涤剂、化妆品等[8]。主要用途有：

（1）不同浓度的消毒剂。以乙醇为主要原料制成的乙醇消毒剂，包括乙醇与表面活性剂、食用色素、护肤成分和食用香精等配伍的消毒剂，广泛使用在医院、家庭、实验室等场所。

（2）饮料。乙醇是烈性酒的主要成分（含量和酒的种类有关系），当然根据发酵工艺不同还会有乙酸乙酯、己酸乙酯等有关风味物质。

（3）基本有机化工原料。乙醇可用来制取乙醛、乙醚、乙酸乙酯、乙胺等化工原料，也是制取、染料、涂料、洗涤剂等产品的原料。

（4）汽车燃料。乙醇是一种易燃液体，热值较低，汽化潜热较高，辛烷值较高，抗爆性能好，氧含量高。乙醇是烃基与羟基组成的化合物，从本质上决定了醇类可成为替代石油系燃料的内燃机燃料。所谓的车用乙醇汽油就是把变性燃料乙醇和汽油以一定比例混配成的一种汽车燃料。目前，在一些国家通常将乙醇按 10% 比例与汽油混合配制成乙醇汽油（简称 E10 汽油），使用它可节省石油 6% 左右，并且 E10 汽油洁净、不污染环境、能减少温室气体。

10.2.2 乙烯

10.2.2.1 乙烯的性质

乙烯（ethylene），分子式 C_2H_4，在常温下为无色、易燃烧、易爆炸气体，密度1.25g/L，难溶于水。乙烯是一种不饱和烃，分子双键里其中一个键容易断裂，能跟其他原子或原子团结合，可以与溴水发生加成反应，可以发生加聚反应，自身加聚成聚乙烯。

10.2.2.2　乙烯的用途

乙烯作为石化工业最基本的原料，是生产各种有机化工产品的基础，系列主要产品如图10-2所示[9]。乙烯及其生产过程中的丙烯、丁二烯等副产物和其下游产品聚乙烯、环氧乙烷、氯乙烯、苯乙烯等被广泛用于生产建设、人民生活和国防科技等各个领域。因此，世界上公认以乙烯的产量作为衡量一国（地区）石化业发展水平的标志。

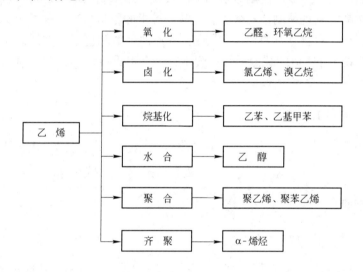

图10-2　乙烯主要产品示意图

随着原油价格快速上升，乙醇经过化学催化剂（如氧化铝分子筛等）脱水生产乙烯在经济上已经可以与石油化工路线竞争，并在印度、中国等国家实现了工业化。由于乙烯的重要作用，可以预料生物乙醇路线生产乙烯的规模将快速扩大。

10.2.3　乙酸

10.2.3.1　乙酸的性质

乙酸（acetic acid），又称醋酸，结构式CH$_3$COOH。乙酸是无色液体，有强烈刺激性气味，易溶于水、乙醇、乙醚和四氯化碳，是弱酸有腐蚀性。熔点16.6℃，沸点117.9℃，相对密度1.0492（20/4℃），折光率1.3716。纯乙酸在16.6℃以下时能结成冰状的固体，所以常称为冰乙酸。

10.2.3.2 乙酸的用途

乙酸是一种简单的羧酸，更是一个重要的化学试剂，在化学工业中用途非常广泛，作为一种重要的化工产品，其发展动态常常反映出整个化学工业的现状和发展前景[10]。

乙酸具有羧酸的典型性质，能中和碱金属氢氧化物，能与活泼金属生成盐，这些金属盐都有重要用途。乙酸也可生成各种衍生物，如乙酸甲酯、乙酸乙酯、乙酸丙酯、乙酸丁酯等，可作为涂料和油漆工业的极好溶剂。乙酸酐与纤维素作用生成的乙酸纤维素可用于制造胶片、喷漆等，还是染料、香料、药物等工业中不可缺少的原料，并被广泛用做溶剂。乙酸大量用来制成乙酸乙烯，乙酸乙烯可用来合成塑料。它也是制造乙酸酐和乙酸纤维素的原材料，乙酸酐等又可以用来制造阿司匹林、食物（冰淇淋）、乳胶漆、各种染料和色素。在纺织工业中乙酸被用来作为调节 pH 值的缓冲剂。乙酸还有一个很重要的用途就是制造环境友好的道路除冰剂——乙酸钙镁。

10.3 C$_3$ 平台化合物

用生物质原料生产的主要 C$_3$ 平台化合物包括甘油、乳酸、1,3-丙二醇、丙酸等。

10.3.1 甘油

10.3.1.1 甘油的性质

甘油（glycerol）又称丙三醇，分子式 $C_3H_8O_3$，是一种有甜味的黏稠液体，所以称为甘油，是结构最简单而用途又最广泛的三元醇[11]。

甘油相对分子质量 92.09，相对密度为 1.2617，熔点为 18.17℃，是一种无色、无嗅、有强烈吸湿性的黏性液体，是多种物质的优良溶剂，能与水、低碳醇类、部分酚类等无限互溶，同时具有保温性、高黏度和微生物易分解等特性。这些优越的物理性能和化学性能，使它成为重要的基本轻化工原料[12]。

10.3.1.2 甘油的用途

最初，甘油只作为皮肤的滋润剂。1846 年，Sobrero 将甘油与硝酸反应得到硝化甘油，后来 Nobel 将硝化甘油与硅藻土制成了安全炸药，甘油用量大为增加，甘油工业生产获得迅速发展[13]。现在，甘油已是一种用途极广的重要轻化工原料。

甘油是无毒、安全的物质，在医药工业中用作溶剂和润滑剂；在食品工业中用作甜味剂、保湿剂和甘油单脂；在烟草工业中用作溶剂和保湿剂；在国防工业中用作炸药消化甘油的原料、飞机汽车燃料的抗冻剂；在涂料工业中用于生产醇酸树脂和酚醛树脂；在日用品化工中用于牙膏、香精的生产。此外，甘油还是聚醚的成分，用于制造聚氨基甲酸酯泡沫塑料；甘油催化氯代法合成环氧氯丙烷，可主要用于生产环氧树脂、增强树脂、氯醇橡胶、缩水甘油醚类等。

从甘油的消费结构看，欧美、日本等发达国家主要用于合成树脂、医药和饮料等方面；国内精制甘油主要用于涂料和牙膏等方面，复合甘油主要用于油漆和造纸[14]。

甘油作为重要的轻化工原料，通常制取的方法有：天然油脂皂化水解法、化学合成法（环氧氯丙烷丙烯醛法）和微生物发酵法。值得注意的是，生物柴油生产中会产生大量的副产品粗甘油。许多微生物包括细菌、酵母、霉菌、原生动物和藻类等[15]，在特定的培养条件下都能合成甘油。

以甘油为原料，通过生化转化（见图10-3），可以得到1,3-丙二醇、正丁酸、乙酸、乙醇等平台化合物。

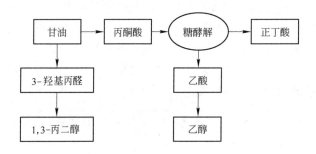

图10-3　甘油（丙三醇）的生化转化产品

10.3.2　乳酸

10.3.2.1　乳酸的性质

乳酸（lactic acid），又称为α-羟基丙酸或丙醇酸，分子式 $C_3H_6O_3$，相对分子质量90.08，结构式 $CH_3CH(OH)COOH$。乳酸分子中具有一个手性碳原子，因此具有旋光性，如图10-4所示[16]。

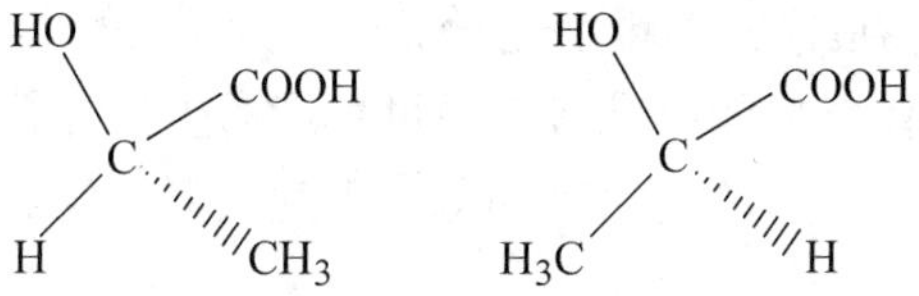

L(+)乳酸　　　　　D(−)乳酸

图10-4　乳酸的结构

　　因此，乳酸有 L 型、D 型和 DL 型 3 种旋光异构体，其中 L-乳酸能被人体完全代谢，且不产生任何毒副作用的代谢产物，D-乳酸的过量摄入则可能引起代谢紊乱甚至导致酸中毒。乳酸易溶于水、乙醇、甘油，微溶于乙醚，但不溶于氯仿、苯、汽油、二硫化碳等，熔点为 25～60℃，旋光度 -2.67（15℃）。外消旋体为无色糖浆状液体或晶体，无臭、有酸味，有吸湿性，光学性不活泼，即使在极冷条件下也不凝固。

10.3.2.2　乳酸的用途

　　L-乳酸为世界上公认的三大有机酸之一，广泛存在于自然界内，作为一种用途极为广泛的有机酸，由于深加工产品应用领域的开拓，已使它在全世界范围内供不应求，市场缺口迅速扩大。

　　乳酸在医药、食品、日用化工、石油化工、皮革、卷烟工业等领域有着广泛的应用[17]。在食品工业上，乳酸是重要的酸味剂、防腐剂和还原剂。在医药和化妆品生产上，乳酸也扮演着重要的角色。乳酸溶液在临床上还作为透析液，其钙盐不仅是良好的补钙药，同时还可以作为凝血剂和防龋制剂。乳酸聚合物具有很好的生物相容性，可用来作为手术缝合线和制备缓释制剂。乳酸的其他盐和一些衍生物也是重要的化工产品，乳酸锑用于媒染，乳酸乙酯是低毒的溶剂和润滑剂。以乳酸为基础的化工产品如图 10-5 所示。

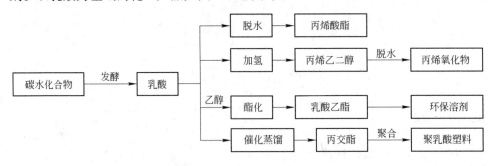

图 10-5　以乳酸为基础的化工产品

　　乳酸的生产分为发酵法和化学合成法两大类，目前，全世界 90% 的乳酸均是选育特定的微生物用发酵法生产的。

　　乳酸是一种极具发展潜力的精细化学品，应用非常广泛，尤其是近年来开发出的以 L-乳酸作为单体合成的聚乳酸产品可生产易生物降解的农用地膜及其他塑料制品，有望解决全球"白色"污染问题，引起世界广泛关注。

10.3.2.3　乳酸衍生物——聚乳酸塑料

　　聚乳酸（polylactic acid，PLA）为乳酸的主要衍生产物，是一种以可再生的植物资源为原料，经过化学合成制备的生物降解高分子，被使用后在自然条件下可以缓慢分解，终可降解为二氧化碳和水返回自然界，重新进入植物的光合作用中，使其生成和降解，从而可以在人类和自然界形成一个良性循环，维持地球上的碳循环平衡，因此它是一种典型的绿色聚合物，能够满足可持续发展的要求。

聚乳酸无毒、无刺激性，具有优良的可生物降解性、生物相容性和力学性能，并可采用传统方法成型加工。因此，聚乳酸替代现有的聚乙烯、聚丙烯、聚苯乙烯等[18]石油基塑料产品已成为必然趋势。

A　聚乳酸的性能

（1）加工性能优异，能用普通设备进行挤出、注射、拉伸、纺丝、吹塑，具有良好的印刷性能和二次加工性能。

（2）热稳定性好，加工温度可达200℃左右，超过230℃则会引起热降解。

（3）有良好的抗溶剂性，在醇类、脂肪、烃类、食用油、机械油中均不溶。

（4）使用后可自然降解、燃烧处理，PLA 一般在 3~6 个月会降解成低分子聚合物，6~12 个月分解为 CO_2 和 H_2O。聚乳酸树脂燃烧时，所释放的热量约为聚苯乙烯、聚乙烯等树脂的一半，不产生有毒气体。

（5）聚乳酸是热塑性塑料，其可塑性与聚苯乙烯和聚对苯二甲酸乙二酯相似，因而可用传统的成型加工方法加工，聚乳酸还可用成型法或吹塑法加工成透明容器和泡沫体。

（6）在聚乳酸的分子链中，含有有序排列的光学活性中心，其结晶性和刚性都比较高，因此在制备纤维和薄膜时，可定向拉伸以增强其强度，其透光率高达94%以上。

（7）抗张强度是聚乙烯薄膜的数倍，弹性与聚对苯二甲酸乙二酯相当。

（8）聚乳酸也适用于高速熔融纺丝制成纤维，其抗张强度优良且和普通纤维一样，具有织布、染色等加工性能。

B　聚乳酸的应用

根据聚乳酸的特性，可以开发出各式聚乳酸产品，包括薄膜、片材、纤维及绳带类产品。其具体应用领域[19]如下：

（1）餐饮业利用聚乳酸无毒、抗菌、良好的堆肥性，在食品包装、一次性餐具等方面推广应用。

（2）胶黏剂中的应用，聚乳酸可以用来制备热熔胶，经过加热软化，凝固后很快形成较强的粘接力；也可以制备成普通胶黏剂，作为涂料、油墨及胶黏剂的黏结树脂，在有机溶剂中溶解后使用。

（3）将聚乳酸改性为工程塑料，克服耐热性、抗冲击强度及成型性方面的问题，应用于制造车用脚垫、备用轮胎箱盖、笔记本电脑和手机外壳、光盘盘片等。

（4）在农业、园艺、土木、畜牧业及水产等领域的制品由于在自然环境中使用，希望最终能够在自然环境中分解消失，维持一种和谐的自然生态循环，同时，这些制品希望至少在 2~3 年内维持一定强度。聚乳酸薄膜等制品则完全可以满足以上要求。

（5）和其他生物降解塑料相比，聚乳酸耐热性、刚性及成型加工性最优，因此，聚乳酸在办公用品及日用品领域最具有推广应用的潜力。例如，制造透明文件夹、路标、广告联、鼠标垫、台历、购物袋、垃圾袋等等。

（6）聚乳酸有良好的生物相容性和降解性，在生物体内，PLA 最终降解产物是可以被活体细胞代谢的乳酸，最终能够完全降解为二氧化碳和水，再通过呼吸道、大小便、汗液等排出体外，对生物体非常安全。它具有自行在生物体内降解并排出体外的优点，避免了对病人造成二次伤害，近年来，因生产成本等问题，PLA 目前仍多应用于医药领域，如药物缓释材料、骨科内固定材料、医用缝合线和组织工程支架。

由于聚乳酸自身强度、脆性、阻透性、耐热性等方面的缺陷限制了其应用范围，因而增强改性聚乳酸已成为目前聚乳酸研究的热点和重点之一。

10.3.3 1,3-丙二醇

10.3.3.1 1,3-丙二醇的性质

1,3-丙二醇（1,3-propanediol，1,3-PDO）又称 1,3-二羟基丙烷[20]，结构式 $CH_2OHCH_2CH_2OH$，是无色透明无味液体，与水、醇、醚等互溶，难溶于苯、氯仿，沸点为 213.5℃，熔点为 -27℃，密度 1.053g/L(20℃)。

1,3-丙二醇与 1,2-丙二醇一样在高温下可与羧酸缩合成酯，与异腈酸盐及酸性氯化物反应生成聚氨酯。1,3-丙二醇在酸性催化剂条件下与醛酮反应生成二氧代烷；与二元酸反应生成聚酯；与对苯二甲酸反应生成对苯二甲酸丙二醇酯（PTT）。

10.3.3.2 1,3-丙二醇的用途

1,3-丙二醇是一种重要的化工原料[21]，主要用于食品、化妆品和医药等行业，1,3-丙二醇可用于医药中间体的合成，例如，合成 1,3-二溴丙烷、3-溴-1-丙醇、1,3-二氯丙烷和作为医药产品的碳链延伸剂。

由于含有双功能基还可以参与多个化学合成反应，如二氧六环的合成，以 1,3-丙二醇为单体可以生产出具有可生物降解特性的性能优异的聚酯、聚醚、聚氨酯等合成高分子聚合物材料，这是 1,3-丙二醇最主要的用途。PTT（聚对苯二甲酸丙二醇酯）由对苯二甲酸与 1,3-丙二醇经缩聚反应而得，是一种具有独特力学性能和热学性能的聚酯材料[22]，其纤维柔软，具有良好的弹性回复性和回弹

率，伸长20%后的PTT纤维可恢复至原状，性能明显优于PET（聚对苯二甲酸乙二酯醇）、PBT（聚对苯二甲酸丁二醇酯）等纤维；在全色范围内无需添加特殊化学品即能呈现出良好的连续印染特性和良好的着色性，色度牢固，染色成本较低，环境污染少；具有良好的抗紫外线、抗静电、抗臭氧、耐污、耐磨洗性质；还具有良好的生物降解性。基于PTT纤维结合了现有聚酯（涤纶、尼龙、腈纶）的所有优点，如耐磨、高弹性、能连续印染、可生物降解等，同时又具有优良的回弹性、柔软性、染色性，较PET、PBT具有更优良的性能，是目前公认最好的传统聚酯升级换代品，最有可能在一定范围内取代涤纶和尼龙的合成纤维品种。

1,3-丙二醇可通过化学法和生物法生产，生物法以其可利用可再生资源、对环境污染小而越来越受到人们的重视，各国都致力于研发生物技术合成1,3-丙二醇。

10. 4　C_4 平台化合物

C_4 平台化合物包括丁醇、丁二醇、琥珀酸、富马酸、天门冬氨酸等。

10. 4. 1　丁醇

10. 4. 1. 1　丁醇的性质

丁醇（butanol）即正丁醇，1-丁醇，是含有四个碳原子的饱和醇类，分子式C_4H_9OH，为有酒味的无色液体。在水溶性方面丁醇比乙醇低，但比戊醇、己醇等更长碳原子链的醇高，与乙醇和乙醚等其他多种有机溶剂混溶，其蒸气可与空气形成爆炸性混合物，爆炸极限1.45%～11.25%（体积分数）。

10. 4. 1. 2　丁醇的用途

丁醇是重要的化工原料和有机溶剂，在工业、医药、食品中有广泛的用途[23]。丁醇是有机合成中制取丁醛、丁酸、丁胺和乳酸丁酯等物质的原料，也可用作有机染料、醇酸树脂涂料添加剂、印刷油墨的溶剂、药物（如维生素、抗生素和激素）、油脂和香料的萃取剂以及脱蜡剂。丁醇更主要的用途在于制造广泛应用于橡胶和塑料制品之中的正丁酯类增塑剂的原料，包括邻苯二甲酸酯、脂肪族二元酸酯和磷酸酯等。

此外，作为比燃料乙醇更具有广泛应用前景的新型生物燃料[24]，丁醇具有良好的水不溶性、低蒸气压、高热值等特点，与燃料乙醇相比，能够与汽油达到更高的混合比，能量密度接近汽油，更适合在现有的燃料供应和分销系统中使用。同时，与石油炼制的运输燃料相比，生物丁醇具有显著的环保效益，可有效减少石油精炼过程中温室气体的排放。

10.4.2 2,3-丁二醇

10.4.2.1 2,3-丁二醇的性质

2,3-丁二醇（butanediol），分子式 $C_4H_{10}O_2$，是一种无色无味的手性化合物，有三种立体异构体：右旋、左旋和中间异构体形式。2,3-丁二醇相对分子质量90120，沸点较高（180~184℃），凝固点较低（-60℃）。作为一种极具价值的液体燃料，其燃烧值为27198J/g，可与甲醇（22081J/g）、乙醇（29005J/g）相媲美。

10.4.2.2 2,3-丁二醇的用途

作为化工中间体[25]，2,3-丁二醇可以用来制备重要的工业有机溶剂甲乙酮；它经脱水后可转化为具有高燃烧值的丁二酮，后者在燃料添加剂方面具有广泛用途；它也可生成在合成橡胶上广泛应用的2-丁烯和1,3-丁二烯等橡胶单体；酯化形式的2,3-丁二醇是合成聚亚胺的前体，可应用于药物、化妆品、洗液等；通过催化脱氢得到的二乙酰化形式的2,3-丁二醇可以用作具有高价值香料的食品添加剂；2,3-丁二醇自身可以作为单体用来合成高分子化合物；左旋形式的2,3-丁二醇由于其较低的凝固点可用作抗冻剂；另外通过缩合、聚合等反应，它也可生成别的化合物，如：苯乙烯、辛烷和2,3-丁二醇二乙酸酯等。作为添加剂，它可广泛应用于油墨、化妆品、洗液、防冻剂、熏蒸剂、软化剂、增塑剂、炸药和药物的手性载体等等。在材料和纺织生产加工行业分别用来生产聚丁烯对苯二酸酯树脂、γ-丁内酯和斯潘德克斯弹性纤维等等。它作为液体燃料添加剂更加引起了世界范围内的重视，由于它如此广泛的用途，国际市场上的需求在不断高涨。

由于2,3-丁二醇结构较为特殊，化学法以石油裂解时产生的四碳类碳氢化合物在高温、高压下水解得到2,3-丁二醇的成本很高，在微生物转化方面，尽管国际上2,3-丁二醇的发酵工艺基本上达到了酒精行业的水平，也由于总体上成本过高，一直没有实现工业化生产，因而它的用途也没有得到充分的开发。近年来，随着工业生产的蓬勃发展，2,3-丁二醇的需求量逐年增加。因此，2,3-丁二醇作为一种潜在的、非常有价值的化合物在国内外再次引起了广泛的关注。

10.4.3 琥珀酸

琥珀酸（succinic acid），又称丁二酸（butanedioic acid），是一种重要的 C_4 平台化合物，因最早从琥珀中分离得到而得名。琥珀酸是1,4-丁二醇、四氢呋喃、γ-丁内酯、N-甲基吡咯烷酮、己二酸等重要大宗化学品和专用化学品的基本

原料，也是重要的食品添加剂和饲料添加剂。

10.4.3.1 琥珀酸的性质

琥珀酸分子式 $C_4H_6O_4$，结构式 HOOC-CH₂-CH₂-COOH，相对分子质量为 118.09，纯净的琥珀酸是一种无色无臭的单斜棱柱状结晶体，有 α、β 两种晶型，相对密度 1.572，熔点 180～187℃，沸点 235℃，几乎不溶于苯、二硫化碳、四氯化碳和乙醚中，25℃ 在水中的溶解度为 6.8g，琥珀酸是一种二元羧酸，在 25℃时，琥珀酸的解离常数分别为 $K_1 = (6.52～6.65) \times 10^{-5}, K_2 = (2.2～2.7) \times 10^{-8}$，0.1mol/L 水溶液的 pH 值为 2.7。琥珀酸本身的性质使它具有许多重要的化学反应特性，产生许多化工产品，如图 10-6 所示[26]。

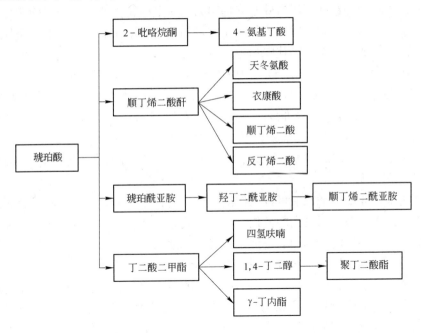

图 10-6 以琥珀酸为基础的主要化工产品

（1）氧化作用：与 H_2O_2 反应，氧化为过氧丁二酸；$KMnO_4$ 作用下生成草酸、羟基丁二酸和酒石酸混合物。

（2）还原作用：催化剂作用下还原为 1,4-丁二醇和四氢呋喃。

（3）可与 SO_3 反应生成 2,3-二磺酸基丁二酸。

（4）酯化反应：脱水可得一系列单酯和双酯。

（5）卤代反应：与 PCl_3、PCl_5 反应生成丁二酰氯。

（6）与氨类化合物反应，生成丁二酰亚胺。

10.4.3.2　琥珀酸的用途

琥珀酸因在食品、化工、医药、建筑、印染、洗涤等行业有广泛应用，已成为当今世界上产销量最大的有机酸[27]。基于琥珀酸广泛的应用前景，美国能源部年发布的报告《Top Value Added Chemicals From Biomass》将琥珀酸列为 12 种最有潜力的生物基平台化合物之首。

在食品行业中，自从诺贝尔奖获得者 Robert 证明琥珀酸对人类新陈代谢有积极的作用，并且不会在体内富集之后，琥珀酸就开始被广泛应用于食品工业。柠檬酸是存在于柠檬、橙子等水果中的一种天然有机酸，并被广泛用作食品添加剂。这说明它是环境友好型酸。它可以作为酸味剂、抑菌剂以及 pH 改良剂、增稠剂等。琥珀酸的钠盐可以有效改善炼制品的质量以及酱油、豆酱等的调味，可用作咸菜、香肠、火腿、罐头等的风味改良剂，还可作奶粉、饼干、奶片的强化剂。此外，琥珀酸钠可替代味精等。

在医药行业中，琥珀酸可作为 pH 值调节剂、防腐剂、助溶剂等，将一些水溶性较差的药物加工成琥珀酸盐复合物，这样就能改善其水溶性和提高生物利用度。琥乙红霉素即为一典型抗生素的琥珀酸盐产品，它还可以用来合成解毒剂、镇静剂、抗生素以及氨基酸和维生素等药物。琥珀酸及其酸酐可用于制造维生素 A、维生素 B_6、止血药和可的松衍生物，琥珀酸的铵盐可作为镇静剂等等。

在化工行业中，琥珀酸可以用作离子螯合剂，用于电镀行业以防止金属的点蚀和溶蚀，作为环境污染大的氰化物、氟硼酸等的替代物，广泛用作电镀液添加剂。另外，琥珀酸的衍生物也是良好的表面活性剂，是去垢剂、肥皂和破乳剂的组成成分，还可以用来生产脱毛剂、清洗剂、牙膏等。

在饲料行业中，琥珀酸可以增加瘤胃中丙酸盐的产生，还可作为肝糖物质和蛋白质合成的前体物质，可作为反刍动物和单胃动物的饲料添加剂来替代抗生素，从而减少抗生素的使用；能够作为抑菌剂杀灭家畜肠道有害微生物菌群；可以有效地降低饲料的 pH 值，提高消化率，并且还具有超过抗生素的作用，包括降低食糜的 pH 值和加强胰腺的分泌等，降低饲料的缓冲能力，更易于动物消化吸收，从而大大提高了饲料的生物效价。

琥珀酸应用领域中生物可降解塑料聚-1,4-丁二醇琥珀酸酯（PBS）是琥珀酸最具发展潜力的重要应用领域[28]。与 PLA 等其他生物降解塑料相比，PBS 耐热性能好，热变形温度接近 100℃，可用于制备冷、热饮包装和餐盒，克服了其他生物降解塑料耐热温度低的缺点；可在现有塑料加工通用设备上进行各类成型加工，是目前降解塑料加工性能最好的。另外，PBS 只有在堆肥、水体等接触特定微生物条件下才发生降解，在正常储存和使用过程中性能非常稳定。

10.5 C$_5$ 平台化合物

C$_5$ 平台化合物包括乙酰丙酸、糠醛、谷氨酸等。

10.5.1 乙酰丙酸

10.5.1.1 乙酰丙酸的性质

乙酰丙酸（levulinic acid）又名 4-氧化戊酸、左旋糖酸、戊隔酮酸[29]，分子式 CH$_3$COCH$_2$CH$_2$COOH，白色片状有吸湿性结晶，含有一个羰基的低级脂肪酸，因此它完全或者部分地溶于水、乙醇、乙醛、乙醚、乙二醇、乙二醇酯、苯酚等。

乙酰丙酸的分子中含有一个羧基和一个羰基，乙酰丙酸的羰基结构使其异构化得到烯醇式异构体。乙酰丙酸良好的反应活性，得以发生成盐、酯化、卤化、加氢、氧化、缩合等化学反应，合成各种各样的化学品[30]。

10.5.1.2 乙酰丙酸的用途

乙酰丙酸是一种重要的平台化合物[31]，具有良好的反应活性，在工业上用于制备各种各样的有用化合物和新型的高分子材料，包括树脂、医药、农药、染料、溶剂、涂料、橡胶和塑料助剂、润滑油添加剂和表面活性剂等。

在医药工业中，乙酰丙酸钙盐（果糖酸钙）为一种新型补钙制剂，既可制成片剂、胶囊，又可制成针剂或复配为针剂；同时其可用作食品营养强化剂，有助于骨质的形成并维持神经和肌肉的正常兴奋性。

在农药工业中，由 LA 制取的 δ-氨基乙酰丙酸（DALA），是一种具有极高环境相容性及选择性、生物降解性的新型光活化除草剂，具有杀草机能而对谷类等农作物、人畜及动物无害。

乙酰丙酸乙酯还可用于烟草香精去除尼古丁，也用于水果保鲜。γ-戊内酯具有新鲜的果香、药香和甜香香气，且柔和持久，广泛地用于食用香精和烟用香精。α-当归内酯是一种香味成分，它能与烟香、焦糖香、巧克力香等香气混合，发出协调一致的香气，是一种良好的卷烟添加剂。

目前乙酰丙酸的生产方法主要有糠醇重排法和生物质水解法两种，糠醇重排法是以糠醇为原料，工艺流程短，产品质量稳定，但原料糠醇价格高且来源有限。生物质水解法[32]的原理是可再生的木质纤维素原料在酸的催化水解作用下分解成单糖，再在酸的持续水解下可以脱水形成 5-羟甲基糠醛，最终进一步脱羧生成乙酰丙酸，其反应原理如下：

$$(C_6H_{10}O_5)_n + nH_2O \xrightarrow{[H^+]} nC_6H_{12}O_6$$

$$C_6H_{12}O_6 \xrightarrow{[H^+]} \underset{HOCH_2}{}\overset{}{\text{（呋喃环）}}\underset{CHO}{} + 3H_2O$$

$$\text{（呋喃环）} \xrightarrow{[H^+]} CH_3-\underset{\underset{O}{\|}}{C}-CH_2CH_2COOH + HCOOH$$

10.5.2 糠醛

10.5.2.1 糠醛的性质

糠醛（furfural）又称呋喃甲醛，是重要的杂环类有机化合物，分子式 $C_5H_4O_2$，无色至黄色液体，有杏仁样的气味，相对分子质量 96.06，熔点 $-36.5℃$，沸点 $161.1℃$，微溶于冷水，溶于热水。糠醛能溶于乙醇、乙醚、丙酮、苯、乙酸、异丁醇、三氯甲烷、乙酸乙酯、己二醇、四氯化碳、氮苯、氮萘、松节油、甲苯等多种有机溶剂[33]。

糠醛分子结构中具有呋喃环和醛基，化学性质活泼，在其分子结构中存在着羰基、双烯、环醚等官能团，所以它兼具醛、醚、双烯和芳香烃等化合物的性质[34]，可以发生氢化、氧化、氯化、硝化等化学单元反应，可以制备大量衍生产品。如糠醛经氧化制取顺丁烯二酸、糠酸、呋喃甲酸；糠醛加氢可制取糠醇、甲基呋喃、甲基四氢呋喃；糠醛在强碱作用下生成糠醇及糠酸钠；糠醛可在脂肪酸盐或有机碱的作用下同酸酐缩合生成呋喃丙烯酸；糠醛与酚类化合物缩合生成热塑性树脂；与尿素、三聚氰胺缩合制造塑料；与丙酮缩合制取糠酮树脂等。

10.5.2.2 糠醛的用途

糠醛主要用于香料、涂料、药物合成、合成纤维、合成树脂等领域的应用[35,36]。

（1）在香料中的应用。以糠醛为原料合成香料的研究开始于 20 世纪 60 年代，经过 50 多年的发展，如今已成为比较重要的一类香料产品。以糠醛为原料直接或间接合成的香料产品达数百种，它们作为香味修饰剂和增香剂广泛应用于食品、饮料、化妆品等行业。以糠醛为原料制备糠酸酯类化合物作为香料产品：糠酸甲酯（浓水果味）、糠酸乙酯（烧烤味）、糠酸丙酯（烧烤味）、糠酸丁酯（花香）、糠酸仲丁酯（绿天竺葵味）、糠酸异戊酯（巧克力味）、糖酸己酯（干燥的清新草）、糠酸辛酯（焦样干香）、异丁酸糠酯（水果香味）等。

（2）在医药行业中的应用。以糠醛为原料可合成二百多种医药和农药产品，广泛用作灭菌剂、杀虫剂、杀螨剂及其他具有生理活性的医药和农药。目前应用量较大的有富马酸亚铁（治疗缺铁性贫血）、富马酸二甲酯（防霉、防腐剂）、富马酸二苄酯（除臭剂）、2-呋喃丙烯醛（杀虫剂）、5-（对硝基苯）-2-糠醛（硝基吱海因的中间体）、速螨酮（杀螨剂）、磺胺嘧啶（中间体治疗细菌感染）等。

（3）在食品行业中的应用。糠醛可直接用作防腐剂，氧化生成的糠酸和还原生成的糠醇也可用作防腐剂，同时它们都是合成高级防腐剂的原料，如由糠醛制得的木糖醇，把它添加在口香糖、糖果、糖麦片中可预防龋齿。此外，以糠醛为原料还可以合成麦芽酚和乙基麦芽酚，麦芽酚和乙基麦芽酚具有令人愉快的焦糖香味，具有增香、增甜、保香、防腐和掩盖异味等功能，是优良的增香剂和食品添加剂，增香效果显著，乙基麦芽酚效果更佳，是麦芽酚的6倍，是香兰素的24倍。

（4）在合成树脂领域的应用。在合成树脂领域，用糠醛做原料可合成多种耐高温、机械强度好、电绝缘性优良并耐强酸、强碱和大多数溶剂腐蚀的树脂。糠醛树脂、糠酮树脂、糠醇树脂等广泛用于制作塑料、涂料、胶泥和黏合剂。用糠醛合成的呋喃树脂产品，具有良好的耐腐蚀性与热稳定性，可用作防腐涂料。呋喃树脂为铸造工业的粘接剂，它硬化速度快，砂芯强度高，可大大提高生产效率，其次呋喃树脂可作呋喃环氧玻璃钢，它可提高耐温性和耐化学性，而且硬化慢，给施工带来方便。用糠醛代替甲醛生产的酚醛树脂性能优良，机械物理性能好，成本低，无污染。

（5）溶剂方面的应用。糠醛可作有机溶剂，石油精制中，用糠醛以对煤柴油的饱和烃与不饱和烃分离。合成橡胶工业中，用作溶剂萃取分离丁二烯和其他烃，并生成淡色松香。糠醛可单独或和其他溶剂配混，可制清漆用的除漆剂，用在树脂配方中能降低黏度，在热固性树脂中加入糠醛能使树脂具有特殊性能，如抗腐蚀、耐高温、阻燃、优良的物理强度，这些性质在制造砂芯模具、复合玻璃纤维、灰浆水泥、泡沫塑料、绝燃材料、高碳复合材料黏合剂等材料中，具有工业的重要性。

糠醛目前不能通过化学合成，只能利用农副产品中的戊聚糖生产，由戊糖脱水环化制得（见图10-7）。

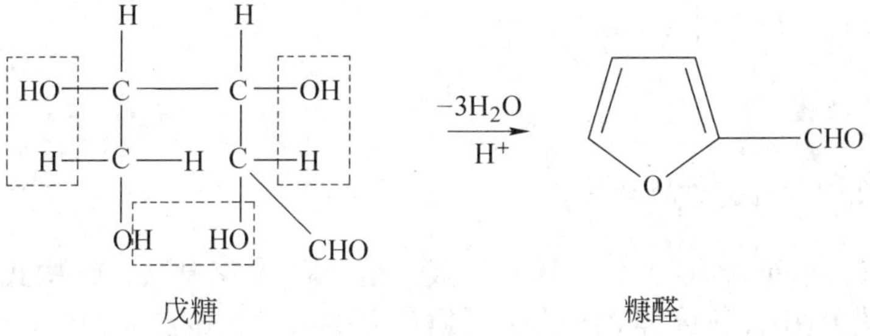

图10-7 戊糖转化成糠醛的化学反应方程式

10.6 C₆平台化合物

C_6平台化合物包括柠檬酸、赖氨酸、葡萄糖酸等。

10.6.1 柠檬酸

10.6.1.1 柠檬酸的性质

柠檬酸又名枸橼酸，学名2-羟基丙烷-1,2,3-羧酸，外观呈无色透明或半透明晶体，或粒状、微粒状粉末，无臭，具有强烈酸味，但令人愉快。柠檬酸在温暖空气中渐渐风化，在潮湿空气中微有潮解性。根据其结晶形态不同，分为一水柠檬酸和无水柠檬酸，一水柠檬酸分子式为 $C_6H_8O_7 \cdot H_2O$，相对分子质量为210.14；无水分子式为 $C_6H_8O_7$，相对分子质量为192.13。一水柠檬酸是由低温（≤36.6℃）水溶液中结晶析出，经分离、干燥后的产物，含结晶水量为8.58%，熔点70~75℃，其晶体形态为斜方棱晶，晶体较大；无水柠檬酸是由较高温度（>36.6℃）水溶液中结晶析出的，熔点153℃，其晶体形态为单斜晶系的棱柱形-双棱锥体。

10.6.1.2 柠檬酸的用途

柠檬酸被广泛用于食品饮料、医药化工、清洗与化妆品、有机材料等领域，是目前世界上需求量最大的一种有机酸[37]。

柠檬酸因其具有愉悦的酸味，安全无毒，被用作食品和饮料的酸味剂，广泛用于各种食品饮料产品中，如果汁、啤酒、乳制品及各种保健饮品等，食品饮料行业是柠檬酸的首要应用领域，因此食品饮料行业的兴衰对柠檬酸行业的发展起着至关重要的作用。

柠檬酸能与二价或三价的阳离子形成配合物，具有良好的金属离子螯合能力，可在自然界中被微生物分解为二氧化碳和水，柠檬酸钠可有效替代洗涤剂中三聚磷酸钠，从而有效避免水体磷污染，减轻水体富营养化，有效保护水体食物链，是一种高效环境友好型洗涤助剂，随着各国对含磷洗涤剂的限制，柠檬酸系列产品的需求将保持持续、稳定的增长。

10.6.2 赖氨酸

10.6.2.1 赖氨酸的性质

赖氨酸（lysine）即2,6-二氨基己酸，是一种 α-氨基酸，结构式 HOOCCH$(NH_2)(CH_2)_4NH_2$，赖氨酸的相对分子质量为146.19，熔点为215℃，广泛存在于动物蛋白质中，在植物蛋白内含量甚少[38]。

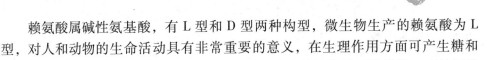

赖氨酸属碱性氨基酸，有 L 型和 D 型两种构型，微生物生产的赖氨酸为 L 型，对人和动物的生命活动具有非常重要的意义，在生理作用方面可产生糖和酮。D-型赖氨酸它不参加转氨作用，且与精氨酸有拮抗作用不能代替 L-型赖氨酸的生理功能。

10.6.2.2　赖氨酸的用途

赖氨酸是合成脑神经、生物细胞核蛋白及血红蛋白不可缺少的成分，是动物自身不能合成、必须从食物中摄取的氨基酸之一，营养学家把它列为"第一缺乏氨基酸"，植物性蛋白质的"第一限制氨基酸"。若缺乏赖氨酸，其他氨基酸利用效率将明显降低，导致蛋白质合成障碍，使人和动物的生长发育受到严重影响。因此，赖氨酸在生物体的代谢中起着重要的作用，因而被广泛应用于食品、医药及饲料等工业[39]。赖氨酸工业已成为世界上仅次于谷氨酸的第二大氨基酸工业。

L-赖氨酸产品[40]主要分为食品级、医药级和饲料级三种规格。据统计，L-赖氨酸在实际应用中动物饲料占95%，其余为食品行业、医药工业。饲料级的 L-赖氨酸产品为原料进行精制与提纯，就能生产出食品级与医药级的赖氨酸产品。

（1）食品行业。L-赖氨酸是控制人体生长的重要物质——抑长素中最重要也是最必需的成分，它对人的中枢神经和周围神经系统起着重要作用。人体不能自身合成 L-赖氨酸，必须从食物中吸取，赖氨酸是帮助其他营养物质被人体充分吸收和利用的关键物质，人体只有补充了足够的 L-赖氨酸才能提高食物蛋白质的吸收和利用，达到均衡营养，促进生长发育。

（2）医药行业。L-赖氨酸是人体必需的第一限制性氨基酸，它可用于治疗营养不良症，对外伤、烙伤、手术病人的恢复具有显著效果。L-赖氨酸是合成脑神经、生殖细胞及血红蛋白的必需组分，人体缺乏 L-赖氨酸还容易导致功能性障碍和引起蛋白质代谢不良等。

缺乏 L-赖氨酸的症状包括疲劳、虚弱、恶心、呕吐、头晕、没有食欲、发育迟缓、贫血等。临床已经证明，L-赖氨酸对一些特定疾病是有益的。赖氨酸可作为利尿剂的辅助药物，治疗因血中氯化物减少而引起的铅中毒现象，与酸性药物（如水杨酸）生成盐类来减轻不良反应。

（3）饲料行业。赖氨酸是高效饲料所必需添加剂。赖氨酸添加于饲料中，可提高饲料中的蛋白质利用率，强化饲料营养，易于动物消化吸收，增加料肉比。根据高效配合饲料要求，饲料中赖氨酸含量最低不能低于0.16%，其赖氨酸含量标准必须控制在0.16%～0.3%，这样才能提高饲料的利用率，提高养殖业的饲养料肉比。

10.6.3 葡萄糖酸

10.6.3.1 葡萄糖酸的性质

葡萄糖酸（gluconic acid），分子式 $C_6H_{12}O_7$，溶于水，微溶于醇，不溶于乙醚及大多数有机溶剂，无毒、无腐蚀性，是制备葡萄糖酸盐（钠、锌、铜、亚铁盐）、葡萄糖酸内酯的原料。

10.6.3.2 葡萄糖酸的应用

葡萄糖酸是化工、医药及食品等产品的重要中间体，可用来生产葡萄糖酸的衍生物，也可直接作为一种产品，是一类重要的多用途的有机化工产品。葡萄糖酸可用于以下方面：葡萄糖酸在日常生活中可作为食品添加剂、营养增补剂、防止乳石沉淀剂和酸味剂，在饮料中可代替蔗糖改善饮料的口感和降低热能，而在对肠道有益菌群双歧杆菌增殖因子的研究中发现葡萄糖酸具有增殖双歧杆菌的作用，这一新发现使葡萄糖酸在食品工业中的应用将会更加广泛[41,42]。它可用于配置清洗剂、织物加工和金属加工的助剂、皮革矾鞣剂、金属除锈剂、建筑工业上混凝土的塑化剂、生物降解的螯合剂、二次采油的防沉淀剂等，并且葡萄糖酸与钠、钙、锌、亚铁等金属氧化物反应生成相应的葡萄糖酸盐具有毒性小、副作用少、易被人体吸收的优点，在食品、医药、轻工业、化工等行业有着广泛的应用。葡萄糖酸钠作为优良的螯合剂用于水质处理、电镀等多个部门；葡萄糖酸钙、锌、亚铁、镁等用于食品行业，补充人体所需元素；葡萄糖酸内酯可用作酸味剂、防腐剂，主要用于制作内酯豆腐。

葡萄糖酸一般是由葡萄糖氧化而得，方法有生化氧化法（发酵法和氧化酶法）、化学催化法和电解氧化法。

10.7 C$_{10}$平台化合物

C$_{10}$平台化合物主要就是阿魏酸。

（1）阿魏酸的性质。

阿魏酸（ferulic acid）的化学名称为4-羟基-3-甲氧基肉桂酸，它是植物界普遍存在的一种酚酸。阿魏酸有顺式和反式两种，顺式为黄色油状物，反式为白色至微黄结晶物，一般所说的阿魏酸是指反式体，分子式 $CH_3C_6(OH)CHCH-COOH$，相对分子质量为194.19，熔点174℃，微溶于冷水，可溶于热水，易溶于甲醇、乙醇、丙酮，难溶于苯、石油醚。阿魏酸对光和热敏感，在长时间光照下会发生异构体的转化或者降解，一般应避光保存。阿魏酸的结构如图 10-8 所示[43]。

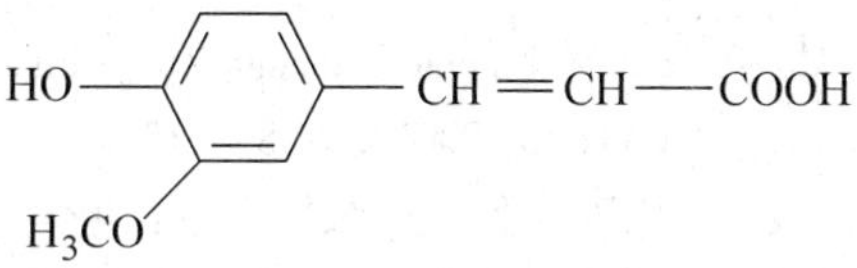

$$HO-\text{（苯环）}-CH=CH-COOH$$
$$H_3CO-$$

图 10-8　阿魏酸的结构式

（2）阿魏酸的用途。

阿魏酸是当归等很多中药材的有效成分。阿魏酸具有许多独特的功能，且毒性低。阿魏酸对感冒病毒、呼吸道合胞体病毒（RSV）和艾滋病毒都有显著的抑制作用，制成的产品有阿魏酸药剂利脉胶囊、心血康片（别名阿魏酸钠片）等[44]。在保健品中的应用最成功的案例为太太口服液，其标出的有效成分即为阿魏酸。

在日本，反式阿魏酸已被作为抗氧化剂应用于食品添加剂中。在美国，FDA已经允许使用天然物中的提取物（富含阿魏酸）作为抗氧化剂应用于肉类及面条的加工制品。由于阿魏酸可以使蛋白质与多糖、多糖与多糖之间产生交联，利用该性质可以将其用为食品交联剂，制备食物胶和可食性包装膜等。另外，反式阿魏酸可以作为机能促进物质用于运动食品。

在化妆品方面，反式阿魏酸因其吸收紫外线的性能强，有抗氧化性美白效果，对皮肤的渗透性好，并且对皮肤癌有很有效的抑制作用，现已广泛应用于防晒类化妆品的开发，配入护肤、祛斑、防晒化妆品中[45]。另外，阿魏酸是香兰素的前体，还可通过微生物进行生物转化，生产香兰素。

参 考 文 献

[1] 岑沛霖. 高油价时代的新型平台化合物研究与开发[C]//中国资源生物技术与糖工程学术研讨会论文集, 2005.

[2] 陈洪章, 王岚. 生物基产品制备关键过程及其生态产业链集成的研究进展——生物基产品过程工程的提出[J]. 过程工程学报, 2008, 8: 676~681.

[3] 蓝平, 蓝丽红, 谢涛, 等. 生物质合成气制备及合成液体燃料研究进展[J]. 化学世界, 2011, 52: 437~441.

[4] 李东, 袁振宏, 王忠铭, 等. 生物质合成气发酵生产乙醇技术的研究进展[J]. 可再生能源, 2006: 57~61.

[5] 林斌. 生物质能源沼气工程发展的理论与实践[M]. 北京: 中国农业科学技术出版社, 2010.

[6] Mata-Alvarez J, Mace S, Llabres P. Anaerobic digestion of organic solid wastes. An overview of research achievements and perspectives[J]. Bioresource Technology, 2000, 74: 3~16.

[7] 马鸣, 陈伟, 姜健准, 等. 我国天然气资源的开发利用现状[J]. 石油化工, 2005, 34:

394～398.

[8] Bai F, Anderson W, Moo-Young M. Ethanol fermentation technologies from sugar and starch feedstocks[J]. Biotechnology Advances, 2008, 26: 89～105.

[9] 张旭之, 王松汉, 戚以政. 乙烯衍生物工学[M]. 北京: 化学工业出版社, 1995.

[10] 许科伟. 污泥厌氧消化过程中乙酸累积的微生态机理研究[D]. 无锡: 江南大学, 2010.

[11] 诸葛健, 方慧英. 发酵法生产丙三醇的过去和现在[J]. 工业微生物, 1997, 27: 34～36.

[12] 张彬. 甘油现状及淀粉发酵法生产甘油情况[J]. 淀粉与淀粉糖, 1996: 1～4.

[13] Taherzadeh M J, Adler L, Lidén G. Strategies for enhancing fermentative production of glycerol—a review[J]. Enzyme and Microbial Technology, 2002, 31: 53～66.

[14] Wang Z X, Zhuge J, Fang H, et al. Glycerol production by microbial fermentation: A review [J]. Biotechnology Advances, 2001, 19: 201～223.

[15] Rehm H J. Microbial production of glycerol and other polyols[J]. Biotechnology Set, 1996: 205～227.

[16] 王博彦, 金其荣. 发酵有机酸生产与应用手册[M]. 北京: 中国轻工业出版社, 2000.

[17] 卢正东. 发酵与分离耦合高强度生产 L-乳酸的研究[D]. 武汉: 华中科技大学, 2010.

[18] 白雁斌. 生物可降解聚乳酸的合成[D]. 兰州: 西北师范大学, 2006.

[19] 杨斌. 绿色塑料聚乳酸[M]. 北京: 化学工业出版社, 2007.

[20] 陈庆岭, 李星云. 1,3-丙二醇研发状况及工业化展望[J]. 化工中间体, 2009: 19～23.

[21] Zeng A P, Biebl H. Bulk chemicals from biotechnology: the case of 1,3-propanediol production and the new trends[J]. Tools and Applications of Biochemical Engineering Science, 2002: 239～259.

[22] Lee S Y, Hong S H, Lee S H, et al. Fermentative production of chemicals that can be used for polymer synthesis[J]. Macromolecular Bioscience, 2004, 4: 157～164.

[23] 刘娅, 刘宏娟, 张建安, 等. 新型生物燃料——丁醇的研究进展[J]. 现代化工, 2008, 28: 28～31.

[24] Qureshi N, Saha B C, Dien B, et al. Production of butanol (a biofuel) from agricultural residues: Part I -Use of barley straw hydrolysate[J]. Biomass and Bioenergy, 2010, 34: 559～565.

[25] 纪晓俊, 聂志奎, 黎志勇, 等. 生物制造 2,3-丁二醇: 回顾与展望[J]. 化学进展, 2010, 22: 2450～2461.

[26] 董晋军. 丁二酸发酵工艺研究[D]. 无锡: 江南大学, 2008.

[27] 陶兴无. 发酵产品工艺学[M]. 北京: 化学工业出版社, 2008.

[28] Thongtem T, Kaowphong S, Thongtem S. Biomolecule and surfactant-assisted hydrothermal synthesis of PbS crystals[J]. Ceramics International, 2008, 34: 1691～1695.

[29] Tarabanko V, Chernyak M Y, Aralova S, et al. Kinetics of levulinic acid formation from carbohydrates at moderate temperatures[J]. Reaction Kinetics and Catalysis Letters, 2002, 75: 117～126.

[30] Bozell J J, Moens L, Elliott D, et al. Production of levulinic acid and use as a platform chemi-

cal for derived products[J]. Resources, conservation and recycling, 2000, 28: 227~239.

[31] Bozell J J, Petersen G R. Technology development for the production of biobased products from biorefinery carbohydrates—the US Department of Energy's "top 10" revisited [J]. Green Chem., 2010, 12: 539~554.

[32] Jin S, Chen H. Fractionation of fibrous fraction from steam-exploded rice straw[J]. Process Biochemistry, 2007, 42: 188~192.

[33] 王东. 糠醛产业现状及其衍生物的生产与应用(二)[J]. 化工中间体, 2003: 19~22.

[34] 王瑞芳, 石蒋云. 糠醛的生产及应用[J]. 牙膏工业, 2008: 39~40.

[35] 江俊芳. 糠醛的生产及应用[J]. 化学工程与装备, 2009: 137~139.

[36] Basta A H, El-Saied H. Furfural production and kinetics of pentosans hydrolysis in corn cobs [J]. Cellulose chemistry and technology, 2003, 37: 79~94.

[37] 彭跃莲, 姚仕仲, 纪树兰, 等. 从柠檬酸发酵液中提取柠檬酸的方法[J]. 北京工业大学学报, 2002, 28: 46~51.

[38] 姚向. 赖氨酸的生产研究进展[J]. 广东饲料, 2010: 25~27.

[39] 陈宝利, 张青萍. 赖氨酸生产的现状及未来的发展方向[J]. 辽宁化工, 2011, 40: 871~873.

[40] 邓毛程. 氨基酸发酵生产技术[M]. 北京: 中国轻工业出版社, 2007.

[41] 王玲玲. 葡萄糖氧化制备葡萄糖酸的研究[D]. 南昌: 南昌大学, 2011.

[42] 郭凤华, 刘昌俊. 葡萄糖酸合成方法研究进展[J]. 化学工业与工程, 2007, 24: 173~177.

[43] Mathew S, Abraham T E. Ferulic acid: an antioxidant found naturally in plant cell walls and feruloyl esterases involved in its release and their applications[J]. Critical reviews in biotechnology, 2004, 24: 59~83.

[44] 许仁溥, 许大申. 阿魏酸应用开发[J]. 粮食与油脂, 2000: 7~9.

[45] 欧仕益. 阿魏酸的功能和应用[J]. 广州食品工业科技, 2002, 18: 50~53.

冶金工业出版社部分图书推荐

书 名	定价(元)
现代生物质能源技术丛书	
沼气发酵检测技术	18.00
生物柴油检测技术	22.00
污泥处理与资源化丛书	
污泥干化与焚烧技术	35.00
污泥生物处理技术	35.00
污泥处理与资源化应用实例	32.00
污泥循环卫生填埋技术	35.00
污泥管理与控制政策	42.00
污泥资源化利用技术	42.00
污泥表征与预处理技术	32.00
冶金过程污染控制与资源化丛书	
绿色冶金与清洁生产	49.00
冶金过程固体废物处理与资源化	39.00
冶金过程废水处理与利用	30.00
冶金过程废气污染控制与资源化	40.00
冶金企业污染土壤和地下水整治与修复	29.00
冶金企业废弃生产设备设施处理与利用	36.00
矿山固体废物处理与资源化	26.00
环境生化检验	14.80
现代色谱分析法的应用	28.00
无机化学与化学分析学习指导	25.00
固水界面化学与吸附技术	55.00
材料化学实验教程	16.00
钢铁冶金的环保与节能(第2版)	56.00
钢铁工业废水资源回用技术与应用	68.00
固体废物污染控制原理与资源化技术(本科教材)	39.00
生活垃圾处理与资源化技术手册	180.00
工业固体废物处理与资源	39.00
环保设备材料手册(第2版)	178.00
电子废弃物的处理处置与资源化	29.00